REFRATÁRIOS PARA AS ÁREAS DE ACIARIA E LAMINAÇÃO NA SIDERURGIA

abm
Associação Brasileira de
Metalurgia, Materiais e Mineração

Coleção de Livros ABM em
Metalurgia, Materiais e Mineração

Diretor de Operações
Valdomiro Roman da Silva

Analista Editorial
Luciane Genzano Cruz

Alamar Kasan Duarte
Coordenação

REFRATÁRIOS PARA AS ÁREAS DE ACIARIA E LAMINAÇÃO NA SIDERURGIA

Volume III

Refratários para as áreas de aciaria e laminação na siderurgia, volume III

Editora Edgard Blücher Ltda.
1ª reimpressão - 2025

Publisher: Edgard Blücher
Editor: Eduardo Blücher
Pré-produção: Juliana Midori Horie
Coordenação editorial: Rafael Fulanetti
Coordenação de produção: Andressa Lira
Produção editorial: Rosemeire C. Pinto
Diagramação: Know-how Editorial
Revisão de texto: Vânia Cavalcanti
Capa: Laércio Flenic
Imagem da capa: RHI Magnesita

Blucher

Rua Pedroso Alvarenga, 1245, 4º andar
04531-934 – São Paulo – SP – Brasil
Tel.: 55 11 3078-5366
contato@blucher.com.br
www.blucher.com.br

Segundo o Novo Acordo Ortográfico, conforme 6. ed. do *Vocabulário Ortográfico da Língua Portuguesa*, Academia Brasileira de Letras, julho de 2021.

Dados Internacionais de Catalogação na Publicação (CIP)
Angélica Ilacqua CRB-8/7057

Refratários para as áreas de aciaria e laminação na siderurgia / coordenação Alamar Kasan Duarte. -- São Paulo : Blucher, 2024.
312 p. : il. (Coleção de livros ABM, vol III)

Bibliografia
ISBN 978-85-212-2301-6

1. Siderurgia I. Duarte, Alamar Kasan II. Série

24-3236 CDD 669.14

Índices para catálogo sistemático:
1. Siderurgia

APRESENTAÇÃO DA COLEÇÃO DE LIVROS ABM

A Coleção de Livros ABM em Metalurgia, Materiais e Mineração, criada em 2005, tem por principais objetivos suprir lacunas de conhecimentos e estimular o desenvolvimento de pessoas.

De forma a ter uma abordagem mais didática, a coleção foi segmentada em quatro séries:

Livros de Referência - apresentam-se como materiais para consulta rápida de informações úteis, gerais ou focalizadas em um determinado campo do conhecimento, abrangendo, normalmente, tabelas, estatísticas, definições, exemplos, históricos e outros tipos de conteúdo.

Obras de Difusão - têm o propósito de levar a notícia e o conhecimento até o leitor comum, familiarizando-o com a natureza do progresso científico e tecnológico, bem como apresentar implicações econômicas, sociais e políticas, em uma sociedade exposta a constantes mudanças.

Livros de Atualização - fornecem ao leitor mais experiente a abordagem de assuntos especializados que complementam o conhecimento técnico-científico, além de atualização sobre os progressos nas áreas de metalurgia, materiais e mineração.

Livros-texto - destinam-se a leitores iniciantes ou que queiram se aprofundar no assunto, abordando temas de Fundamentos, Matérias-primas e Processos, Produtos e Aplicações e Gestão, seguindo uma sequência lógica de assunto e grau progressivo de dificuldade, compatíveis com a finalidade didática do livro.

O livro *Volume III - Refratários para as Áreas de Aciaria e Laminação* é fruto de mais uma parceria entre ABM e Editora Blucher, e vem enriquecer a Coleção de Livros, contribuindo com a série Livros-texto.

abm
Associação Brasileira de
Metalurgia, Materiais e Mineração

Valdomiro Roman da Silva
Diretor de Operações

PATROCÍNIO

ARCELORMITTAL é a maior produtora de aço no Brasil e líder mundial. Está na vanguarda do setor, produzindo aços inteligentes para as pessoas e o planeta.

UNIFRAX / ALKEGEN – Líder global na fabricação de isolantes térmicos contribuindo na redução do consumo de energia e emissões atmosféricas.

INTOCAST CARBOOX – Experts on Fire, know-how no campo de Refratários e liderança em granulados refratários para abertura de válvulas.

Forjados no legado, movidos pela excelência.

IBAR REFRATÁRIOS, líder brasileira, verticalizada e comprometida com o controle de qualidade desde a extração da matéria-prima até o produto final, essencial para a indústria siderúrgica.

Há mais de 25 anos oferecendo soluções para a indústria, destacando-se na construção e manutenções de fornos e equipamentos revestidos com refratários.

PATROCÍNIO

RHI MAGNESITA

A RHI MAGNESITA é líder global em produtos, sistemas e soluções refratárias de alta qualidade para uma ampla variedade de indústrias, incluindo aço.

SHINAGAWA

"SHINAGAWA Refratários é líder global, com tecnologia japonesa, moldando o futuro dos Refratários a partir da mudança do como as pessoas veem".

Ternium

A TERNIUM é líder na produção de aço na América Latina, produzindo uma ampla gama de produtos de aços planos e longos com segurança e respeito ao meio ambiente.

TOGNI S/A Materiais Refratários

A TOGNI S/A tem os materiais refratários que você precisa e a assistência técnica que o tranquiliza, construindo sob medida.

USIMINAS

USIMINAS atua em toda cadeia do aço, sendo líder no fornecimento de aço para a indústria automobilística e com investimento constante em tecnologia.

VESUVIUS

Soluções inovadoras que tornam as operações dos nossos clientes mais seguras, eficientes e sustentáveis.
Think Beyond. Shape the future.

COORDENAÇÃO

Alamar Kasan Duarte

O coordenador desta coleção de livros da Associação Brasileira de Metalurgia, Materiais e Mineração (ABM), Alamar Kasan Duarte, concluiu o bacharelado em Engenharia Metalúrgica na Universidade Federal de Minas Gerais (UFMG), Brasil, em 1974; o Master of Science em Engenharia Cerâmica na Universidade de Missouri, Rolla, nos Estados Unidos em 1982; e o doutorado em Engenharia de Minas e Metalurgia na Universidade Federal de Minas Gerais em 2005.

Trabalhou na Magnesita S.A. entre 1975 e 2007. Iniciou sua carreira como pesquisador, ocupando a posição de Chefe do Grupo de Desenvolvimento entre 1978 e 1980, passando à posição de Chefe do Grupo de Pesquisas e Desenvolvimento entre 1982 e 1988. De 1989 a 2000, exerceu o cargo de Gerente do Centro de Pesquisas e Desenvolvimento e, de 2000 a 2007, o de Gerente de Projetos Especiais, quando se aposentou. Em 2008, fundou a Yamagata, uma empresa de consultoria, na área de refratários, da qual é Diretor Executivo. Em 2014, fundou a Refralab, um laboratório independente, especializado em pesquisa e em realização de testes na área de Minerais e Materiais Industriais, do qual também é Diretor Executivo.

Foi diretor da Associação Nacional dos Centros de Pesquisas Industriais (Anpei) entre 1994 e 1997 e membro da Comissão de Tecnologia da Sociedade

Mineira de Engenheiros e vice-diretor da Comissão Técnica de Não Metálicos da ABM. Foi Professor da Cadeira de Refratários na Escola de Engenharia da UFMG entre 2008 e 2019 e é professor da Pontifícia Universidade Católica de Minas Gerais (PUC-MG), no curso de Especialização em Refratários, desde 2019. É Coordenador do Curso de Refratários para Siderurgia da ABM, ministrado anualmente desde 2021.

Apresentou mais de 80 trabalhos técnicos em diversos eventos nacionais e internacionais. Foi medalha de ouro na graduação, recebeu o prêmio de aluno destaque do mestrado nos Estados Unidos, conquistou o 1º lugar no exame de qualificação para doutorado e recebeu outros vários prêmios nacionais e internacionais por suas contribuições técnicas. Foi laureado pela ABM com o prêmio Medalha Vicente Chiaverini, em junho de 2022, em reconhecimento de sua expressiva atuação na área de Processos Metalúrgicos e de suas relevantes contribuições à ABM.

AUTORES

Adriana Mendes Corrêa

Formada em Engenharia Química pela Universidade Federal de Minas Gerais (UFMG) em 2010, com Mestrado também em Engenharia Química pela mesma instituição em 2018. Trabalhou na Magnesita S.A. entre 2010 e 2019, onde foi Pesquisadora de produtos refratários para a área de Siderurgia e Petroquímica. Desde junho de 2019, trabalha na Vesuvius como gerente técnica de produtos para distribuidor de aço na América do Sul.

Alessandro Prenazzi

Formado em Engenharia Metalúrgica pela Universidade Federal de Minas Gerais (UFMG) em 1995. Trabalhou na Usiminas, entre 1995 e 2001, no Centro de Pesquisas e Desenvolvimento, como Pesquisador na área de Processos do Lingotamento Contínuo. Trabalhou na Risa S.A., entre 2001 e 2008, e na Magnesita S.A., entre 2008 e 2015, como responsável pela assistência técnica da linha de produtos para o lingotamento contínuo. Trabalhou na Carboox, de 2015 a 2017, como responsável técnico pelos produtos fornecidos para a Siderurgia. De 2017 a 2023, trabalhou para a Vesuvius como Consultor Técnico, com foco em produtos para o lingotamento contínuo.

Alexander Rabello Ollmann

Formado em Engenharia Metalúrgica pela Universidade Federal de Minas Gerais (UFMG) em 1995, tendo se especializado em Engenharia de Refratários pela Magnesita S.A. e UFMG entre 2003 e 2005. Trabalhou como Engenheiro Pesquisador no Centro de Pesquisas da Usiminas entre 1996 e 1999, como Engenheiro de Projetos na DME entre 1999 e 2002 e como Engenheiro Consultor de Assistência Técnica na Magnesita S.A. entre 2002 e 2015. Desde 2015, é Diretor Associado na RV Engenheiros Associados, prestando consultoria à Reframax. É professor do curso de Especialização em Refratários pela Pontifícia Universidade Católica de Minas Gerais (PUC-MG) desde 2022. Publicou vários trabalhos em eventos nacionais e internacionais.

Bárbara Luiza Borges de Melo

Formada em Engenharia Química pela Pontifícia Universidade Católica de Minas Gerais (PUC-MG) em 2018. Mestrado em Engenharia de Materiais pela Universidade Federal de São Carlos (UFSCar), com ênfase em desenvolvimento tecnológico. Trabalhou na RHI Magnesita entre 2018 e 2023, atuando como Pesquisadora na área de Nanotecnologia e tijolos de magnésia-cromo temperados, além de dar suporte à área de tijolos à base de magnésia-carbono. Trabalha atualmente no time de operações da Vesuvius.

Carlos Henrique Soares

Formado em Engenharia de Materiais pela Universidade do Leste de Minas Gerais (Unileste-MG) em 2008, com Master Business Administration (MBA) em Vendas, Negociação e Resultados de Alta Performance em 2021. Trabalha na RHI Magnesita desde 2005, tendo atuado na Assistência Técnica e na Coordenação de Contratos da empresa junto a clientes no Brasil e outros países da América do Sul. Atualmente, é responsável pela linha de produtos pré-moldados em geral e pelo sistema de rinsagem em panelas de aço para clientes da América do Sul.

Carlos Pagliosa

Formado em Engenharia de Materiais pela Universidade Federal de São Carlos (UFSCar) em 1992, com mestrado e doutorado pela UFSCar e pela Universidade Federal de Minas Gerais (UFMG) e pós-doutorado na ETH, Zurique, em 2005. É Pesquisador na área de refratários há 28 anos, atualmente exercendo o cargo de Pesquisador Especialista na área de Projetos Especiais do Centro de P&D da RHI Magnesita, responsável pelo desenvolvimento de refratários de MgO-C para BOF e tijolos para panelas. Apresentou mais de 90 trabalhos técnicos em diversos eventos nacionais e internacionais.

Clenice Moreira Galinari

Formada em Engenharia Metalúrgica pela Universidade Federal de Minas Gerais (UFMG), com mestrado e doutorado em Engenharia Metalúrgica, de Minas e Materiais pela UFMG, com especialização em Tecnologia Cerâmica pela JICA, Japão, e certificação em Engenharia da Qualidade (CQE) pela American Society for Quality. Trabalhou na Teksid do Brasil, Vale, Samarco, CDTN e Aperam Siderurgia. Trabalha na RHI Magnesita desde 2005, tendo atuado como Engenheira de Processos, Gerente do Controle de Qualidade, Especialista da área global de Quality Assurance e, atualmente, como Pesquisadora Sênior da área de Flow Control para a América do Sul. Publicou vários trabalhos em eventos nacionais e internacionais. Recebeu prêmios de reconhecimento técnico da Associação Brasileira de Metalurgia e Materiais (ABM) e da UFMG. É professora de pós-graduação da Pontifícia Universidade Católica de Minas Gerais (PUC-MG) desde 2019.

Edmilson Gonzaga

Formado em Administração de Empresa pela Faculdade Machado de Assis, Rio de Janeiro, em 2005. Trabalhou na Gerdau SC (Cosigua) entre 1992 e 2005 atuando na área de Forno Elétrico a Arco e Forno Panela. Desde 2005, trabalha na RHI Magnesita como Consultor Técnico Especializado, responsável pela área de Fornos Elétricos a Arco no mercado brasileiro, com foco em atendimento ao cliente, projetos e desenvolvimento de melhorias.

Isaac Brasil Almeida

Formado em Engenharia Metalúrgica pela Universidade Federal de Ouro Preto (Ufop) em 2017. Atua na indústria refratária desde 2018 pela IBAR como Engenheiro de Assistência Técnica, participando de projetos refratários para aciarias voltados à panela de aço, panela de gusa, distribuidores e snorkel. Atualmente, exerce a função de Engenheiro de Gestão de Contratos pela Ibar, atendendo as necessidades de desenvolvimento e de fornecimento refratário ao setor siderúrgico.

José Álvaro Previato Sardelli

Formado em Engenharia de Materiais na Universidade Federal de São Carlos (UFSCar) em 2019. Atualmente, é aluno de mestrado em Engenharia de Materiais pela mesma instituição. Atua como pesquisador na linha de tijolos de magnésia--cromo e dá suporte à área de tijolos aluminosos e sílico-aluminosos do Centro de Pesquisas da RHI Magnesita.

Leandro Rocha Martins

Formado em Engenharia Metalúrgica pela Universidade Federal Fluminense, com pós-graduação em Engenharia de Refratários e Soluções pela Pontifícia Universidade Católica de Minas Gerais (PUC-MG). Há 11 anos trabalha na RHI Magnesita, atuando dentro dos clientes siderúrgicos, tanto no mercado de minimills como usinas integradas, como Consultor Técnico. Atualmente, exerce a função de Gerente da Assistência de Linings Brasil, suportando os clientes com soluções refratárias especializadas e customizadas nas áreas de refino primário e secundário do aço.

Ricardo Israel do Couto

Formado em Engenharia Civil pela Universidade Federal de Minas Gerais (UFMG), com pós-graduação em Engenharia de Estruturas pela Pontifícia Universidade Católica de Minas Gerais (PUC-MG), em Engenharia de Manutenção pela Universidade do Leste de Minas Gerais (Unileste-MG) e em Engenharia de Projetos Industriais pela mesma instituição. Trabalha na Usiminas como Especialista em Refratários. Possui vasta experiência em manutenção refratária na área de Redução (coqueria, sinterização, altos-fornos e carro torpedo) e Laminação, atuando em grandes reformas de altos-fornos e coquerias. Publicou vários trabalhos em eventos nacionais e internacionais.

Robersio Marinho de Faria

Formado em Engenharia de Materiais pela Escola de Engenharia de Lorena da Universidade de São Paulo –(EEL-USP) em 2013, tendo finalizado o mestrado em 2016. Atuou na área de Desenvolvimento e Caracterização de Materiais Refratários Formados e Não Formados, e como Pesquisador no estudo do beneficiamento, caracterização físico-química e reaproveitamento dos resíduos refratários gerados em usinas siderúrgicas. Possui experiência como Pesquisador em projetos de cooperação entre a universidade e a indústria. Atualmente, exerce a função de Especialista em Desenvolvimento de Produtos Refratários no Centro de Pesquisa da Ibar.

Roberto de Paula Rettore

Formado em Engenharia Metalúrgica pela Universidade Federal de Minas Gerais (UFMG) em 1984, com pós-graduação em Metalurgia e Materiais pela RWTH Aachen, Alemanha, em 1998. Trabalhou no Centro de Pesquisas e Desenvolvimento da Magnesita S.A. de 1985 a 2009. De 2009 a 2018, trabalhou na planta de Kruft, Alemanha, com refratários aluminosos. Desde 2018, atua como Pesquisador Especialista Sênior, ligado à área de Produtos Aluminosos, no R&D das Américas da RHI Magnesita.

Santiago Luiz Barrios

Formado em Engenharia Metalúrgica pela Universidade Federal de Minas Gerais (UFMG) em 1986, com mestrado pela mesma escola e com Master Business Administration (MBA) na Fundação Dom Cabral. Trabalhou na Belgo Mineira de 1986 a 1991 e na Magnesita S.A. entre 1991 e 2014 e, na Vesuvius desde 2014, exerce a função de Gerente de Marketing e Tecnologia.

Siguero Oscar Matsuda

Formado em Engenharia de Materiais pela Universidade Federal de São Carlos (UFSCAR) em 1991, com Mestrado em Materiais Nucleares-Cerâmicas no Instituto de Pesquisas Nucleares em 2000. Trabalhou na Combustol de 1991 a 2000 e, em 2000, foi contratado pela Magnesita S.A., onde atuou na produção das diversas plantas da empresa. Desde 2019, é responsável por Processos e Qualidade das Plantas de Não Moldados e Pré-moldados Aluminosos e Básicos da RHI Magnesita.

Thiago Teixeira Soares Pereira

Formado em Engenharia Metalúrgica pela Universidade Federal de Minas Gerais (UFMG) em 2008. Trabalhou na Usiminas na Gerência Técnica de Aciaria e na Gerência de Refratários entre 2008 e 2010. Trabalha na Vesuvius desde 2010, onde exerceu a função de Coordenador de Contratos entre 2010 e 2013, foi Engenheiro de Desenvolvimento de Produtos VISO no Centro de Pesquisa em Pittsburgh, Estados Unidos, entre 2014 e 2018 e, desde 2019, atua como Gerente de Produtos VISO para a América do Sul.

Vinicius Franco do Nascimento

Formado em Engenharia de Materiais pela Escola de Engenharia de Lorena da Universidade de São Paulo (EEL-USP) em 2006, com mestrado em Engenharia de Materiais, pela mesma instituição, em 2010. Trabalhou na CSN, entre 2008 e 2014, como Engenheiro Especialista em Refratários da Aciaria. Trabalha desde 2014 na Vesuvius como Gerente de Marketing e Tecnologia para toda a América do Sul, com estratégia de negócios e inovação de produtos.

Wagner Del Rio

Formado em Engenharia Civil pela Faculdade de Engenharia de Minas Gerais (Feamig) em 1998, com pós-graduação em Engenharia de Produção pelo Instituto de Educação Tecnológica (Ietec) em 2002. Trabalhou na Gerdau-BC entre 1990 e 1992, na Magnesita S.A entre 1992 e 2004, na Gerdau-SP entre 2004 e 2010 e na assistência técnica da RHI entre 2010 e 2017. Entre 2017 e 2023, trabalhou na Vesuvius como engenheiro de aplicação na área de assistência técnica para Fornos Elétricos e Panelas de aço.

Walter de Queiroz Cassete

Formado em Engenharia Metalúrgica pela Escola de Minas da Universidade Federal de Ouro Preto no ano de 1984. Trabalhou na Cosigua entre 1984 e 1992 na gerência de Manutenção Refratária da Aciaria e, na Magnesita S.A., entre 1992 e 2008, na Assistência Técnica como Especialista em Refratários para Aciarias Elétricas. Em 2008, passou a exercer a função de Gerente de Marketing na empresa Austríaca RHI e, desde 2017, vem trabalhando junto à empresa RHI Magnesita, sendo responsável pela gestão de produtos refratários nas Américas. Publicou vários trabalhos em eventos nacionais e internacionais.

Para as mulheres especiais da minha vida – minha Avó,
Maria Delfina do Carmo; minha Mãe, Joaquina de Oliveira;
Minha sogra, Norikô Yamagata Vieira;
e minha Esposa, Toê Yamagata Vieira Duarte.

AGRADECIMENTOS

O número de pessoas que contribuíram para a realização do sonho de se ter uma coletânea de livros sobre refratários no Brasil é enorme. Não me atrevo a tentar citá-las, com a certeza de que farei muitas injustiças ao esquecer de inúmeras pessoas que merecem ser mencionadas. Começou com os idealizadores do curso sobre refratários para a siderurgia iniciado em 2021 e da ABM, que prontamente abraçou a ideia.

Esta coletânea é composta por três volumes – o primeiro, sobre os fundamentos da tecnologia de materiais refratários; o segundo, sobre refratários para a área de redução; e o terceiro, sobre refratários para aciaria e laminação. Ela tem uma importância relevante para profissionais que lidam com materiais refratários em todas as suas áreas de atuação, passando por Pesquisa e Desenvolvimento, Fabricação, Controle de Qualidade, Comercialização, Assistência Técnica, Manutenção, Instalação e Reciclagem de Refratários. A coletânea tem como objetivo tornar o leitor capaz de compreender os fundamentos da tecnologia de materiais refratários e sua importância no contexto industrial siderúrgico.

Não seria possível a sua realização sem a valiosa contribuição dos vários autores dos capítulos que compõem os três volumes desta coleção. Temos também de agradecer a centenas de autores de artigos e livros citados como referências, que indiretamente contribuíram para a construção do conhecimento necessário para esta publicação.

Um agradecimento especial à Associação Brasileira de Metalurgia, Materiais e Mineração (ABM) e a todas as empresas que acreditaram na importância deste projeto, financiando esta publicação e cedendo o tempo de seus colaboradores, além de fornecerem as imagens e informações que enriqueceram o conteúdo da obra.

Expresso, também, minha gratidão a minha esposa, filhos, netos, a toda a família e amigos que entenderam a importância desta empreitada e que, pacientemente, compreenderam a minha ausência nos momentos que eu precisava me dedicar à coordenação da obra. A todos eles, dedico esta publicação, um legado a nossa sociedade.

Ano de 2024

Alamar Kasan Duarte

PREFÁCIO

O Brasil é um dos principais *players* na produção de aço, com uma indústria robusta e diversificada. Nossas usinas contribuem significativamente para o desenvolvimento econômico e social do País, fornecendo materiais essenciais para construção, infraestrutura, automóveis, entre outros setores, e os refratários são um elo fundamental na cadeia do aço, material essencial para a economia de um país.

É por isso que considero esta obra editorial de extrema relevância para o estudo e para o aprofundamento técnico a respeito desses materiais, afinal eles estão entre os mais importantes e abrangentes dentro de uma aciaria e do processo siderúrgico como um todo.

Ao longo de 11 capítulos deste *Volume III – Refratários para as Áreas de Aciaria e Laminação,* Alamar Kasan Duarte, um profissional com vasta experiência tanto na Indústria como na Academia, adensa o tema da Série para que seja possível conhecer os diversos tipos de materiais refratários, suas características e tecnologias de instalação e manutenção empregados em cada etapa e equipamento dos processos produtivos das áreas de aciaria e laminação. Seus conhecimentos, experiências e pesquisas enriquecem o conteúdo e proporcionam uma visão abrangente sobre os desafios e avanços dessa tecnologia.

O leitor poderá perceber, com ainda mais profundidade, como a gama de opções de refratários disponíveis hoje atende, de forma mais econômica e eficiente, diferentes mercados, nas proporções desejadas e em aplicações mais refinadas. Esses materiais representam um grande salto desde os fornos de lama e pedra utilizados pelos nossos antepassados para fundir cobre, culminando nos refratários cerâmicos das nossas aciarias modernas.

Diante da concorrência global acirrada, principalmente com a crescente importação de aço chinês, a indústria nacional precisa investir em tecnologia, inovação e conhecimento para sair na frente. Os refratários são um exemplo de ativo da indústria do aço e impactam diretamente na estabilidade do processo, eficiência energética e na qualidade dos nossos produtos siderúrgicos.

Para uma planta se manter competitiva, hoje, é crucial a boa gestão de refratários, uma das prioridades de qualquer rotina siderúrgica de qualidade. Uma vez que sua complexidade em relação à aplicação, aos tempos de vida e aos ciclos de troca e reparo é alta, influenciando fortemente na logística e produtividade da planta, o domínio de refratários é parte importante do negócio. São importantes os momentos em que a colaboração técnica das diversas plantas no País se torna essencial para manter a competitividade de nossa indústria. Juntos, com as experiências compartilhadas de cada usina, evoluímos em soluções, desafios e preferências operacionais, desde rotinas de prolongamento de vidas úteis até a influência de geometrias na qualidade do aço. Assim como os refratários proporcionam à sociedade a entrega e os benefícios do aço, que este livro contribua para gerar conhecimento técnico de qualidade sobre a nossa indústria, ajudando a aperfeiçoar e desenvolver ainda mais o setor no Brasil. Por último, mas não menos importante, agradeço o convite feito pelo colega e autor, Alamar Kasan Duarte, bem como pela Associação Brasileira de Metalurgia, Materiais e Mineração (ABM), para prefaciar este livro da *Série Refratários.*

Titus Schaar
Presidente da Ternium Brasil

SIGLAS

ABNT	Associação Brasileira de Normas e Técnicas
AES	silicato alcalino terroso
AFCR	alumino zirconium silicate
AHF	*Aluminium Heating Facility* (Sistema de Aquecimento Via Alumínio)
AMC	alumina-magnésia-carbono
AOD	descarbonizacao argônio-oxigênio
ASTM	American Society for Testing and Materials
AZC	alumina-zircônia-carbono
BFG	*Blast Furnace Gas*
BOF	*Basic Oxygen Furnace*
CAC	cimento de aluminato de cálcio
CAS-OB	*Composition Adjustment System – Oxygen Blowing* (Sistema de Ajuste da Composição Química, Injeção de Oxigênio)
CFD	computacional fluído dinâmico
COG	*Coke Oven Gas*
DH	Dortmund Hoerder
DRI	*Direct Reduced Iron* (Processo de redução direta).
EMS	*Electro Magnetic Stirring*

EVP	expansão volumétrica permanente
FEA	forno elétrico a arco
HMTA	hexametileno tetramina
IF	aços livres de intersticiais (*interstitial free*)
IR-UT	*Injection Refining, Up Temperature* (Refino por Injeção e Elevação da Temperatura)
LD	Linz-Donawitz
LE	linha de escória
LM	Linha de metal
MAC	magnésia-alumina-carbono
MCE	magnésia-cromita eletrofundida
MTSP	*Monoblock Tundish Shroud Plate*
PCW	*polycrystalline wool*
RCTA	resistência à compressão em temperatura ambiente
RFQ	resistência à flexão a quente
RFTA	resistência à flexão em temperatura ambiente
RH	Ruhrstahl-Heraeus
SEN	*Sub Entry Nozzle*
SES	*Sub Entry Shroud*
SIAL	sílico-aluminosos
TOC	*total oxygen content* (teor total de oxigênio)
ULC	aço ultrabaixo carbono (*ultra low carbon*)
VAD	*Vacuum Arc Degassing*
VD	*Vacuum Degasser*
VOD	descarburizacao de oxigenio a vacuo (*Vacuum Oxygen Decarburizing*)
ZFCR	*alumino zinconium silicate wool*

CONTEÚDO

Capítulo 1
FORNO PRIMÁRIO BOF/LD

Carlos Pagliosa
Leandro Rocha Martins

1.1 INTRODUÇÃO – BOF E VISÃO HISTÓRICA

O forno BOF (*Basic Oxygen Furnace*) é o processo mais popular usado para a fabricação de aço a oxigênio e tem uma participação na faixa de 60% da produção mundial. O convertedor BOF é utilizado predominantemente em áreas onde a sucata metálica não está prontamente disponível e/ou existe minério de ferro de baixo custo e de alta qualidade. É possível com o processo BOF fazer qualquer tipo de aço, desde aquele para embalagens e perfis automotivos até para latas e trilhos. Com todas essas demandas crescentes por novos tipos de aços cada vez mais leves e de maior qualidade aliados a condições de produção seguras para o BOF, surge a necessidade de melhoria simultânea nos revestimentos refratários.

Os refratários de MgO-C são amplamente usados como revestimento principal de trabalho em convertedores. Sendo o BOF a aplicação siderúrgica mais importante em termos de tonelagem refratária e com as novas demandas por tipos de aço especiais, o refratário tem sido exposto a maiores volumes de oxigênio e a novas condições operacionais. Originalmente, usava-se uma única lança de oxigênio, porém os novos processos exigiram a adoção de vários tipos simultâneos de agitação por gás e múltiplas adições de compostos para o banho. Dessa forma, os tijolos ficam expostos a uma severa oxidação e corrosão por gases e escórias, à erosão consequente à maior agitação da emulsão, ao impacto e à abrasão de sucata, ao choque térmico e também ao ciclo térmico normal em virtude da operação por batelada.

O estudo e a análise da tecnologia de refratários de BOF ao longo de seu desenvolvimento histórico são úteis para melhor compreensão de sua origem e essência. Também permite tirar lições do passado para o avanço desta tecnologia (1).

Considera-se que a tecnologia moderna de refratários começou durante a era da Revolução Industrial (séculos XVIII e XIX). O convertedor com sopro pelo fundo, patenteado por Bessemer em 1860, foi o primeiro forno siderúrgico a queimar impurezas do ferro-gusa fundido com ar soprado pelo fundo e usá-lo como uma fonte de calor. Os fornos BOF que começaram a usar oxigênio surgiram apenas no século XXI (1).

Por causa da Segunda Guerra Mundial, a maior parte da década de 1945 a 1955 foi quase desprovida de grandes mudanças na metalurgia na siderurgia e, consequentemente, nos refratários. O período foi caracterizado por um aumento constante e pesado da produção de aço com a tecnologia disponível. A inovação não ocorreu, pois a prioridade era apenas garantir volume de produção (2,3).

Assim, os desenvolvimentos mais notáveis começaram a ocorrer a partir de 1955. Nesse período, o processo de fabricação de aço BOF foi desenvolvido em Linz, Áustria, e depois trazido para as Américas por F. J. McMulkin da Dominion Foundries & Steel Ltd. O sucesso da Dofasco (Canadá) e os resultados semelhantes em McLouth Steel e nas siderúrgicas europeias pioneiras impulsionaram significativamente o desenvolvimento de novos refratários para esse cenário mais complexo do processamento do aço (2,3). No Japão, o convertedor BOF começou a operar em 1957 (1).

A produção em tonelagem de refratários normalmente diminui a cada novo desenvolvimento da indústria siderúrgica por causa da otimização de suas operações e da busca por redução dos custos. As diminuições significativas dos refratários alcançadas estão associadas às mudanças nas práticas siderúrgicas de fornos abertos para vasos BOF, à introdução do lingotamento contínuo e às melhorias nesses refratários. Dessa forma, a busca por aços mais limpos e de maior qualidade gerou demandas cada vez mais severas para os refratários, o que resultou em um refino contínuo, na atualização e no desenvolvimento de novas qualidades refratárias para todas as unidades associadas à produção do aço (4).

1.2 LINHA DO TEMPO DA EVOLUÇÃO DO PROJETO DO BOF/QUALIDADE DO AÇO E DOS TIJOLOS BÁSICOS

O revestimento refratário padrão para os vasos de BOF até a década de 1970 eram os tijolos de doloma. Com o aparecimento do lingotamento contínuo e da siderurgia secundária, isso foi progressivamente eliminado com a introdução dos tijolos à base de magnésia (4).

A Figura 1.1 mostra o primeiro revestimento refratário utilizado no primeiro convertedor BOF (35t) na Dofasco, em 1955 (atualmente Arcelor Mittal Dofasco) (5).

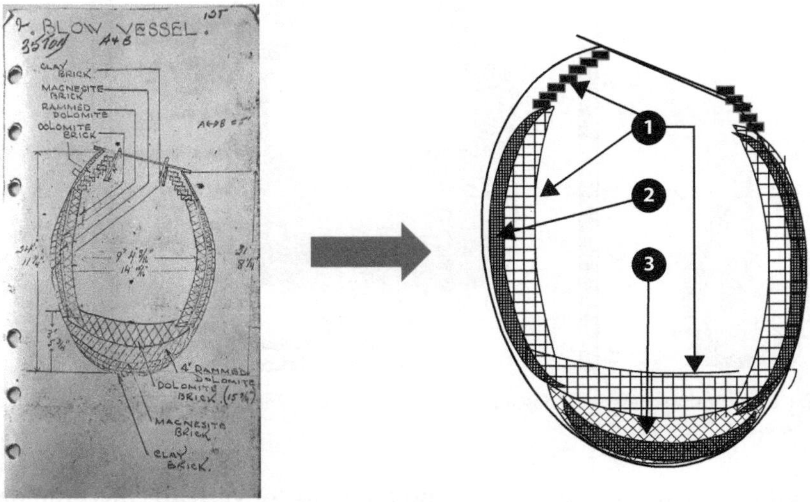

Figura 1.1 Revestimento original utilizado no primeiro convertedor BOF (35t) na Dofasco (Canadá), em 1955 (atualmente Arcelor Mittal Dofasco): 1) tijolo de doloma; 2) massa de doloma de socada; e 3) tijolos de magnésia e sílico-aluminosos.
Fonte: Adaptada de (5).

Inicialmente, os tijolos de doloma foram substituídos por outros de magnésia curados ligados a alcatrão e por tijolos de magnésia queimados impregnados com alcatrão na área de alto desgaste para a redução das taxas de consumo dos refratários. Essa fase foi relativamente curta, e os tijolos resinados de magnésia-carbono foram introduzidos como revestimento de trabalho na década de 1980. Isso também foi influenciado pelos altos níveis de eritema (um problema relacionado à pele) em funcionários que trabalham em vasos BOF com produtos contendo alcatrão (4). A Tabela 1.1 resume a evolução do revestimento BOF desde 1954.

Tabela 1.1 Evolução do revestimento BOF desde 1954. Cada letra, na sequência, corresponde a: agregado, ligante, tipo de grafita e antioxidante (AOX).

Décadas							
1950	1960	1970	1980	1990	2000	2005	2018
D C T	D T	D/S T	S R 4	S/F R 7 Si/Al	F/L RP 9 Al/AM	F/L RP 9 Al/AM/BC	F/L RP 9/9e Al/AM/BC

Agregado: doloma (D), sinter de magnésia (S), magnésia fundida (F), magnésia fundida large crystal (L). Ligante: cerâmica (C), alcatrão (T), resina (R), resinopichado (RP). Grafita: 94% (4), 97% (7), 98/99% (9), 99% expandida (9e). AOX: Si (Si), Al (Al), liga Al-Mg (AM), B4C (BC).
Fonte: Adaptada de (4).

A Figura 1.2 ilustra a evolução do processo BOF: descarbonetação mais rápida e tempos de carga-descarga mais curtos, de 75 para 30 minutos, apesar do aumento do tamanho da corrida, de 35 a 350t. Nesse contexto, os refratários também continuam a evoluir.

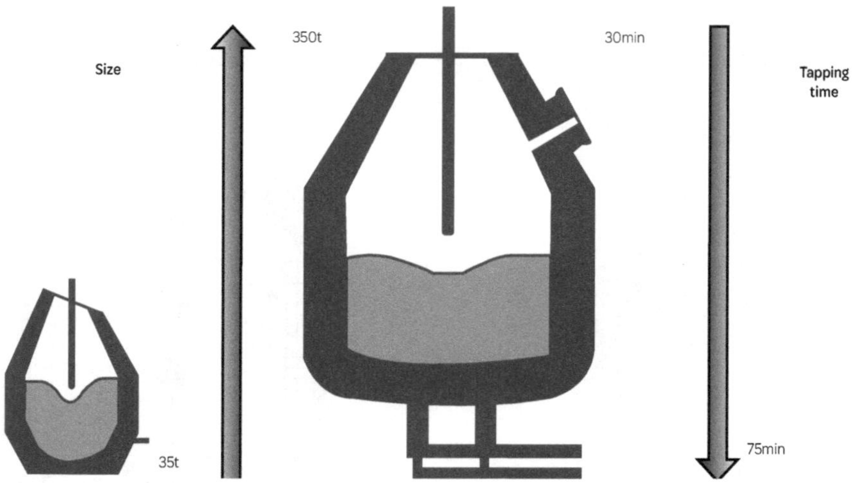

Figura 1.2 Evolução do processo BOF: descarbonetação mais rápida e tempos de carga-descarga mais curtos.
Fonte: Adaptada de (4).

À medida que mais oxigênio é introduzido no convertedor mais rapidamente e o processo se torna cada vez mais agressivo, é necessário que os materiais refratários sejam cada vez mais engenheirados. A pureza das matérias-primas, o desenvolvimento do tamanho e a distribuição das partículas, o projeto dos antioxidantes micro e nanométricos e os tipos de carbono têm sido os principais fatores para reduzir o consumo dos refratários no BOF de 10 para 1kg de refratário/t de aço.

O aumento dos procedimentos de manutenção dos vasos BOF com refratários básicos atingiu seu pico no início da década de 1980. Mas com o surgimento de mais opções de tijolos MgO-C à base de resina, os revestimentos se tornaram mais equilibrados em cada região do convertedor. Os revestimentos BOF, que costumavam ter um material para a maior parte do revestimento, agora podem ter até dez zonas diferentes especificamente projetadas, dependendo dos mecanismos de desgaste. Isso levou a menores tempos de projeção/manutenção, que foram reduzidos para maximizar o rendimento da produção, devido a um número reduzido de convertedores disponíveis e à necessidade de alimentação constante do lingotamento contínuo (4).

1.3 DISCUSSÃO: LIÇÕES DA HISTÓRIA – MUDANÇAS DE PROJETOS E DEMANDAS SEGUIDAS PELOS REFRATÁRIOS

Os tijolos do convertedor BOF estão passando por um período de refinamento e aprimoramento do sistema MgO-C. A abordagem é feita na seleção de matérias-primas e na melhoria das técnicas de produção para maximizar o desempenho obtido do tijolo ligado à resina nas condições atuais de fabricação de aço e para reduzir os custos crescentes dos refratários (4).

A compreensão dos processos metalúrgicos e de outros processos térmicos é de extrema importância para otimizar as características de desempenho dos refratários empregados nas condições operacionais específicas. Na última parte do século XX, progressos importantes foram alcançados na metalurgia siderúrgica, como: (i) uso de oxigênio para o sopro do banho (lança de oxigênio) e intensificação dos processos de troca de massa; (ii) maior atualização do processo de conversão incluindo técnicas de sopro pelo fundo e técnicas combinadas; (iii) uso de revestimentos refrigerados a água para fornos elétricos de aciaria; (iv) uso descentralizado do vazamento de aço e uso de ventaneiras no fundo para sopro do metal fundido; (v) uso em larga escala do processamento de aço pós-forno e técnicas de lingotamento contínuo; (vi) controle assistido por computador de todos os processos de fabricação de aço, desenvolvimento de tecnologias de economia de recursos (6) e uma gama mais ampla de materiais de carga contendo sucata/ferro de baixo custo.

Os refratários nos conversores de oxigênio são expostos a escória, gases redox, metais fluidos a 1700 a 1800°C e desgaste mecânico intenso devido à mistura turbulenta de sucata/ferro, bem como à circulação de metal e escória. Historicamente, os refratários à base de CaO–MgO–C e MgO–C têm sido usados como materiais para o revestimento para conversores.

O uso industrial do lingotamento contínuo de aço proporcionou novo impulso para a atualização da tecnologia de processamento do convertedor. As principais tendências foram um melhor sequenciamento da entrega do metal fundido para produção contínua, estabilização da composição e temperatura do metal fundido e melhoria computadorizada do controle do processo. Foram desenvolvidos métodos para o processamento pós-forno de metais utilizando gases inertes e materiais particulados, o que gerou a necessidade de refratários para o revestimento com maior resistência térmica e métodos eficazes para corrigir a composição química e refinar o metal fundido na panela, processo este associado a uma utilização mais completa do tratamento a vácuo online de aço líquido (6).

Essa nova forma de operação mudou o foco do BOF como equipamento principal de descarbonetação, diferente de sua concepção original de apenas produzir lingotes. Deve-se notar também que, para siderúrgicas sem instalação de metalurgia panela e necessidade de mais metalurgia pós-BOF, a temperatura de vazamento no BOF aumenta para permitir um tempo suficiente para que essas operações ocorram.

Com um esforço contínuo para aumentar a produtividade na planta siderúrgica, adota-se como padrão alguma forma de agitação de gás no BOF associada à agitação por oxigênio pelo fundo em contínua evolução. O sopro combinado aumenta a produtividade e melhora a qualidade do aço, pois o produto final carbono *versus* Oxigênio após o BOF é mais baixo que o sopro apenas pela lança.

A Figura 1.3 mostra os três tipos diferentes de projetos de BOF, aos quais tipos de agitação de fundo podem ser adicionados quando houver disponibilidade na aciaria (tubos pequenos de argônio *versus* ventaneiras grandes de O_2).

À medida que a necessidade de reduzir o carbono devido às mudanças climáticas continua, há um trabalho experimental sendo feito na redução de minério de ferro com hidrogênio. Como esse trabalho está em sua infância, a expectativa é de que possa levar de 20 a 50 anos até que uma instalação de tamanho industrial econômica se torne padrão. Será interessante ver como isso afeta os mecanismos de desgaste dos refratários.

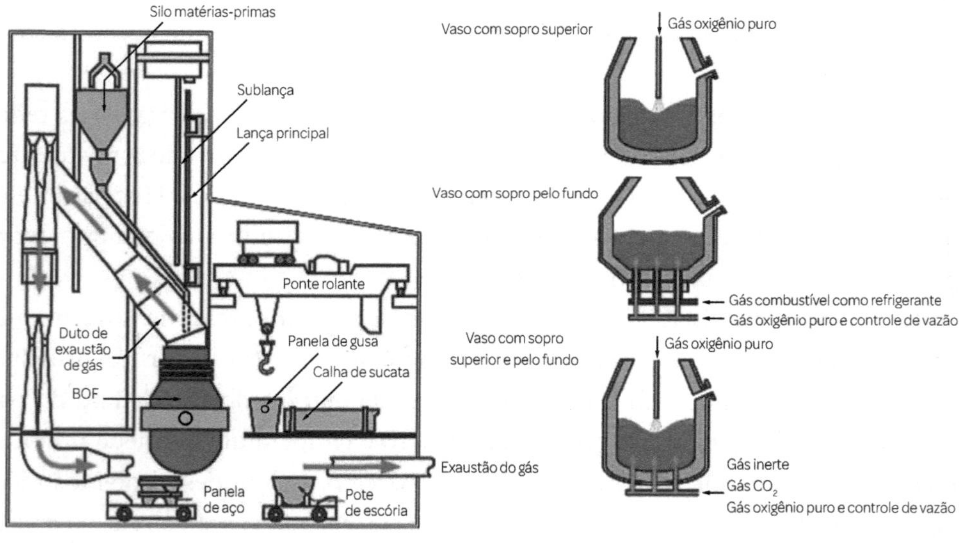

Figura 1.3 Três diferentes projetos de convertedores BOF, com agitação pelo fundo utilizados conforme disponibilidade da aciaria (pequenos tubos de ar *versus* ventaneiras de O_2).
Fonte: Adaptada de (6).

1.4 PERSPECTIVAS DA SIDERURGIA/DEMANDA E FUTURO DOS REFRATÁRIOS

Um grande desafio da indústria moderna é garantir a competitividade dos produtos desenvolvendo tecnologias que economizem recursos e com estrita observância dos requisitos ambientais. Os fabricantes de materiais refratários são confrontados com cenários econômicos e condições de mercado em constante mudança (7). No futuro previsível, os refratários de magnésia continuarão sendo o principal material estrutural para o revestimento de siderúrgicas e de outras unidades termelétricas que operam em altas temperaturas e são expostas a vários líquidos contendo ferro e silicato fundidos (6).

O principal direcionamento na indústria de refratários são a criação e o desenvolvimento da produção de refratários baseados em produtos ambientalmente amigáveis em substituição a refratários ecologicamente perigosos. Por um lado, significa a seleção de ligantes menos tóxicos e o manejo adequado e gestão de resíduos internamente no fornecedor. Por outro lado, corresponde à expansão do uso de reciclados nos tijolos, estabelecendo processo adequado para reciclar e usar tijolos de MgO-C com antioxidantes (7,8).

Além do exposto, a tecnologia de refratários respondeu rapidamente aos novos requisitos para melhoria da qualidade e de aços com maior valor agregado, além de redução de custos e maior produtividade em consideração à nova situação que demanda negócios mais eficientes energeticamente. Ao mesmo tempo, a tecnologia de refratários se expandiu: embora se preocupasse principalmente com materiais refratários, a atenção deslocou-se para diferentes aspectos relacionados, e essa tecnologia tornou-se um sistema amplo de conhecimento que abrange os campos de métodos de reparo do revestimento (reparos por chama, reparos por massas resinadas), projeto do revestimento do forno (isolamento térmico, resfriamento), monitoramento e medição (sistema de monitoramento do revestimento) e operação do forno para proteção do revestimento (controle de escória e outros) (1).

Com mais agitação de oxigênio e sopro combinado previstos para o futuro nos convertedores, mais trabalho precisará ser feito nos refratários do fundo do BOF, pois eles normalmente apresentam 3 a 4 vezes as taxas de desgaste do revestimento das paredes laterais do forno. Além disso, à medida que a economia circular continua e o desejo de reciclar o máximo possível de sucata também, haverá mais impacto mecânico e abrasão como parte do processo, pois a porcentagem de sucata continuará aumentando.

Dessa forma, os principais mecanismos de desgaste dos tijolos de MgO-C na aplicação BOF são dependentes da área de instalação, como visto na Figura 1.4, e podem ser generalizados da seguinte forma (9):

1. Munhões: oxidação, solicitação mecânica em alta temperatura, choque térmico.
2. Vazamento: erosão pelo metal líquido, corrosão pela escória, *spalling* térmico.
3. Carregamento: impacto pela sucata e metal líquido, erosão, choque térmico.
4. Boca: impacto pela limpeza, hidratação.
5. Fundo: erosão pela forte turbulência da interação do metal e o gás de injeção, *spalling* térmico.
6. Cone: oxidação, choque térmico.
7. Luva de vazamento: erosão, oxidação.
8. Ventaneiras: *spalling*, choque térmico.

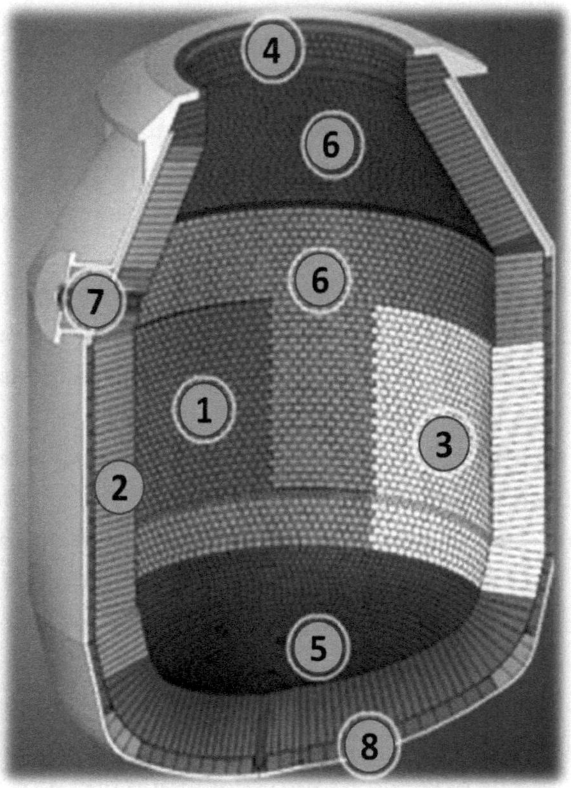

Figura 1.4 Principais mecanismos de desgaste dos tijolos de MgO-C na aplicação BOF associados à área de instalação.
Fonte: Adaptada de RHI Magnesita.

Os refratários para BOF e o forno siderúrgico tiveram uma relação próxima e evolução desde a década de 1950. À medida que o processo do convertedor muda e aumenta a demanda, o refratário também muda para acompanhar essas transformações. De muitas maneiras, os refratários são o facilitador e o parceiro das indústrias metalúrgicas, sempre desenvolvendo e encontrando soluções para problemas ainda não previstos.

1.5 PRODUTOS MgO-C PARA BOF E MATÉRIAS-PRIMAS

A abordagem tecnológica dos tijolos de MgO-C para BOF vem se intensificando vigorosamente desde os anos 1990. Uma gama muito ampla de agregados de magnésia, desde o sínter de alta pureza até MgO fundidos com tamanho de cristais grandes (conhecidos como Large Crystal – LC), é atualmente usada cujas qualidades são apresentadas na Figura 1.5.

Também são adicionados às composições desses tijolos, tipos de grafita muito puros, como mostrado na Figura 1.6. A função do carbono é diminuir a molhabilidade frente ao metal fundido e à escória e, assim, aumentar a resistência à corrosão, em conjunto com a melhora das propriedades termomecânicas, principalmente a resistência ao choque térmico (10). No entanto, devido à presença de carbono, os refratários sofrem com baixa resistência mecânica e baixa resistência à oxidação. Para superar essas falhas, antioxidantes e aditivos especiais são adicionados durante a fabricação do MgO-C. Os aditivos frequentemente utilizados em tijolos incluem metais/ligas, carbetos e compostos à base de Boro que funcionam de diferentes maneiras durante o uso dos refratários (11).

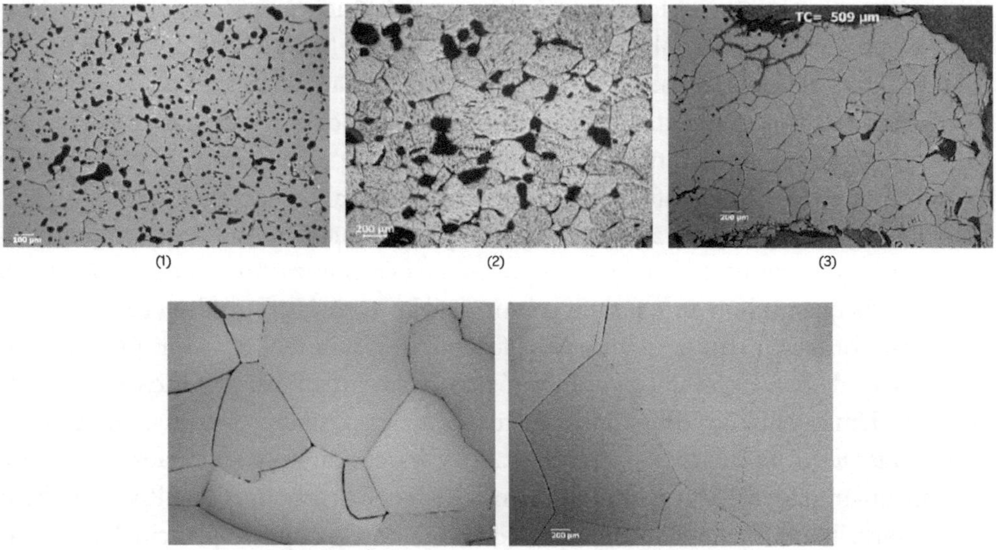

(1) (2) (3)

(4) (5)

Figura 1.5 Qualidades de agregados básicos utilizados em tijolos de MgO-C: 1) sínter de alta pureza (100 a 150μm); 2) magnésia fundida de baixo tamanho de cristal (700 a 900μm); 3) magnésia fundida de médio tamanho de cristal (900 a 1100μm); 4) magnésia fundida de alto tamanho de cristal (1500 a 1800μm); e 5) magnésia fundida de LC (> 1800μm).
Fonte: Acervo da RHI Magnesita.

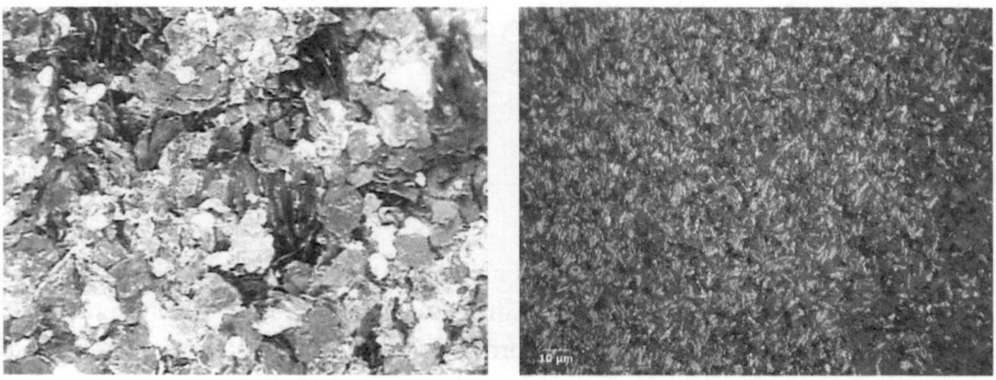

(1) (2)

Figura 1.6 Qualidades de tipos de grafitas muito puros utilizados em tijolos de MgO-C: 1) grafita fina 97% C; 2) grafita tipo flake 98% a 99% C.
Fonte: Acervo da RHI Magnesita.

A resina fenólica é usada como ligante para tijolos de MgO-C desde os anos 1980. Essa matéria-prima apresenta boa molhabilidade com óxidos como a magnésia, boas propriedades de prensagem e resistência a verde e o melhor rendimento de carbono relativamente a outros tipos de resinas. No entanto, a resina fenólica apresenta um teor de carbono fixo menor que outros precursores carbonáceos, maior retração acima de 600°C e menor grafitização que pode comprometer a resistência do tijolo frente ao choque térmico e à corrosão em alta temperatura (11). Para compensar esse aspecto, a adição de piche à resina fenólica foi eficaz para aumentar as propriedades termomecânicas e a resistência à oxidação. Assim, a mistura de piche e resina fenólica foi aplicada como um ligante para composições de MgO-C para controlar a microestrutura e a grafitização da matriz.

Alguns estudos apresentaram que o piche mesofásico aumentou a resistência do tijolo MgO-C em temperaturas acima de 600°C. Esse piche tem sido reconhecido como uma excelente ligante em decorrência de seu alto rendimento de carbono, alta fluidez e alta grafitização. No entanto, o próprio piche mesofásico sofre expansão maior que produz carbonos mais porosos na carbonização. Tal expansão causa mais poros que podem aumentar a corrosão pelas escórias fundidas (12).

Dessa forma, buscou-se a combinação entre a resina fenólica com piches especiais, livres de benzopireno (composto tóxico), para uma nova geração de tijolos de MgO-C. Uma avaliação comparativa entre três marcas comerciais com diferentes sistemas ligantes é apresentada na Tabela 1.2. As marcas foram selecionadas para ter a mesma quantidade de MgO fundido e o mesmo teor de carbono. Os aditivos também foram semelhantes quanto aos tipos e às quantidades. O objetivo principal foi destacar o potencial de cada ligante utilizado: resinopichado; resinado; e pichado.

Tabela 1.2 Três marcas comerciais com diferentes sistemas ligantes para tijolos de MgO-C para BOF.

	Produto A	Produto B	Produto C
MgO fundida/Total MgO (%)	100	100	100
Total MgO (%)	85	85	85
Antioxidantes	++	++	++
Ligante	Resinopichado	Resina	Piche líquido
Total de carbono (%)	13	13	13

Fonte: Adaptada de (12).

Todas as amostras foram preparadas na planta industrial no processo normal de fabricação para cada tipo de produto e uma cura-padrão a 200°C. Os produtos A e B seguem um processo a frio, enquanto o produto C segue um processo a quente, típico do ligante puramente pichado.

Os resultados após a cura de todas os produtos são apresentados na Tabela 1.3. As propriedades físicas são muito semelhantes para todos os sistemas ligantes, mostrando maior dependência direta da qualidade dos agregados e das condições de prensagem. Os resultados mecânicos a frio e a quente para o ligante resinopichado estão sempre entre resina pura e sistemas de piche puro. A diferença é expressiva nos resultados de resistência à flexão a quente (RFQ). As medições a 1400 e 1500°C são, respectivamente, 47% e 35% melhores do que o material com ligação de piche. A corrosão de metal e escória é semelhante entre o resinopichado e o resinado e melhor do que o produto com piche devido à expansão que esse ligante resulta na carbonização. Tal expansão causa mais poros ou microtrincas no tijolo e favorece o aumento da corrosão por escória fundida. O módulo de elasticidade apresentou maior valor para o sistema resinopichado, mas esse resultado diz respeito à reação parcial entre a resina fenólica e os piches na composição. O módulo elástico após queima redutora a 1400°C é mais realista.

Os resultados após queima redutora a 1400°C de todos os produtos são apresentados na Tabela 1.4. As propriedades físicas mantiveram-se muito semelhantes em todos os sistemas ligantes, mas apresentando maior porosidade aberta ao sistema pichado, como esperado. Os resultados mecânicos a frio e a quente mostraram o mesmo comportamento das propriedades após a cura. Os resultados do sistema resinopichado estão entre os sistemas puramente resinado e o puramente pichado. A expansão volumétrica permanente (EVP) indica a expansão global dos produtos e é uma medida indireta da interação entre os agregados e a matriz. O ligante resinopichado apresentou o menor valor, o que significa que a tensão de expansão foi mais bem absorvida. Além disso, quanto mais baixos os resultados de EVP, mais estável é o produto durante a campanha do BOF. EVP em combinação com o módulo de elasticidade prevê um melhor comportamento termomecânico para o ligante resinopichado. Os resultados do choque térmico são apresentados na Figura 1.7 e expressam a queda no módulo elástico em função de ciclos. O teste foi feito em um forno de indução, no qual as amostras foram imersas em aço fundido a 1700°C durante 90s e resfriadas ao ar.

Tabela 1.3 Propriedades dos tijolos de MgO-C com diferentes tipos ligantes após cura a 200°C.

Ligante	Produto A		Produto B		Produto C	
	Resinopichado		Resina		Piche líquido	
	Média	DP	Média	DP	Média	DP
Densidade aparente (g/cm³)	3,02	0,01	3,04	0,01	3,03	0,01
Porosidade aparente (%)	1,9	0,1	2,4	0,1	2,6	0,3
RCTA (MPa)	42	1	51	1	31	2
RFQ a 1400°C/30min (MPa)	12,4	0,5	16,2	0,8	6,6	0,7
Módulo elástico (GPa)	74	1	61	1	59	2
Corrosão por metal (%)	0,8		1,3		4,1	
Corrosão por escória (%)	20		18		26	

RCTA: resistência à compressão a frio; RFQ: resistência à flexão a quente.

Fonte: Desenvolvida pela autoria do capítulo.

O sistema ligante resinopichado sempre foi superior ao choque térmico em todos os ciclos, seguido pelo tijolo pichado. Como esperado, o ligante resinado apresentou uma estrutura mais frágil e suscetível a variações bruscas de temperatura devido a sua estrutura de carbono vítreo. Foi observado que, com o aumento do número de ciclos, o dano por choque térmico dos sistemas resina pura e de piche puro foi semelhante. O ligante resinopichado apresentou melhor comportamento termomecânico. Após cinco ciclos, o módulo de elasticidade relativo é 92% maior do que os produtos de resinados e pichados. A Figura 1.8 mostra as amostras após avaliação do choque térmico.

Tabela 1.4 Propriedades dos tijolos de MgO-C com diferentes tipos ligantes após queima redutora a 1400°C/5 h.

Ligante	Produto A		Produto B		Produto C	
	Resinopichado		Resina		Piche líquido	
	Média	DP	Média	DP	Média	DP
Variação volumétrica permanente (%)	0,66	0,27	1,36	0,40	0,85	0,15
Densidade aparente (g/cm³)	2,97	0,01	2,97	0,01	2,98	0,02
Porosidade aparente (%)	7,8	0,2	8,0	0,1	9,8	0,3
RCTA (MPa)	34	2	43	2	29	3
RFQ a 1400°C/30min (MPa)	12,3	0,3	15,2	0,8	8,1	0,3
Módulo elástico (GPa)	18	1	31	1	15	2

RCTA: resistência à compressão a frio; RFQ: resistência à flexão a quente.
Fonte: Desenvolvida pela autoria do capítulo.

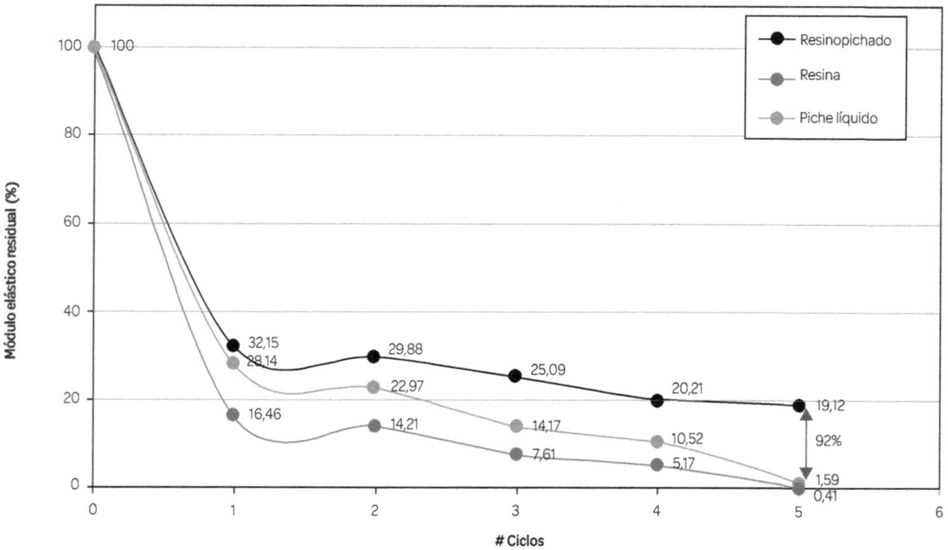

Figura 1.7 Resultados do choque térmico dos tijolos de MgO-C com diferentes tipos ligantes, expressos pela queda no módulo elástico em função dos ciclos.
Fonte: Desenvolvida pela autoria do capítulo.

(1) (2) (3)

Figura 1.8 Amostras dos tijolos de MgO-C com diferentes tipos ligantes após avaliação do choque térmico: 1) resino-pichado; 2) resina; 3) piche.
Fonte: Acervo da autoria do capítulo.

1.6 PROTEÇÃO DA OXIDAÇÃO DOS TIJOLOS DE MgO-C

Um dos grandes problemas dos refratários MgO-C é a oxidação em elevadas temperaturas. Uma das alternativas para minimizar esse processo é a utilização de antioxidantes (metais ou ligas). Em altas temperaturas, esses aditivos atuam de forma a prevenir/diminuir o processo de oxidação devido à elevada afinidade com carbono. As Equações 1.1 a 1.3 apresentam as reações e os equilíbrios químicos simplificadamente para esses fenômenos de proteção.

$$Me(s/l) + CO(g) \rightarrow MeO(s) + C(s) \quad \text{(eq. 1.1)}$$

$$Me(s/l) + ½\,O_2(g) \rightarrow MeO(s) \quad \text{(eq. 1.2)}$$

$$MeC(s) + CO(g) \rightarrow MeO(s/l) + C(s) \quad \text{(eq. 1.3)}$$

Onde:
Me(s/l/g): metal de elevada afinidade pelo carbono e pelo oxigênio;
MeC(s): carbeto metálico;
MeO(s/l): óxido do metal (Me).

Importante destacar que as interações entre os antioxidantes, os refratários (matriz + agregados) e o meio (aço/escória) são complexas e podem envolver simultaneamente uma série de equilíbrios em função dos gradientes térmicos e da pressão parcial (PO_2, PCO e PCO_2) ao longo do tijolo refratário.

Como exemplo da atuação de um antioxidante, destaca-se o alumínio. Esse metal comporta-se de maneira mais simples uma vez que não há a formação de compostos intermediários oxidados. As reações que descrevem a atuação do alumínio são apresentadas nas Equações 1.4 a 1.8:

$$Al(s) \rightarrow Al(l) \quad \text{(eq. 1.4)}$$

$$4Al(s/l) + 3C(s) \rightarrow Al_4C_3(s) \quad \text{(eq. 1.5)}$$

$$Al_4C_3(s) + 6CO(g) \rightarrow 2Al_2O_3(s) + 9C(s) \quad \text{(eq. 1.6)}$$

$$Al_4C_3(s) + 3O_2(g) \rightarrow 2Al_2O_3(s) + 3C(s) \quad \text{(eq. 1.7)}$$

$$2Al(s/l) + 3/2O_2(g) \rightarrow Al_2O_3(s) \quad \text{(eq. 1.8)}$$

Onde:

Al(s): alumínio metálico

C(s): carbono do sistema ligante ou da grafita Al_4C_3(s): carbeto de alumínio

O_2(g): oxigênio

Al_2O_3(s): óxido de alumínio

O carbeto de alumínio formado é extremamente hidratável e, portanto, a operação do convertedor deve evitar contato com qualquer fonte de água que pode ocorrer durante as paradas do LD. Essa reação de hidratação pode degradar completamente os refratários em decorrência da elevação da porosidade e da formação de hidróxidos.

O emprego correto (tipo e quantidade adicionada) de antioxidantes é variável muito importantes para a especificação de um refratário de MgO-C, pois está relacionado com modificações estruturais, termomecânicas e físico-químicas durante a campanha do refratário.

Outro mecanismo para a proteção do carbono dos tijolos de convertedores é a formação de uma camada densa de MgO na face quente do tijolo. Esse óxido pode coexistir com a grafita relativamente estável até 1800°C como mostrado na Figura 1.9 (13). Porém, existe a possibilidade de que a redução do MgO ocorra a baixa temperatura (1600°C), seguindo a Equação 1.9 (14).

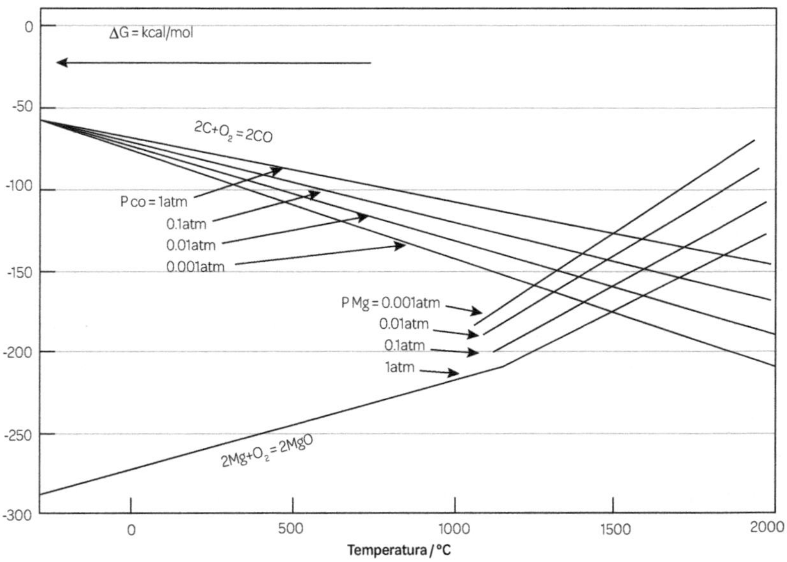

Figura 1.9 Relações de equilíbrio para óxido de magnésio e monóxido de carbono para diferentes atmosferas de oxigênio.
Fonte: Adaptada de (12).

$$MgO(s) + C(s) = Mg(g) + CO(g) \quad \text{(eq. 1.9)}$$

A reação entre MgO(s) e C(s) é determinada pela velocidade da reação em fase sólida a baixa temperatura e não é determinada pelas pressões parciais de Mg(g) e CO(g) como produtos da reação até que uma reação em fase sólida esteja pronta para ocorrer em alta temperatura. Essa reação em fase sólida começa entre MgO(s) e C(s) em torno de 1400°C. Acima dessa temperatura, a pressão do gás de Mg(g) e a taxa de CO(g) produzida determinam a reação.

Se ocorrer a reação entre MgO e grafita, a estrutura dos tijolos será deteriorada, resultando em danos rápidos aos tijolos. No entanto, o Mg(g) produzido na parte interna dos tijolos recondensará na região da face quente e formará uma camada densa de magnésia, o que contribui para a supressão da reação entre MgO e grafita (13).

O mecanismo de formação da camada densa de MgO próximo à superfície do tijolo de MgO-C é considerado, basicamente, a redução do clínquer de MgO com o C incluído no tijolo de MgO-C que leva à formação de Mg(g) e CO(g), seguido pela formação da camada densa de MgO (15,16).

No primeiro estágio, o Mg(g) reage com a atmosfera saturada de O_2 e CO_2, resultando na formação de uma camada densa de MgO parcialmente entre os grãos de MgO próximos à superfície de trabalho. A partir desse ponto, evita-se a difusão da atmosfera saturada de gás para o interior do tijolo (a camada original atrás da camada densa de MgO) e, ao mesmo tempo, a difusão de Mg(g) e CO(g) do interior do tijolo para a superfície externa está obstruída. Como resultado, em virtude de a pressão no interior do tijolo ser alta, o gás interno atinge intensamente as porções deficientes da camada densa formada antes e uma camada densa perfeita contínua é construída ao mesmo tempo. Se parte da camada densa for desgastada pelo ataque da escória, ela é reconstruída à medida que o gás interno é expelido em direção a essas porções danificadas (15).

A presença dos aditivos metálicos acelera a formação da camada densa de MgO nos tijolos de convertedores. A Figura 1.10 apresenta dois tijolos de MgO-C com as mesmas fontes de magnésia e grafita, mesmo tipo ligante, porém a Amostra 1 não contém antioxidante e a Amostra 2 contém a combinação de pós-metálicos para a proteção contra a oxidação. A espessura da camada densa é muito significativa.

O refratário MgO-C, com adição de liga Al-Mg, apresenta o mecanismo de formação dessa camada a partir do aquecimento com a vaporização rápida do Mg(g) acima de 640°C. Mg(g) se condensará perto da superfície refratária, como MgO. A camada de MgO cresce de forma contínua como uma camada protetora, pois é corroída pela escória. Para a condição no interior refratário, estima-se que esses mecanismos de crescimento são acionados na temperatura de operação de 1600°C, e a reação de MgO e carbono ocorre no interior do refratário conforme a Equação 1.9.

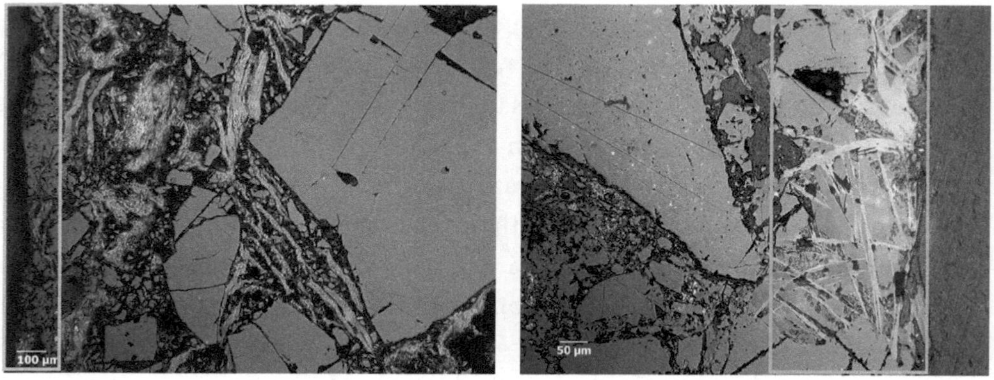

(1) (2)

Figura 1.10 Diferentes espessuras de camadas densas (marcadas entre os retângulos) entre tijolos de MgO-C para convertedores BOF com as mesmas fontes de magnésia e grafita, mesmo tipo ligante: 1) amostra sem antioxidante; 2) amostra com antioxidante.
Fonte: Acervo da RHI Magnesita.

Também a camada densa é facilmente formada no caso de coexistência de metal Al. O efeito do metal Al é aumentar a pressão parcial do Mg(g). Como o metal Al reage com o CO(g) para diminuir a pressão parcial do CO(g), de acordo com a Equação 1.10, resulta que a pressão parcial de Mg(g) é aumentada pela Equação 1.9.

$$2Al(l, g) + 3CO(g) = Al_2O_3(s) + 3C(s) \quad \text{(eq. 1.10)}$$

O Mg(g) reage com o oxigênio, que está se difundindo através da camada densa de MgO, e, então, o MgO condensa e resulta no crescimento da camada densa. Para a difusão de oxigênio na camada densa, os íons de ferro desempenham um papel importante. A camada densa de MgO próxima à superfície reage com o óxido de ferro da escória para formar $MgFe_2O_4$. Prosseguindo para o interior, o $MgFe_2O_4$ muda para (Mg, Fe^{+2})O. No interior, o MgO(s) se deposita como mostrado na Equação 1.11, crescendo uma camada densa de MgO (17).

$$FeO + Mg(g) = Fe(s, l) + MgO \quad \text{(eq. 1.11)}$$

Sendo que uma camada densa se formou sobre a superfície, fazendo com que o refratário fique fechado. As pressões internas PCO e PMg aproximam-se das pressões de equilíbrio parcial na Equação 1.9 e aparentemente nenhuma reação ocorre. No entanto, a camada densa é continuamente dissolvida no exterior pela escória e, tornando-se mais fina, finalmente desaparece. Na realidade, não é assim porque deve crescer internamente a uma taxa maior ou igual à de dissolução. O crescimento implica que o Mg(g) produzido no refratário se solidifica em MgO à medida que reage com o oxigênio abaixo da camada densa. No entanto, a formação de uma camada densa de MgO implica a interrupção do suprimento externo de oxigênio, o que é inconsistente. Essa inconsistência é eliminada pelo óxido de ferro na escória (16).

Assim, pode-se presumir que o óxido de ferro na escória se difunde na camada densa de MgO desenvolvida sobre a superfície do refratário e desempenha um papel importante em razão da valência variável do ferro, no fornecimento de oxigênio para o interior e no crescimento da camada densa de MgO.

1.7 TÉCNICAS DE REPARO

A contínua busca para aumentar a produtividade e a qualidade dos processos siderúrgicos tem se intensificado nas últimas décadas. Um dos aspectos que mais contribuíram para isso foi a redução do consumo específico de refratários, que passou de 30kg por tonelada de aço produzido na década de 1970 para cerca de 9kg/t nos anos 2000. Com o objetivo de obter melhores resultados na siderurgia, os usuários estão apostando em reparos com monolíticos de fácil aplicação e secagem cada vez mais rápida.

Os equipamentos utilizados na cadeia produtiva do aço podem ficar sujeito a paradas por longos períodos durante a troca dos refratários. Assim, os materiais para projeção (*gunning*) se destacam, pois proporcionam um reparo efetivo das paredes desgastadas dos fornos, evitando a troca de todo o seu revestimento. Essa prática diminui o gasto e aumenta a vida útil do equipamento, além de ser aplicado nas paradas entre as corridas, sem acarretar perda de produtividade.

O produto refratário de reparo, no momento da projeção e no impacto com a parede, deve ter alta adesão e forte coesão. Esse comportamento é obtido pela reologia do produto, que é função direta da natureza da ligação formada com a fixação do material. O sistema ligante desse tipo de produto está em constante desenvolvimento com o objetivo de conciliar boas propriedades mecânicas, qualidade do aço e preço. A Tabela 1.5 mostra os diferentes tipos de ligantes, com suas características e desempenho para reparo de convertedores BOF.

Outra característica importante para produto refratário de projeção que também interfere na aderência e perdas durante a aplicação (rebote e descamação) é a curva granulométrica. Partículas muito grosseiras (> 4,75mm) prejudicam a projeção, pois levam a uma alta perda por rebote. Por outro lado, quando a quantidade de grãos finos é muito alta (mais de 25% das partículas menores que 50μm), ocorrem rupturas no produto decorrentes de baixa permeabilidade e maior consumo de água que causa uma menor densidade. O melhor resultado é obtido quando o tamanho de grão está bem adaptado, resultando em uma rápida velocidade de aplicação e em menor perda por rebote.

Tabela 1.5 Tipos de ligantes, suas características e seu desempenho para reparo de convertedores BOF.

Ligante	Aderência	Integridade	Restrições	Desempenho
Fosfatos	Muito boa	Baixo risco	Contaminação do aço	Excelente
Silicatos	Excelente	Falha entre camadas	Sem restrição	Boa
Ligantes múltiplos	Muito boa	Baixo risco	Sem restrição	Excelente
Resina	Excelente	Baixo risco	Sem restrição	Excelente

Fonte: Desenvolvida pela autoria do capítulo.

Misturas básicas de projeção a seco têm sido convencionalmente usadas para reparo a quente de BOF e linha de escória panela desde os anos de 1970 (18,19), quando principalmente os materiais ligados com fosfatos eram aplicados. A crescente demanda por aços de baixo carbono trouxe condições severas de operação aos conversores BOF e, como consequência, os tijolos de MgO e as misturas de reparo tiveram de ser redesenhados. Essa nova concepção para uma mistura de reparo a quente foi baseada em formulações de tijolos MgO-C para desenvolver um concreto de MgO-C. No entanto, os ligantes hidráulicos usuais têm sérias limitações para serem usados com agregados básicos (como fontes de MgO) como os aditivos metálicos em composições contendo água. A grafita também apresenta baixa resistência à oxidação e baixa molhabilidade em água. Portanto, a resina fenólica foi selecionada como o principal ligante pelas seguintes razões (20-22):

- É um ligante orgânico pouco poluente.
- Apresenta total compatibilidade com aditivos antioxidantes e carbono.
- Gera ligações de carbono após a coqueificação.
- Apresenta fácil incorporação de carbono na mistura.
- Fácil manuseio e adição à mistura final.

As misturas convencionais de projeção a seca geralmente precisam de água para aplicação. Especialmente para o reparo de BOF, a água não é adequada por causa de danos por choque térmico e de oxidação dos tijolos de MgO-C. Além disso, a quantidade de água para a projeção não é fácil de controlar e as propriedades finais apresentam uma grande dispersão.

Um concreto autoescoante a quente de MgO-C foi desenvolvido para substituir as misturas convencionais de projeção a seco em certas regiões do convertedor BOF. Esse novo produto de reparo a quente foi idealizado para atender a alguns requisitos como:

- Compatibilidade com tijolos MgO-C.

- Instalação multifuncional: autoescoante, bombeamento e projetação (*shotcreete*).
- Entrega de concreto pronto para uso ao cliente com todo o líquido incorporado à mistura final.

Esse último tópico já considera que, pré-controlada a quantidade de líquido, as propriedades são mais confiáveis e previsíveis.

Alguns desafios tiveram de ser superados para levar esse produto à realidade. Uma resina fenólica foi desenvolvida com um solvente especial que permite a molhabilidade das fontes de carbono e dos óxidos. O sínter de magnésia foi usado como agregado principal em todas as faixas de tamanho de partícula, embora a magnésia fundida também possa ser empregada. Para cobrir toda a faixa do modelo de distribuição de tamanho de partícula de Andreasen, foram usadas partículas de MgO submicrométricas e fontes de carbono. Aditivos metálicos para fornecer alto módulo de ruptura a quente também foram incorporados. Um dispersante muito especial para meio não aquoso também foi selecionado, pois a resina era o único líquido e os pós finos na matriz precisam ser totalmente incorporados ao concreto. Nesse aspecto, os dispersantes eletroestéricos são a melhor escolha, pois são eficazes em superfícies de magnésia e carbono e ajudaram a diminuir o teor de resina em 25% em peso. O índice mínimo de fluidez obtida para o concreto foi de 70%.

Alta fluidez é necessária para a instalação do produto, mas pode promover segregação durante o transporte ou armazenamento. A distribuição do tamanho do grão e a viscosidade da matriz foram projetadas para evitar esses inconvenientes. Por uma engenharia de matriz especial, o concreto de MgO-C manteve suas propriedades originais após 60 dias de fabricação.

A seção transversal do novo material é semelhante ao tijolo MgO-C, conforme mostrado na Figura 1.11. A Figura 1.12 mostra o comportamento autoescoante do concreto logo após a produção. Esse teste também pode ser aplicado como controle de qualidade no processo de produção e no local de reparo. A fluidez aceitável está na faixa entre 70% e 90%.

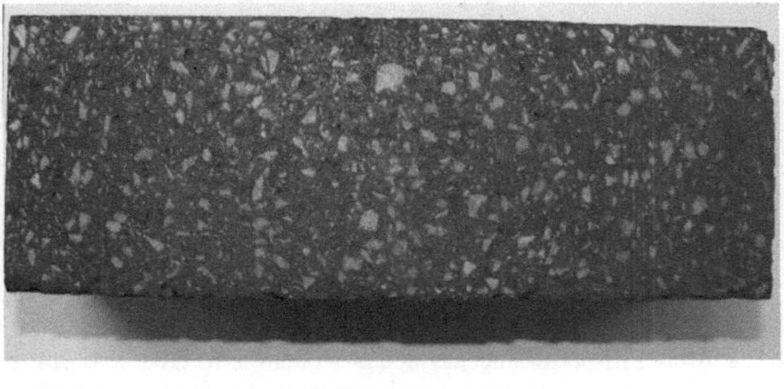

Figura 1.11 Seção transversal do novo concreto MgO-C de reparo a quente.
Fonte: Acervo da autoria do capítulo.

Figura 1.12 Fluidez do novo concreto MgO-C de reparo a quente logo após a produção.
Fonte: Acervo da autoria do capítulo.

O concreto de MgO-C é instalado por autoescoamento no conversor BOF. O material é entregue em *big bags* de 1t ou menos, dependendo da necessidade de cada cliente. A Figura 1.13 mostra a sequência para reparo a quente da região de vazamento do convertedor. Inicialmente, o material é carregado pela calha de sucata na região de impacto. Em seguida, o conversor é girado até o ponto em que o material flui para a região de vazamento. Toda a operação é concluída em menos de 40s. O BOF é mantido nessa posição para sinterização do material. Após 30min/t de material aplicado, o equipamento pode retomar a operação normal.

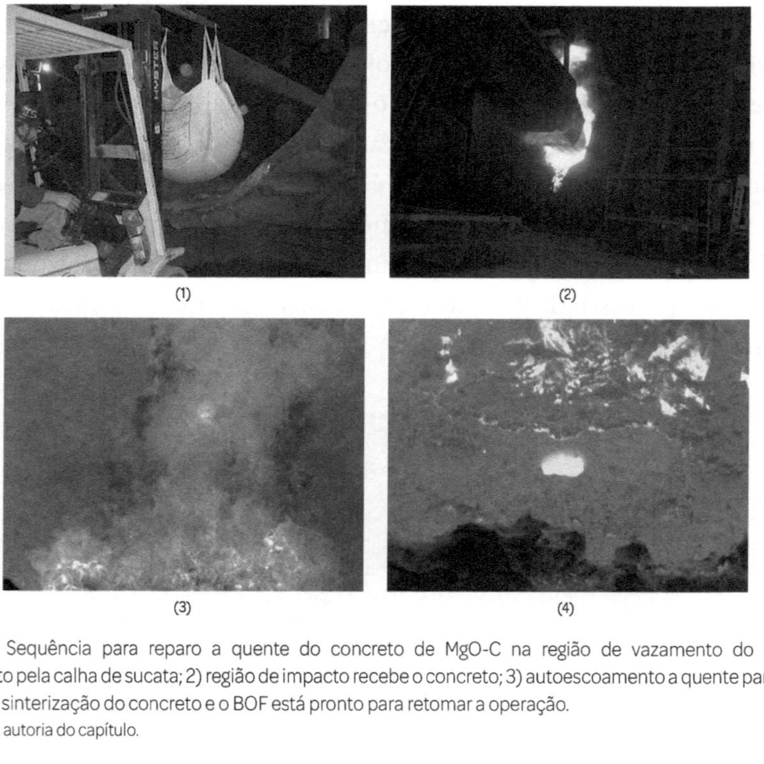

Figura 1.13 Sequência para reparo a quente do concreto de MgO-C na região de vazamento do convertedor: 1) carregamento pela calha de sucata; 2) região de impacto recebe o concreto; 3) autoescoamento a quente para a região de vazamento; 4) sinterização do concreto e o BOF está pronto para retomar a operação.
Fonte: Acervo da autoria do capítulo.

O concreto de MgO-C também é usado para reparar a quente a região de impacto e o fundo do convertedor BOF. A vida útil desse novo material é de pelo menos o dobro em relação ao material convencional. O tempo de reparo também foi reduzido à metade.

1.8 COMENTÁRIOS FINAIS

Atualmente, o BOF representa mais de 60% da produção global de aço, mas novas tecnologias, como a redução direta (DRI) com hidrogênio verde ou processos eletrolíticos, emergem como alternativas mais amigáveis ao meio ambiente, com uma proposta de redução significativa de emissões de CO_2 (coque e carvão). No entanto, a viabilidade dessa transição ainda é questionada em relação aos seus custos, tecnologia, produção em larga escala, regulamentações e à aceitação do mercado, considerando-se a sólida história, produtividade e evolução do BOF. Portanto, o futuro dos conversores BOF na siderurgia é ainda bastante promissor e importante na produção de aços de qualidades.

Nesse contexto, a tecnologia refratária sempre tem respondido rapidamente às novas exigências da produção de aço para melhoria da qualidade do aço e de maior valor agregado, além daquelas exigências de redução de custos e de maior produtividade, considerando-se a nova situação de negócios conscientes do ponto de vista energético.

Acesse as imagens coloridas do capítulo.

REFERÊNCIAS

(1) SUGITA, K. *Historical overview of refractory technology in the steel industry*. Nippon Steel Technical Report 98 8-17;2008.

(2) BIRCH, R. The future refractories and steelmaking. *Journal of Metals*. 1964; p. 512-515; 1964.

(3) KRASS, Y. World production of steel and magnesia refractories: State of the art and trends of development. *Refractories and Industrial Ceramics, 42*. 2001; p. 417-425.

(4) MACKAY, I. Steelmaking refractories - Developments and trends. *Materials Science Forum*. 1988; p. 34-36;695-700.

(5) *Proceedings of Open Hearth Conference*, v. 38; 1955.

(6) KREUELS, N. A view on the European Refractory Industry. *Bol. Soc. Esp. Ceram., 48*. p. 245-254; 2009.

(7) KHOROSHAVIN, L. Refractories of a new generation. *Refractories*, 35. p. 243-245; 1994.

(8) HANAGIRI, S.; SHIMPO, A.; INUSUKA, T.; SAKAKI, S.; MATSUI, T.; ASO, S,; MATSUDA, T.; NAKAGAWA, N. Recent improvement on recycling technology for refractories. *Nippon Steel Technical Report*, 98. p. 93-98; 2008.

(9) HLOBEN, P. *Refractory materials – Major industrial applications*. Rexxon Corporation, South Africa, p. 181-192; 2000.

(10) ANEZIRES, C. G. *et al.*, Resin-bonded magnesia-carbon refractories with coal-tar resin additive for the steel industry. Process Engineering, v. 80, p. 31-34; 2009.

(11) ZHANG, S.; MARRIOT, N. J.; LEE, W. E. Thermochemistry and microstructures of MgO-C refractories containing various antioxidants. *Journal of European Ceramic Society*, v. 21, p. 1037-1048; 2001.

(12) KANNO, K.; KOIKE, N.; KORAI, Y.; MOCHIDA, I.; KOMATSU, M. Mesophase pitch and phenolic resin blends as binders for magnesia - graphited bricks. *Carbon*, v. 37, p. 195-201; 1999.

(13) ANAN, K. Wear of refractories in basic oxigen furnaces (BOF). *Journal of the Technical Association of Refractories*, Japan. 21 (4). p. 241-246; 2001.

(14) KIM, S. M.; LU, W. K. Kinetics and mechanism of the formation of dense MgO layer in pitch-bearing magnesite brick during service. Mettalurgical Transactions B., September (9B), p. 353-364; 1978.

(15) WATANABE, A.; TAKAHASHI, H.; NAKATANI, F. Mechanism of dense magnesia layer formation near the surface of magnesia-carbon brick. *Journal of the American Ceramic Society*. 69 (9). p. 213-214; 1986.

(16) YAMAGUCHI, A. Consideration of the development of refractories. *Journal of the Technical Association of Refractories*, Japan. 27 (3). p. 162-168; 2007.

(17) M. DIMITRIJEVIC, M. POSARAC, J. MAJSTOROVIC, T. VOLKOV-HUSOVIC, A. DEVERCERSKI, AND A. MATOVIC, "Thermal shock damage characterization of high temperature ceramics by non destructive test methods," Ceramics – Silikáty, v. 52, p. 115-119; 2008.

(18) ASANO, K. (2004). Recent trends in refractory technologies for BOFs in Japan. *Interceram*. p. 6-12.

(19) MURAKAMI, K.; YAMATO, T.; USHIJIMA, Y.; ASANO, K. The trend of monolithic refractory technology in Japan. *Refractories Applications and News*. Sep/Oct 8; 5. p. 12-16; 2003.

(20) WIESCHE, V.; GARDZIELLA, A.; SOLOZABAL, R.; SUREN, J. Synthetic resins as carbon forming agents for various refractories. Proceedings of UNITECR'99; Berlin, Germany, p. 371-380; 1999.

(21) GRIFFIN, D.; EHRHART, D.; GERBERICK, W.; HE, H. The development of doloma carbon and magnesia carbon castables for steelmaking processes. Proceedings of UNITECR'05; Orlando, EUA; 2005 .

(22) HIROKI, N.; MUTA, G.; MIKI, T.; TAKAHASHI, H.; ITOH, T.; MIZUTA, Y. Application of resin bonded monolithic refractories to BOF. *Taikabutsu Overseas*. 8; 3. p. 19-25; 1993.

Capítulo 2
FORNOS ELÉTRICOS A ARCO

Walter de Queiroz Cassete
Edmilson Gonzaga

2.1 INTRODUÇÃO

Desde suas primeiras versões comerciais em 1903, o forno elétrico tem sido considerado um dos equipamentos mais versáteis na produção de aço. Inicialmente voltado para produção de aços especiais, incluindo aços inoxidáveis, tornou-se, com sua evolução tecnológica, equipamento amplamente utilizado na produção de todo tipo de aço, com alta competitividade em termos de produtividade e custos (Figura 2.1).

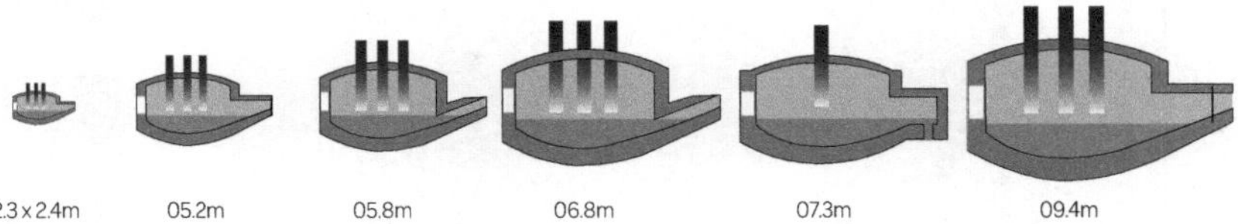

	Stahlwerke Linderberg Remscheid 1906	Deutsche Edelstahlwerke Krefeld 1937	Stahlwerke Sudwestfalen Si-Geisweid, 1956	Krupp Stahl Siegen--Geisweid, 1978	Salzgitter AG Peine 1998	MKK Atakas Iskenderun 2011
Dimensão:	2.3 x 2.4m	05.2m	05.8m	06.8m	07.3m	09.4m
EL. potência:	0.4MVA	10MVA	30MVA	83MVA	140MVA	300MVA
Queimador:	none	none	none	none	CH/O_2	CH/O_2
Peso do lote:	1.5t	30t	80t	110t	100t	250t
Poder específico:	0.27MVA/t	0.33MVA/t	0.38MVA/t	0.75MVA/t	1.4MVA/t	1.2MVA/t
Produção diária:	~10t/24h	~100t/24h	~650t/24h	~1800t/24h	~3700t/24 h	~6000t/24h

Figura 2.1 Forno elétrico.
Fonte: Adaptada de Stahl und Eisen 132; (nr. 9). 2012.

A evolução tecnológica dos fornos elétricos ao longo dos anos pode ser resumida como se vê no diagrama da Figura 2.2:

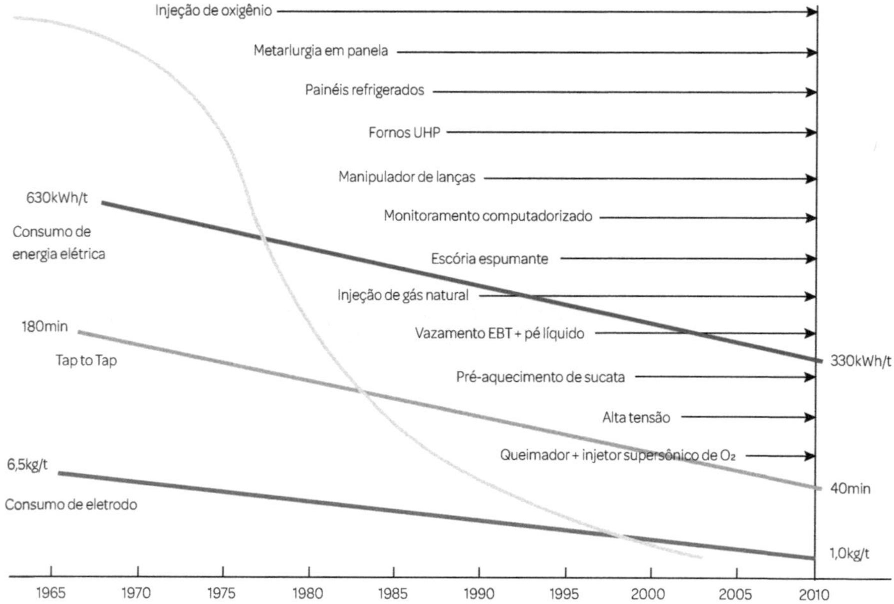

Figura 2.2 Desenvolvimentos tecnológicos na operação do forno elétrico.
Fonte: Adaptada de RHI Magnesita.

Como uma grande alternativa de reciclagem de sucata ferrosa, o forno elétrico tem sido excelente alternativa de rota de produção de aço atendendo a busca na redução das emissões de CO_2. Observando-se a tendência futura (até 2050), o forno elétrico poderá se tornar a rota mais utilizada na produção mundial de aço (Figura 2.3).

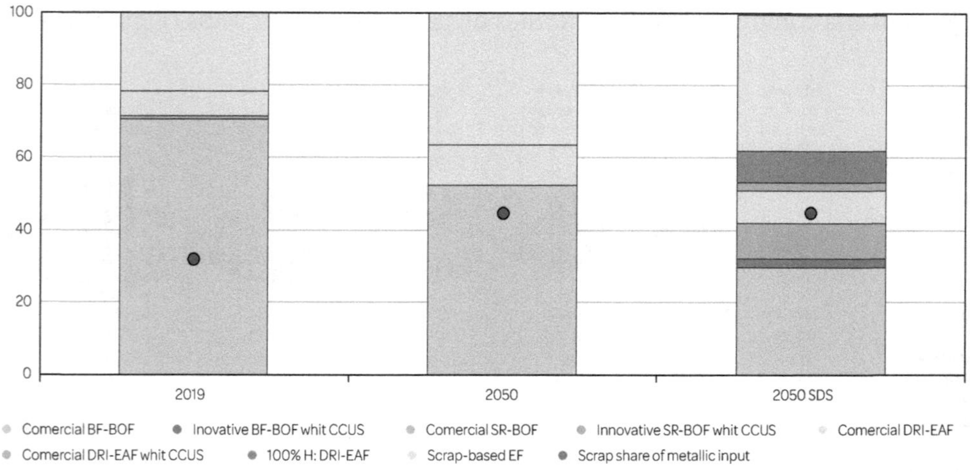

Figura 2.3 Produção global de aço por rota de processo.
Fonte: Adaptada de Agencia Internacional de energia – IEA atraves de site na internet.

Toda essa grande evolução demandou e demandará dos fabricantes de refratários, uma busca constante de soluções de revestimentos que atendam a essas demandas (produtividade e custos).

Nesse contexto, a perfeita compreensão das condições operacionais do forno elétrico e sua interação sobre os revestimentos refratários é condição fundamental para a correta escolha das soluções refratárias a serem empregadas nas diversas regiões do revestimento.

Uma revisão das principais soluções refratárias empregadas nos revestimentos atuais, abordando os aspectos de qualidade e de engenharia de refratário, será apresentada neste trabalho. Conhecer as técnicas atualizadas de manutenção refratária desses revestimentos também se faz necessário como forma de se alcançarem elevados índices de performance tanto em termos de vida útil como dos consumos e custos associados.

2.2 OPERAÇÃO DO FORNO ELÉTRICO

Os principais componentes mecânicos de um forno elétrico podem ser vistos de forma esquemática na Figura 2.4 e consistem em:

- Plataforma, hidraulicamente móvel, de sustentação da carcaça metálica e seus componentes mecânicos e elétricos.
- Carcaça metálica inferior revestida com materiais refratários.
- Carcaça metálica superior revestida com painéis refrigerados à água.
- Sistema de alimentação da energia elétrica incluindo, transformador, cabos elétricos, braços de suporte dos eletrodos e eletrodos de grafita.

Figura 2.4 Instalação básica de um forno elétrico.
Fonte: Adaptada de Mechanical desing of an AC RAF. 2017, SMS group GmbH.

- Sistema de injetores e queimadores de oxigênio e gás natural (alimentação de energia química).

O principal objetivo na operação do forno elétrico, considerado equipamento primário na aciaria, é transformar a carga metálica ferrosa sólida (sucata, gusa, ferro fundido e outras) em aço líquido, com teores de carbono e fósforo específicos, a uma temperatura adequada ao processo (1650 a 1700°C), utilizando fontes elétricas e químicas de energia (Figura 2.5).

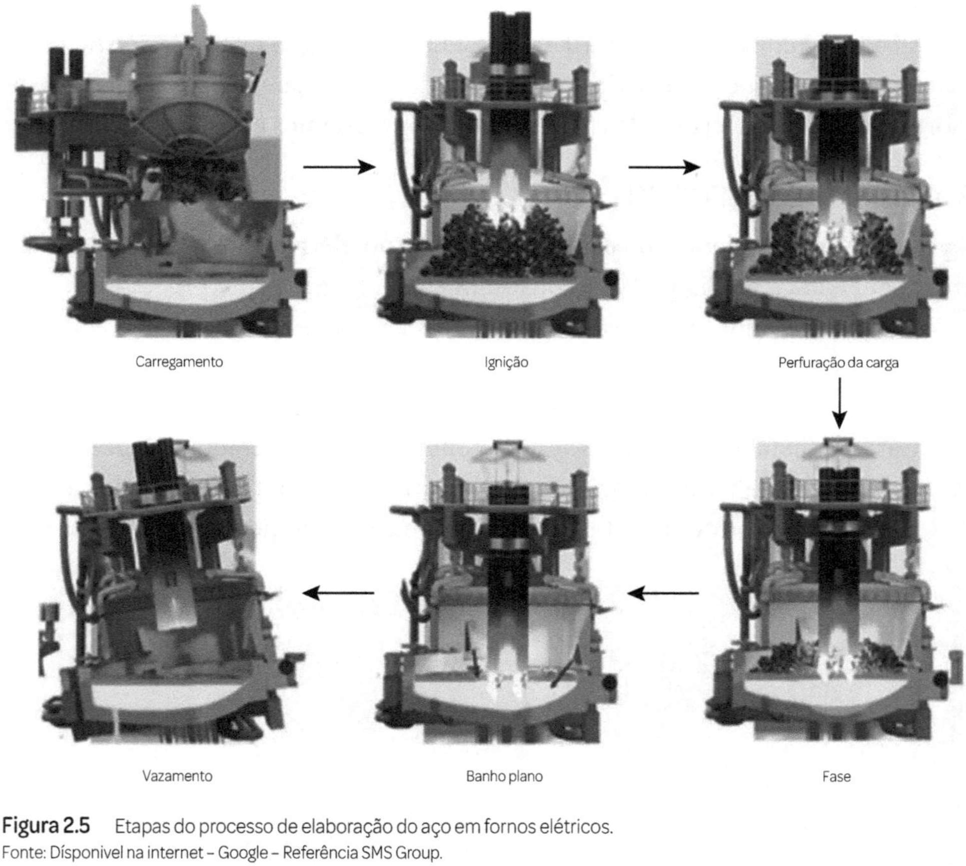

Figura 2.5 Etapas do processo de elaboração do aço em fornos elétricos.
Fonte: Dísponivel na internet - Google - Referência SMS Group.

A operação pode ser resumida nas seguintes principais etapas:

- Carregamento da carga metálica e fundentes: via cestões ou carregamento contínuo.
- Fusão dessa carga via arco elétrico (fornos de corrente alternada) e queimadores gás/O_2.
- Refino do banho fundido via processos de descarburação e desfosforação com uso intenso de injeção de O_2.

- Superaquecimento do aço líquido primário (mesmas fontes de energia usadas na fusão) com objetivo de se atingirem temperaturas adequadas às etapas de processamento posteriores.
- Vazamento do banho metálico.

A operação/processo de elaboração do aço líquido no forno elétrico pode ser mais bem entendida com o desenho esquemático na Figura 2.6.

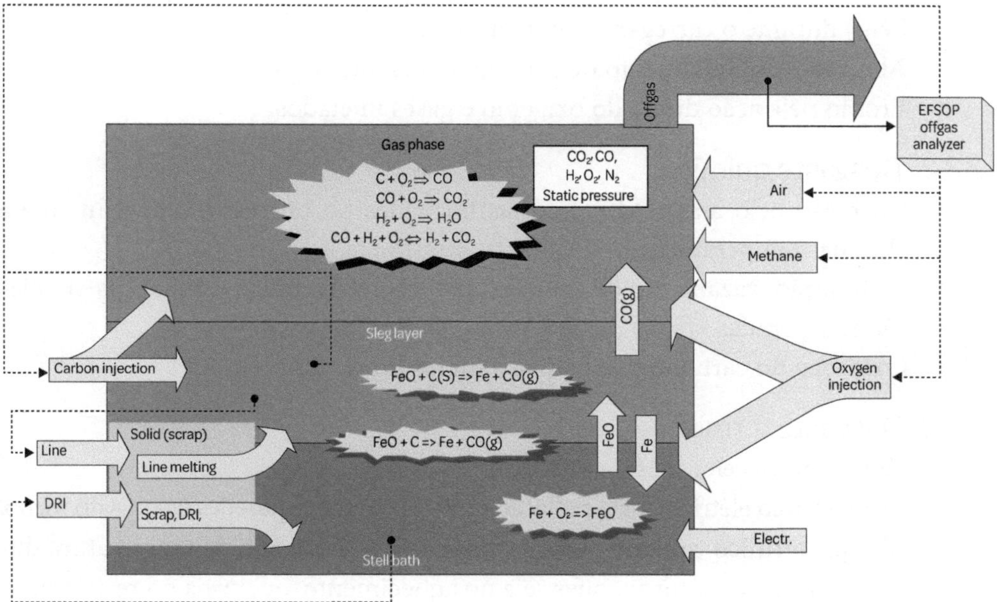

Figura 2.6 Desenho esquemático do processo metalúrgico no forno elétrico a arco (FEA).
Fonte: Adaptada de RHI Magnesita.

Conhecer, em cada uma dessas etapas operacionais, as interações do processo com os refratários do revestimento suportará a busca correta das qualidades e propriedades desses refratários. Ou seja, definir corretamente os mecanismos de desgaste dos refratários presentes é fundamental para sua correta escolha.

2.3 MECANISMOS DE DESGASTE DOS REFRATÁRIOS

Basicamente nos processos metalúrgicos a elevadas temperaturas, com presença de fases líquidas e com a necessidade de revestimento dos equipamentos com materiais refratários, é possível classificar os principais mecanismos de desgaste destes em três aspectos:

- desgaste mecânico;
- desgaste químico;
- desgaste térmico.

Podemos, assim, identificar para cada uma dessas categorias de desgaste os principais fatores operacionais no forno elétrico que impactam diretamente sobre os refratários.

2.3.1 Desgaste mecânico

- Efeitos termomecânicos (relacionados às tensões geradas na expansão-contração) causados pelos gradientes térmicos por meio dos revestimentos refratários.
- Impacto da carga metálica sólida (alguns processos usam carga líquida também) durante o carregamento da mesma.
- Abrasão pelo movimento do aço líquido, escória e gases.
- Erosão pela ação direta do oxigênio e gases injetados.

2.3.2 Desgaste químico

- Corrosão pelo ataque das escórias formadas no processo, especialmente a elevadas temperaturas.
- Hidratação: vazamento de água dos painéis refrigerados e ou lanças de injeção refrigeradas.
- Oxidação do carbono presente nos tijolos do revestimento.

2.3.3 Desgaste térmico

- Temperaturas elevadas de processo.
- Ação do arco elétrico: forte radiação térmica contra as paredes laterais do forno.
- Choque térmico causado pelas variações bruscas ou não de temperatura durante operação do forno, quer seja no aquecimento, quer seja no resfriamento do revestimento.

Importante ter conhecimento de que esses mecanismos não atuam de forma isolada, mas sim em conjunto contra o revestimento e, dependendo das regiões do revestimento, esses mecanismos podem estar presentes de forma mais ou menos intensa.

Importante, portanto, é identificar a atuação desses mecanismos para cada região do forno (os mais preponderantes) e assim definir a melhor solução refratária para cada uma dessas regiões.

2.4 REVESTIMENTO REFRATÁRIO TÍPICO DE UM FORNO ELÉTRICO

O revestimento refratário do forno elétrico pode ser dividido em várias regiões sobre as quais atuarão os mecanismos de desgaste descritos anteriormente.

Essas regiões podem ser visualizadas de forma esquemática, como na Figura 2.7, ou por meio do detalhamento feito por serviços de engenharia de refratários, na elaboração dos projetos de revestimento, em que os detalhes de espessuras, qualidade e a forma construcional dos diversos tipos de refratários são especificados. Os projetos de revestimento definem também os volumes úteis (capacidade do forno) a serem utilizados durante operação do equipamento (função da geometria da carcaça metálica).

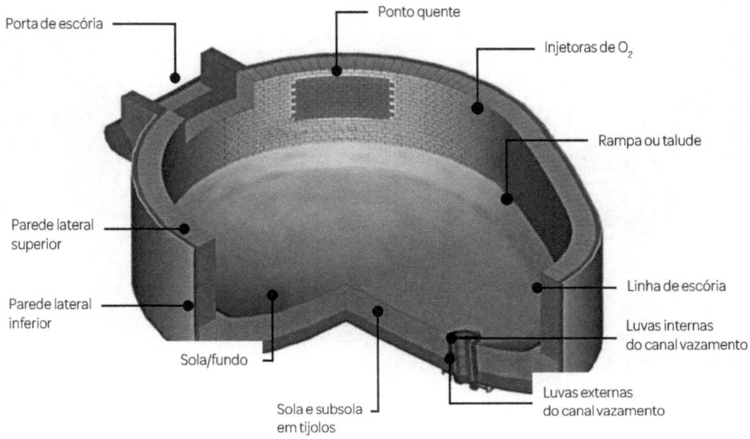

Figura 2.7 Desenho esquemático das regiões do revestimento refratário.
Fonte: Adaptada de treinamento na Vimeo.

Exemplo típico de um projeto refratário pode ser visualizado nas Figuras 2.8 a 2.10.

Os impactos operacionais e seus mecanismos de desgaste sobre os revestimentos refratários do forno elétrico são classificados pelo seu grau de impacto sobre estes. Usando esses conceitos de severidade dos fatores operacionais, nas diversas regiões do revestimento, compreende-se que as soluções refratárias a serem empregadas são distintas para cada região específica do revestimento visto que o grau de intensidade das solicitações varia conforme apresentado nas Tabelas 2.1 a 2.3.

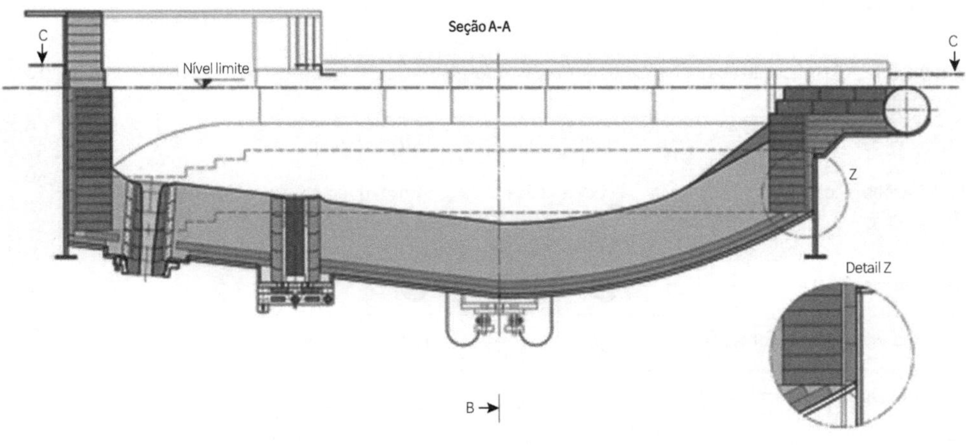

Figura 2.8 Visão longitudinal do revestimento – Forno EBT.
Fonte: Adaptada de RHIM.

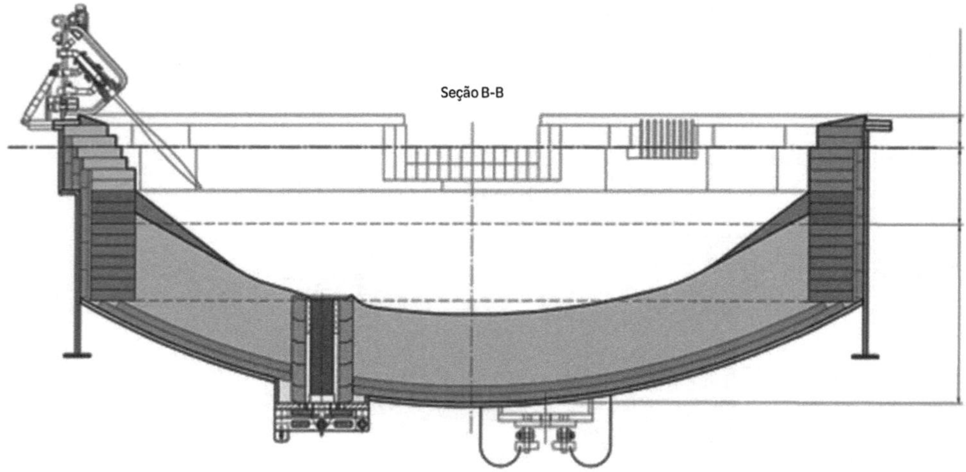

Figura 2.9 Corte transversal do revestimento – Forno EBT.
Fonte: Adaptada de RHIM.

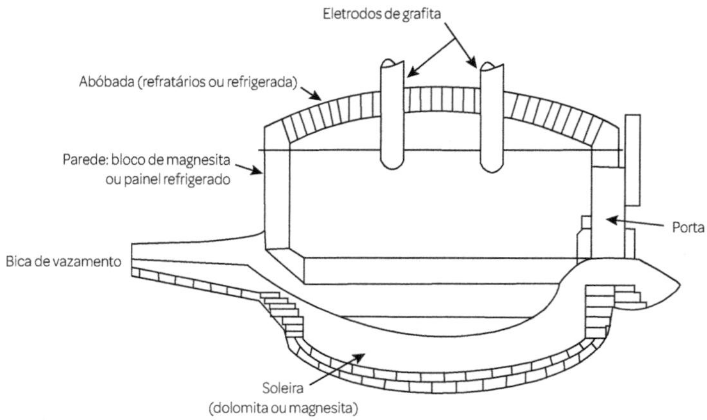

Figura 2.10 Revestimento refratário – Forno elétrico de vazamento convencional.
Fonte: Adaptada de RHI Magnesita.

Tabela 2.1 Classificação dos mecanismos de desgaste por grau de severidade para cada região do revestimento do forno elétrico.

Solicitações mecânicas	Paredes laterais						Sola e rampa
	Pontos frios		Pontos quentes		Linha de escória		
	I	II	I	II	I	II	
Carregamento sucata	◕	◕	◕	◕	◑	◑	◕
Erosão por projeção de aço e escória	◑	◔	●	◕	◑	◔	○
Erosão pela agitação do banho metálico	○	○	○	○	◑	◑	◔

● Muito forte ◕ Forte ◑ Média ◔ Baixa ○ Muito baixa

I Sem escória espumante; II Com escória espumante.

Tabela 2.2 Classificação dos mecanismos de desgaste por grau de severidade para cada região do revestimento do forno elétrico.

Solicitações térmicas	Paredes laterais						Sola e rampa
	Pontos frios		Pontos quentes		Linha de escória		
	I	II	I	II	I	II	
Temperatura	◕	◑	●	◕	◕	◑	◕
Choques térmicos	◕	◕	◕	◕	◑	◑	◔

● Muito forte ◕ Forte ◑ Média ◔ Baixa ○ Muito baixa

I Sem escória espumante; II Com escória espumante.

Tabela 2.3 Classificação dos mecanismos de desgaste por grau de severidade para cada região do revestimento do forno elétrico.

Solicitações químicas	Paredes laterais						Sola e rampa
	Pontos frios		Pontos quentes		Linha de escória		
	I	II	I	II	I	II	
Corrosão pela escória	◑	◔	◕	◑	●	◕	○
Oxidação	●	◕	●	◕	◑	◑	○

● Muito forte ◕ Forte ◑ Média ◔ Baixa ○ Muito baixa

I Sem escória espumante; II Com escória espumante.

2.5 REFRATÁRIOS EMPREGADOS NOS REVESTIMENTOS

A etapa de elaboração do aço no forno elétrico, da perspectiva metalúrgica, consiste basicamente de dois processos que ocorrerão em fase líquida desde o início da fusão até instantes antes do vazamento:

- Processo de descarburação: redução dos teores de carbono.
- Processo de desfosforação: redução dos teores de fósforo.

O principal mecanismo de desfosforação consiste na oxidação do fósforo (P_2O_5) e sua posterior fixação nas escórias básicas geradas pela adição de fontes de CaO (óxido de cálcio). Portanto, essa reação ocorre em meio básico:

$$4P + 5O_2 + 2\ CaO = 2\ CaO.P_2O_5$$

Assim, os refratários empregados no revestimento do forno, precisam ser quimicamente compatíveis com essa reação.

Um dos principais constituintes utilizados para fabricação desses refratários é o óxido de magnésio – MgO. Além de ser um óxido termodinamicamente muito estável, apresenta um elevado ponto de fusão, da ordem de 2800°C, sendo quimicamente compatível com o CaO, presente nas escórias do processo (Figuras 2.11 e 2.12).

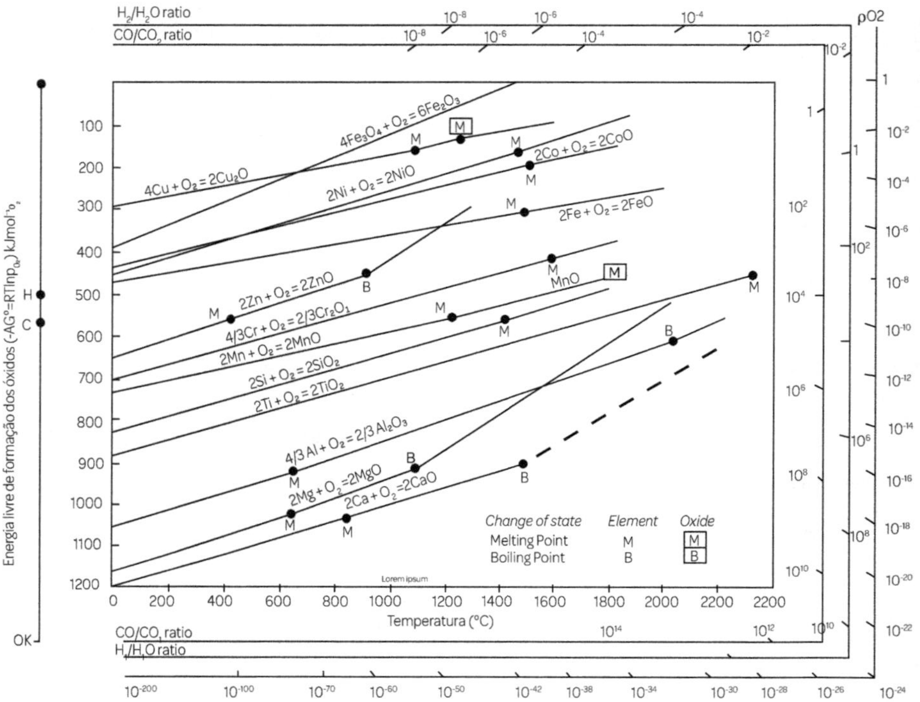

Figura 2.11 Diagrama de estabilidade dos óxidos.

Fonte: Extraída da literatura e adaptada pelo autor.

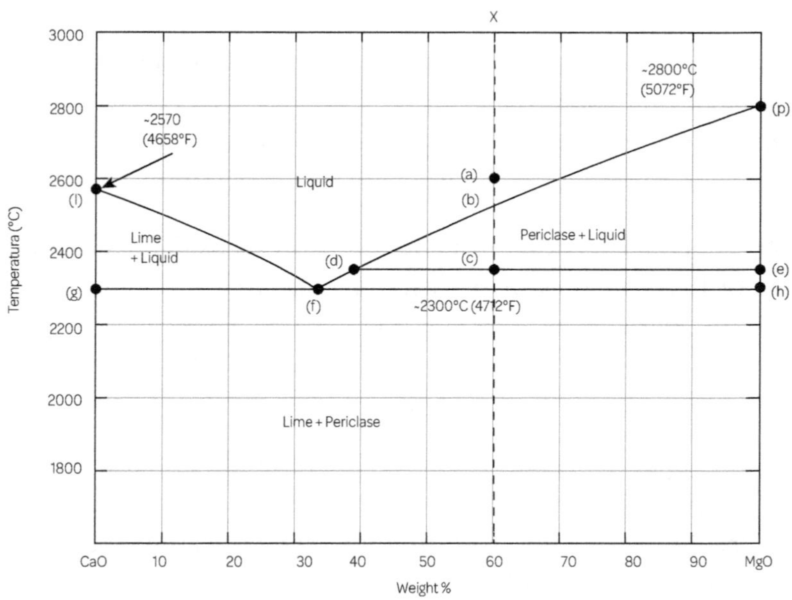

Figura 2.12 Diagrama binário de fases – Sistema MgO-CaO.

A magnésia (MgO) obtida a partir da calcinação da magnesita ($MgCO_3$) é tratada termicamente para a obtenção de propriedade químicas e físicas adequadas à sua utilização como refratário. As principais propriedades resultantes dos processos de sinterização em temperaturas em torno de 2000°C ou de eletrofusão em temperaturas acima de 2800°C podem ser vistas, a seguir, na Figura 2.13.

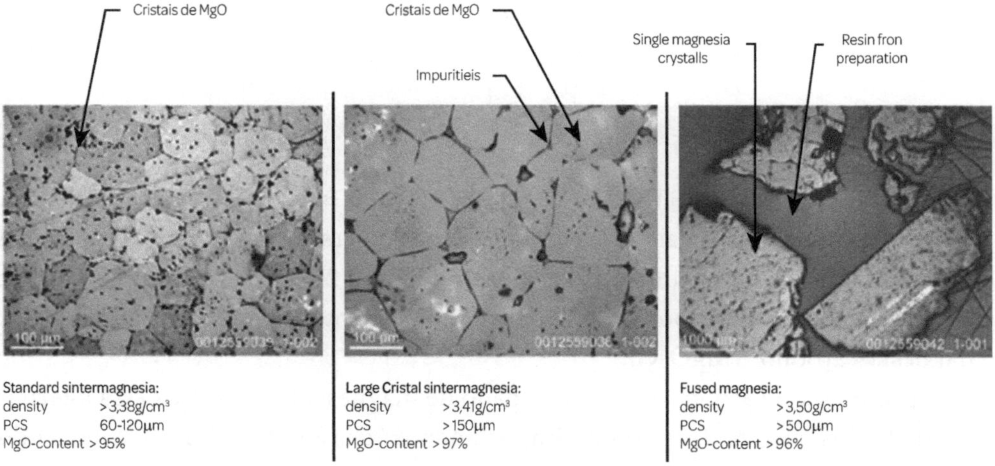

Figura 2.13 Propriedades resultantes dos processos de sinterização ou de eletrofusão. sendo: Densidade; Tamanho de cristal do Periclásio e Teor de MgO.
Fonte: Acervo da RHI Magnesita.

2.5.1 Revestimento de segurança – subsola e paredes laterais

Essa parte do revestimento deve ser projetada com o principal objetivo de garantir a estanqueidade do processo em termos de extravasamento do aço líquido, nos casos de falha dos revestimentos de trabalho. Também exerce o papel de diminuir as perdas térmicas inerentes ao ciclo operacional do forno elétrico e presentes em toda a sua duração.

Os refratários comumente empregados nessa região são os tijolos magnesianos queimados. Produzidos a partir de uma fonte de MgO de concentração superior a 96%, esses tijolos apresentam características importantes para um revestimento de segurança:

- Elevado ponto de fusão – 2800°C.
- Alta compatibilidade com escórias básicas.
- Menor condutividade térmica que os tijolos do revestimento de trabalho.
- Elevada expansão térmica.

Porém, esses refratários apresentam certas deficiências que precisam ser compreendidas e controladas para seu perfeito funcionamento, como a baixa resistência ao choque térmico e à hidratação quando em contato com a água.

Na Tabela 2.4, a composição química dos tijolos magnesianos queimados, assim como, algumas de suas propriedades físicas, estão exemplificadas.

Tabela 2.4 Propriedades químicas e físicas dos tijolos magnesianos queimados.

MgO (%)	SiO_2 (%)	Al_2O_3 (%)	C (%)	Densidade (g/cm^3)	Porosidade (%)
97,9	0,3	0,2	-	2,97	15
98,1	0,3	0,2	-	2,96	14,7
97,0	0,3	1,1	-	2,97	14,5

Fonte: Desenvolvida pela autoria do capítulo.

2.5.2 Revestimento de trabalho – paredes laterais

O tipo de refratário amplamente empregado nas diversas regiões da parede lateral do revestimento de trabalho, apresentadas na Figura 2.13, são os tijolos à base de magnésia misturada a fontes de carbono, comumente denominados "tijolos de magnésia-carbono" (MgO-C).

A presença do carbono em um agregado de magnésia incorpora, a essa alternativa de tijolos, propriedades muito importantes e úteis à sua utilização, conferindo performance compatível com as demandas operacionais do forno elétrico já apresentadas anteriormente. Podem-se destacar as seguintes vantagens:

- Atua como um redutor do óxido de ferro presente nas escórias de processo, tornando-as mais viscosas (maior temperatura de *liquidus*), o que dificulta sua penetração nos vazios do refratário.
- Apresenta elevado ponto de fusão.
- Tem elevada condutividade térmica trazendo aos tijolos, durante o uso, uma menor diferença de temperatura entre as faces quente e fria do revestimento, traduzido em um menor gradiente térmico. Essa característica traz aos tijolos melhores propriedades termomecânicas (por exemplo, maior resistência ao choque térmico).
- Reduz a porosidade dos tijolos, aumentando sua resistência à corrosão pelo ataque das escórias do processo.
- Reduz a capacidade de penetração das escórias no interior dos tijolos por diminuir sua molhabilidade sobre esses (alterações das tensões superficiais entre escória e tijolo).

As principais fontes de carbono utilizadas pela indústria refratária na fabricação dos tijolos de MgO-C são as grafitas do tipo flake (Figura 2.14), variando sua concentração em carbono de 94% a 99%. Os sistemas ligantes orgânicos empregados também são importante fonte de carbono dos tijolos. A tecnologia atual emprega as resinas fenólicas ou o piche de petróleo, como esse aglomerante.

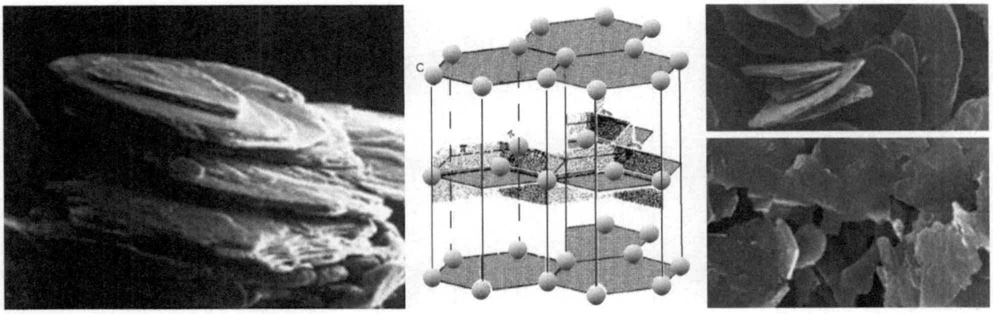

Figura 2.14 Grafita do tipo flake.
Fonte: Acervo da RHI Magnesita.

De forma resumida, as vantagens da presença do carbono no sistema refratário magnesiano podem ser vistas e compreendidas por intermédio da variação de algumas propriedades dos tijolos em função da quantidade de carbono empregada (adicionada) (Figura 2.15). Propriedades estas fundamentais ao uso dos tijolos de MgO-C como revestimento refratário das paredes laterais do forno elétrico.

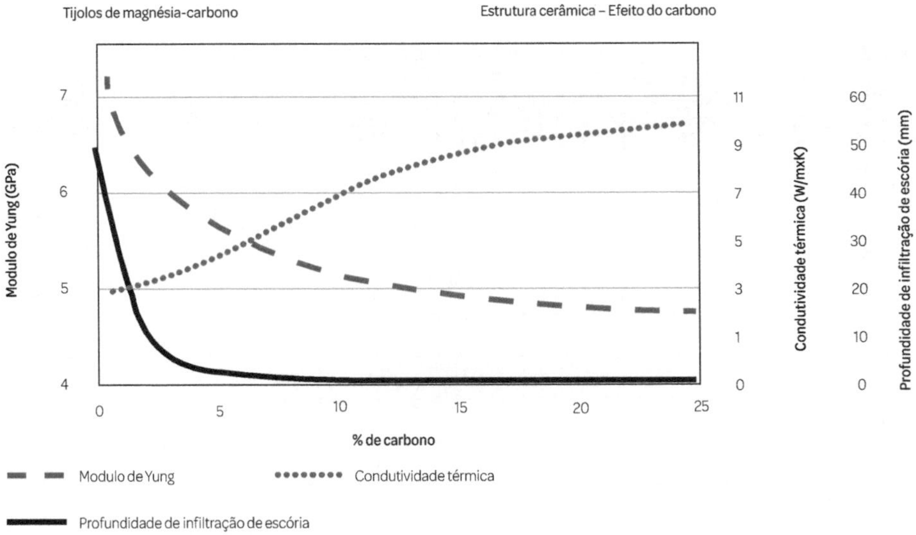

Figura 2.15 Propriedades importantes dos tijolos de MgO-C em função do teor de carbono.
Fonte: Adaptada de RHIM.

Vários tipos de tijolos de MgO-C podem ser utilizados em função das demandas de processo e expectativas de vida útil do revestimento. Quanto melhor a qualidade da fonte de MgO e do carbono empregados, maiores níveis de performance são alcançados. Portanto, várias alternativas estão disponíveis na indústria refratária e podem ser escolhidas usando-se o critério apresentado na Figura 2.16, de forma esquemática e de fácil entendimento:

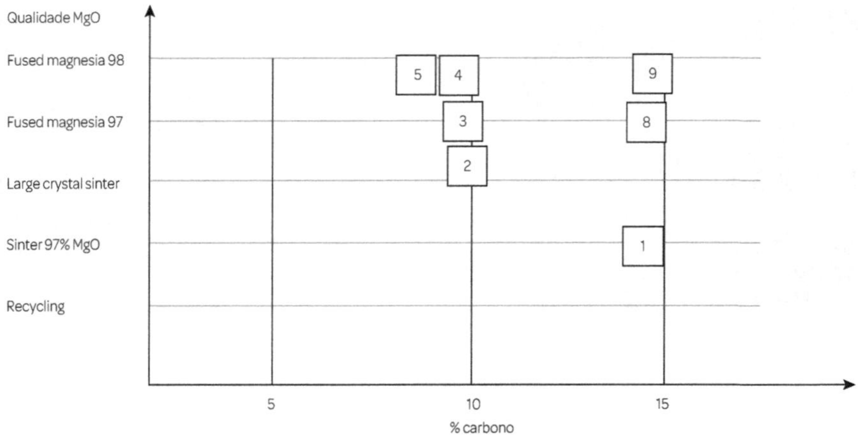

Figura 2.16 Tipos de tijolos de MgO-C empregados em fornos elétricos.
Fonte: Desenvolvida pela autoria do capítulo.

As composições químicas, assim como as propriedades físicas desses tijolos indicados como alternativas de revestimento de trabalho das paredes laterais do forno elétrico, são apresentadas na Tabela 2.5.

Tabela 2.5 Composição química e propriedades físicas dos tijolos de MgO-C.

MgO (%)	SiO_2 (%)	Al_2O_3 (%)	C (%)	Densidade [g/cm³]	Porosidade (%)
96,4	0,8	1,2	14	2,95	3,0
95,1	1,5	1,0	10	3,07	2,5
96	0,8	1,2	9,5	3,10	3,0
96	0,7	1,5	10	3,03	5,5
97,5	0,6	0,5	9	3,16	2,8
97,5	0,7	0,5	9,5	3,15	3,0
90,4	0,5	6,8	14	3,00	3,5
91,2	0,8	6,2	14	2,99	3,0

Fonte: Desenvolvida pela autoria do capítulo.

2.5.3 Revestimento de trabalho – sola e taludes

Boa parte do revestimento refratário do forno elétrico que está em contato com o aço líquido é construída a partir da utilização de massas refratárias, adequadamente acondicionadas por socagem, obedecendo a uma geometria definida durante a elaboração do projeto do revestimento (Figura 2.17).

As massas de soleira necessitam ser de fácil e rápida aplicação e ter uma elevada capacidade de sinterização (desenvolvimento da resistência mecânica com a elevação da temperatura) e elevada densidade, com um nível baixo de porosidade.

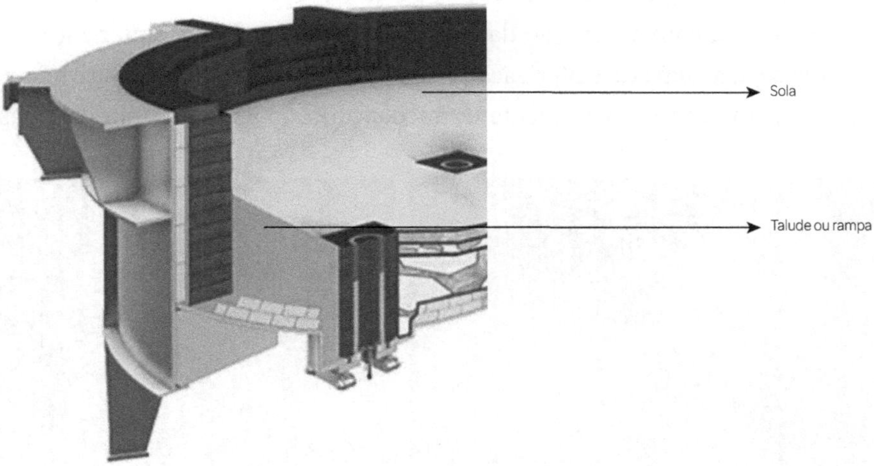

Figura 2.17 Desenho esquemático do revestimento da sola e de taludes do FEA.
Fonte: Acervo da RHI Magnesita.

A solução tecnológica refratária empregada atualmente são as massas à base de sínter de magnésia (MgO), porém com uma característica química especial de elevados teores de CaO e Fe_2O_3. Essa natureza química confere a essas massas propriedades muito importantes, como elevada resistência à erosão ao aço líquido, elevada resistência à corrosão pelo ataque das escórias e elevada resistência mecânica a quente, fundamental para suportar os esforços presentes no processo de carregamento da carga metálicas.

Por serem massas consideradas de ligação cerâmica (não têm adições de ligantes químicos), sua composição química é que determina suas propriedades. Assim, cada componente desempenha uma função:

Tabela 2.6 Principais constituintes das massas de sola e suas funções.

MgO	Aumenta resistência ao ataque do FeO das escórias. É o principal componente refratário
CaO	Torna as escórias mais viscosas, dificultando processo de infiltração. Neutraliza a SiO_2 presente no processo (escórias)
Fe_2O_3	Importante componente no processo de sinterização
SiO_2	Impureza presente atuando como rebaixador do *liquidus* da massa
Relação CaO/SiO_2	Indica qualidade da resistência à corrosão das escórias

Fonte: Desenvolvida pela autoria do capítulo.

O processo de sinterização da massa de sola começa na sua metodologia de aplicação. Pronta para uso, ela é aplicada diretamente na região da sola do forno, espalhada e, depois, compactada por meio de um processo de desaeração (Figura 2.18). Nesse processo, a densidade é aumentada e a porosidade é diminuída.

Finalizada essa etapa, o revestimento é posto em operação, com alguns cuidados especiais. A massa com a elevação da temperatura vai tendo sua sinterização desenvolvida. Ou seja, a etapa de sinterização (Figura 2.19) é termicamente ativada e se dá em camadas, em função do gradiente térmico alcançado após algumas corridas.

Figura 2.18 Aplicação direta da embalagem e compactação via desaeração.
Fonte: Acervo da RHI Magnesita.

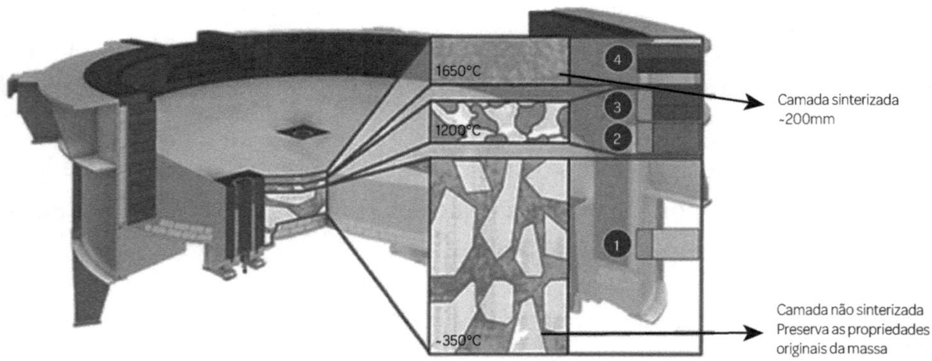

Figura 2.19 A sinterização ocorre em camadas em função do gradiente térmico ao longo da espessura da sola.
Fonte: Acervo da RHI Magnesita.

O processo de sinterização pode ser apresentado mediante reação química descrita a seguir.

$$MgO + Ca_2Fe_2O_5 \longrightarrow (Mg, Fe)O + CaO$$

As fases formadas após o processo de sinterização são altamente refratárias: magnésia-wustita (Mg,Fe)O e o óxido de cálcio CaO. A região sinterizada, altamente refratária se forma em camadas ao longo da espessura da soleira, como indicado na Figura 2.20.

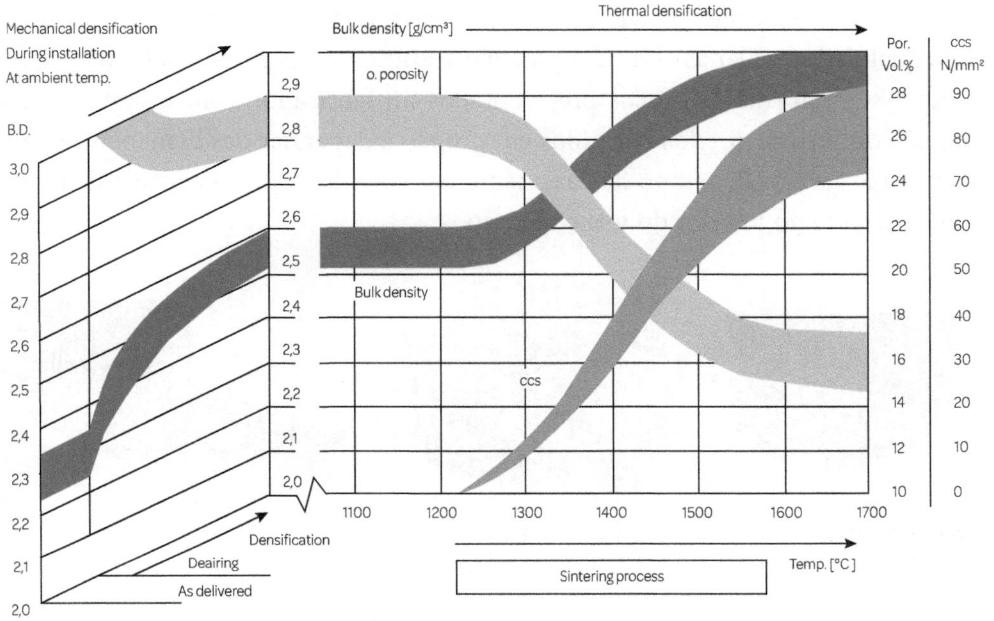

Figura 2.20 Evolução das propriedades das massas ao longo da sinterização.
Fonte: Adaptada de RHIM.

Existem várias qualidades de massas de construção de sola e talude que podem se apresentar com diversos níveis de concentração de CaO e Fe_2O_3 e em diferentes distribuições granulométricas. São apresentados alguns exemplos na Tabela 2.7.

Tabela 2.7 Tipos de massas de sola e talude.

MgO (%)	CaO (%)	SiO_2 (%)	Fe_2O_3 (%)	Al_2O_3 (%)	Granulometria (mm)
71	26	0,5	2,4	0,1	0-8
71	26	0,7	2	0,1	0-5
69	26	0,9	3,8	0,3	0-8
72	23	0,8	3,4	0,4	0-5
72	22	0,5	5	0,4	0-8
73	21	0,4	5,2	0,4	0-5

Fonte: Desenvolvida pela autoria do capítulo.

2.5.4 Revestimento de trabalho – canal de vazamento

Basicamente, existem dois tipos de canal de vazamento das corridas (aço líquido) em um forno elétrico: os convencionais (Figura 2.21), do tipo sifão e canal aberto; e os mais amplamente usados do tipo EBT – vazamento pelo fundo do forno em um furo localizado fora do centro da sola.

Os canais convencionais são montados a partir de tijolos de magnésia-carbono, com qualidade similar às definidas para o revestimento das paredes laterais, e apresentam-se na forma de blocos pré-montados no fabricante, com o tamanho e a posição do furo de corrida definidos em projeto a depender das demandas operacionais em termos de tempo de vazamento das corridas e de capacidade de retenção da escória no interior do forno elétrico.

Figura 2.21 Canais convencionais de vazamento do FEA.
Fonte: Acervo da RHI Magnesita.

Já os canais de vazamento do tipo EBT (Figura 2.22) são construídos a partir de peças especiais, também utilizando a tecnologia empregada nos tijolos de MgO-C. Esses canais podem ser montados utilizando-se uma geometria interna cilíndrica do canal ou uma geometria de canal interno de vazamento otimizada por ferramentas de modelamento computacional fluído dinâmico (CFD).

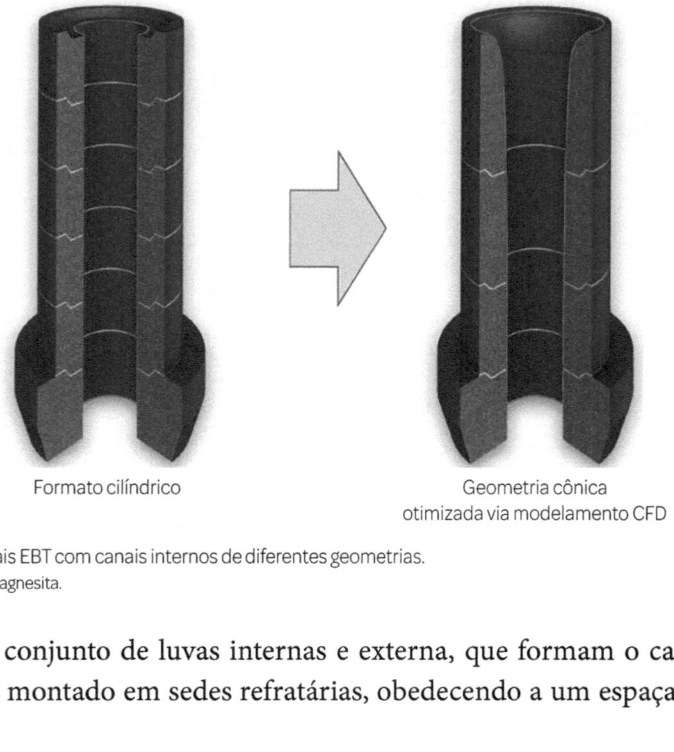

Figura 2.22 Canais EBT com canais internos de diferentes geometrias.
Fonte: Acervo da RHI Magnesita.

Todo esse conjunto de luvas internas e externa, que formam o canal de vazamento EBT, é montado em sedes refratárias, obedecendo a um espaçamento entre os diâmetros internos, como forma de propiciar a troca dessas luvas durante a campanha do revestimento refratário. A vida útil dessas luvas, dependendo das condições operacionais, pode variar de 100 a 200 corridas.

Tem se observado nas práticas operacionais dos fornos elétricos tendência cada vez maior de utilização dos canais de vazamento com geometria otimizada, por proporcionarem vantagens em relação às geometrias cilíndricas em termos de redução nos tempos de vazamento e maior controle na passagem de escória do forno para as panelas (Figura 2.23).

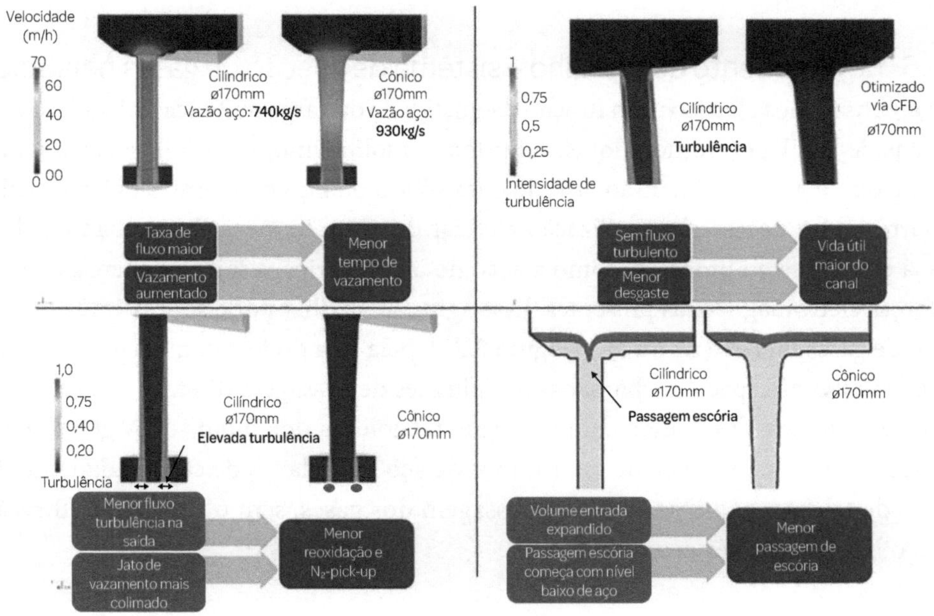

Figura 2.23 Possíveis melhorias operacionais com uso dos canais de geometria otimizada.
Fonte: Acervo da RHI Magnesita.

2.5.5 Revestimento de trabalho – delta da abobada – miolo refratário

A parte central da abobada do forno elétrico, região por onde se dá a entrada dos eletrodos de grafita, é revestida também com materiais refratários, se denomina "delta" (Figura 2.24) ou "miolo do forno elétrico".

A tecnologia atual adotada para revestimento dessa região central da tampa (abobada) dos fornos é a utilização de peças refratárias pré-moldadas a partir de concretos refratários de elevado teor de alumina, de ultrabaixo teor de cimento (denominados "concretos tixotrópicos") ou mesmo, mais recentemente, concretos refratários sem cimento. Esses concretos levam adições de fibras metálicas, para melhoria do choque térmico, e podem se apresentar com alternativa de adição de óxido de cromo para melhoria da resistência à erosão pela projeção de aço/escória.

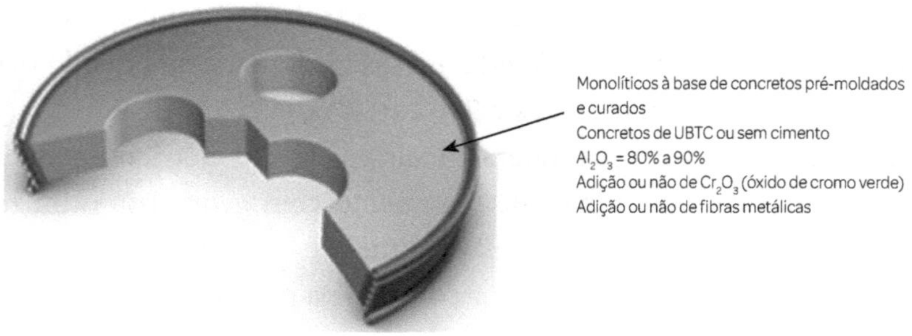

Figura 2.24 Delta monolítico para fornos elétricos.
Fonte: Acervo da RHI Magnesita.

2.5.6 Revestimento de trabalho – sistema de injeção de gases pela sola

Em alguns fornos elétricos, em função da qualidade da carga metálica utilizada, como sucatas de alta liga (cromo, níquel, tungstênio, molibdênio, vanádio), sucatas muito densas ou de grande dimensão, uso de gusa sólido ou líquido e fontes pré-reduzidas de ferro, se faz necessária a utilização auxiliar de agitação mecânica do banho, além das já existentes no processo, como a ação do arco elétrico, a injeção intensa de O_2 e as forças eletromagnéticas presentes. Essa agitação auxiliar pode ser realizada via injeção de gases inertes (Ar ou N_2) (Figura 2.25), pela sola do forno, mediante o uso de peças refratárias especiais, chamadas de "plugues de passagem direta".

Esses plugues, fabricados com a mesma tecnologia dos tijolos de MgO-C, têm, em seu interior, a presença de microtubos de aço inoxidável, de capilaridade muito baixa, de tal forma que permitem a passagem dos gases, sem o risco de infiltração do aço líquido através desses tubos.

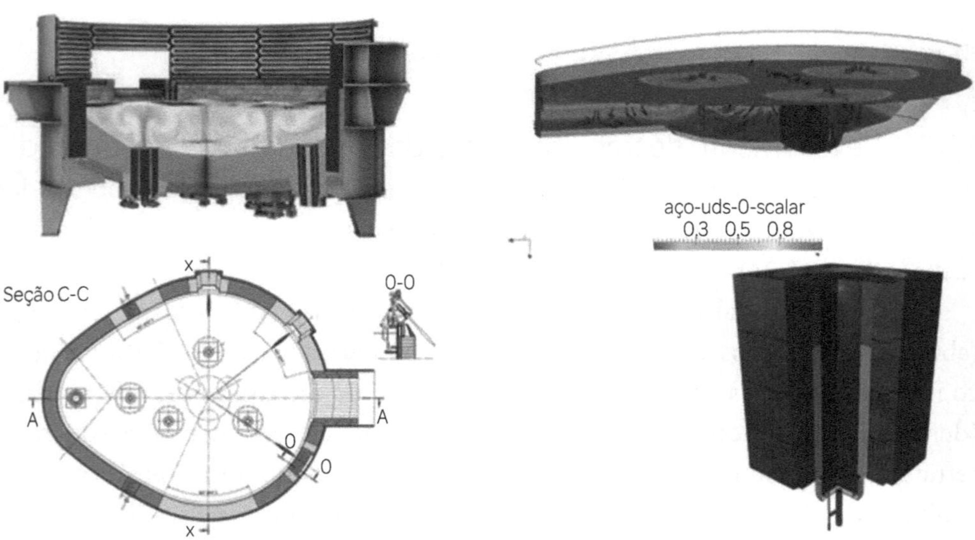

Figura 2.25 Sistema de injeção de gases inertes no FEA por intermédio dos plugues refratários de passagem direta.
Fonte: Acervo da RHI Magnesita.

O sistema de montagem dessas peças refratárias especiais, montagem esta feita em sedes refratárias, garante a total estanqueidade do sistema, eliminando qualquer risco de acidente de extravasamento do aço, além de permitir a possibilidade de troca dos plugues durante a campanha do revestimento (Figura 2.26).

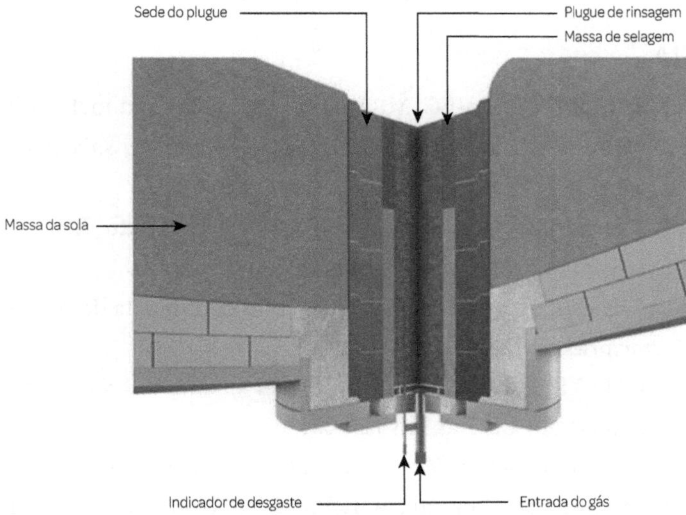

Figura 2.26 Sistema refratário de montagem dos plugues na sola do FEA.
Fonte: Acervo da RHI Magnesita.

As vantagens metalúrgicas ao processo de elaboração do aço no forno elétrico, com o uso dos sistemas de injeção de gases pela sola, são descritas na Figura 2.27.

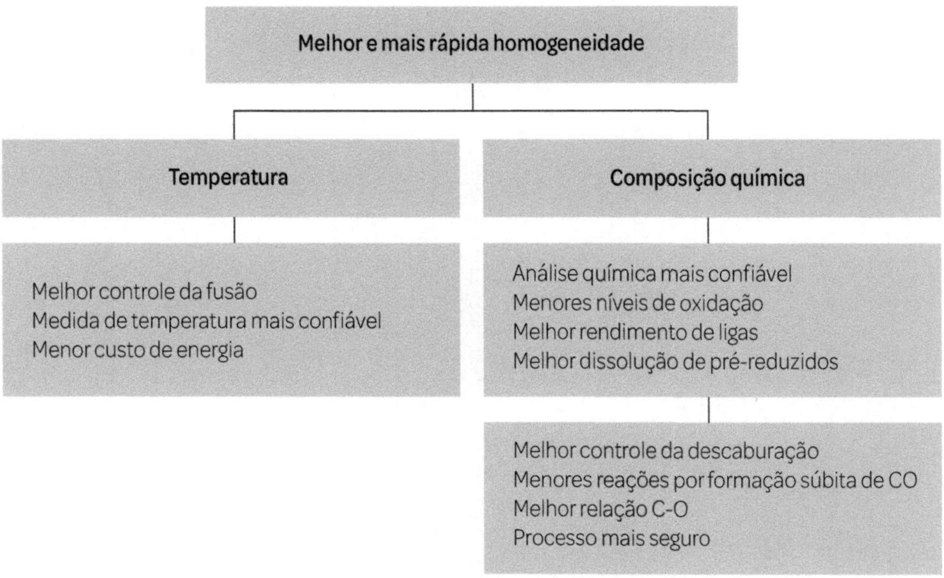

Figura 2.27 Melhoria no processo do FEA com a injeção de gases pela sola.
Fonte: Desenvolvida pela autoria do capítulo.

Acesse as imagens coloridas do capítulo.

BIBLIOGRAFIA

BOROVSKY, T.; KIJAC, J.; DOMOVEC, M. Analysis of the slag and metal influence on the life of electric arc furnace hearth refractory lining. *Acta Metallurgica Solavaca*,15,2. p. 77-85; 2009.

BUCHEBNER, G. P. Eng. MS.c Ashraf Hanna and Karl-Michael Zettl. *RHI-AG Latest Developments in Magnesia-carbon Bricks for Modern Eletric Arc Furnaces.*

CHEVRAND, L. *Aciaria elétrica.* Programa de Educação continuada da ABM; 2001.

GHOSH, B. N. *Refractories for Electric arc Furnaces.*

IIDA, M.; TOMYIA, H.; YPSHIOKA, H. (2017). *Recent applications results of refractories for EAF* – Shinagawa Refractories Co. Ltd. Aistech 2017.

NUNES, J. J. *Refratários para o forno elétrico a arco.* Curso Engenharia e Soluções de Refratários do Instituto de Educação Continuada da Pontifícia Universidade Católica de Minas Gerais (PUC-MG).

ODENTHAL, J. J.; SANKOWSKI, L. *et al.* Review on modeling and simulation of the electric arc furnace. *Steel Research International.* Nov. 2017.

SCHÖTTLER, L. *Refractory lining and wear of AC and DC furnaces.*
Stahl und Eisen 132 (2012). Nr. 9. Disponível em: www.stahleisen.d.

Capítulo 3
PANELAS DE AÇO

Robersio Marinho de Faria
Isaac Brasil Almeida

3.1 INTRODUÇÃO

Dentro do processo produtivo do aço, a panela de aço encontra-se na aciaria, mais especificamente realizando a integração do refino primário com o lingotamento contínuo.

Na Figura 3.1, é representada a localização da panela de aço em um fluxograma simplificado do processo produtivo do aço.

As principais funções da panela de aço são:

- Armazenar e transportar o aço vazado do refino primário advindo do forno elétrico a arco ou do convertedor a oxigênio.
- Integrar o refino primário e o refino secundário de maneira a permitir os ajustes de composição química e de temperatura.
- Realizar o transporte do aço para o lingotamento contínuo.

3.2 PRODUÇÃO DE AÇO

3.2.1 Evolução refratária para panela de aço

Durante anos a capacidade produtiva de aço e os diferentes tipos de aço têm evoluído; consequentemente, as solicitações no revestimento refratário aumentaram fazendo com que os materiais passassem por um processo de adaptação ao novo cenário de produção das aciarias.

A evolução do processo de refino secundário do aço também foi outro fator que ajudou na evolução dos refratários por décadas, visto que alguns processos tendem a exigir mais do revestimento refratário em uma panela de aço.

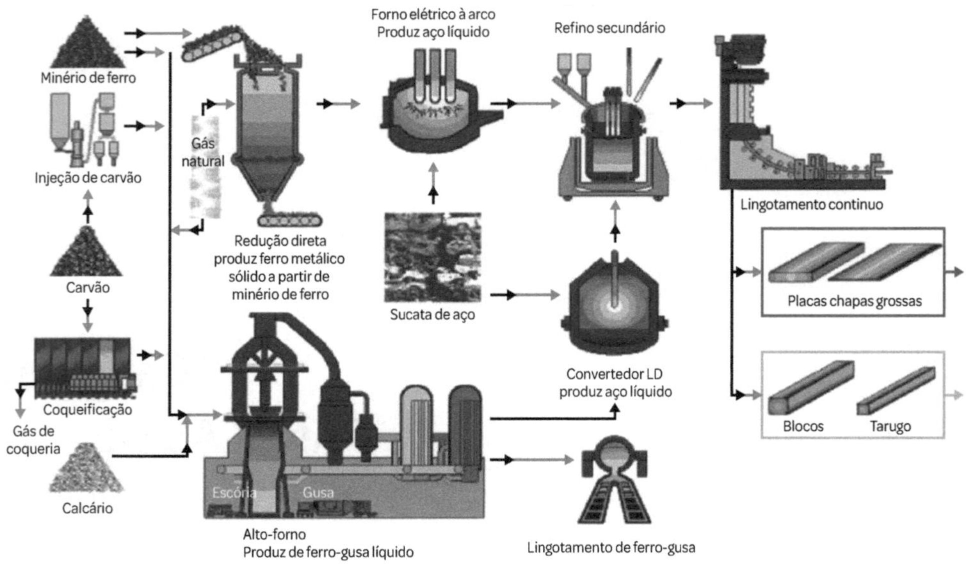

Figura 3.1 Fluxograma simplificado siderúrgico.
Fonte: Adaptada de Alves, 2019.

O mercado refratário ainda tende a evoluir (Figura 3.2), buscando cada vez mais materiais que atendam às necessidades de seus usuários a um custo competitivo e com sustentabilidade.

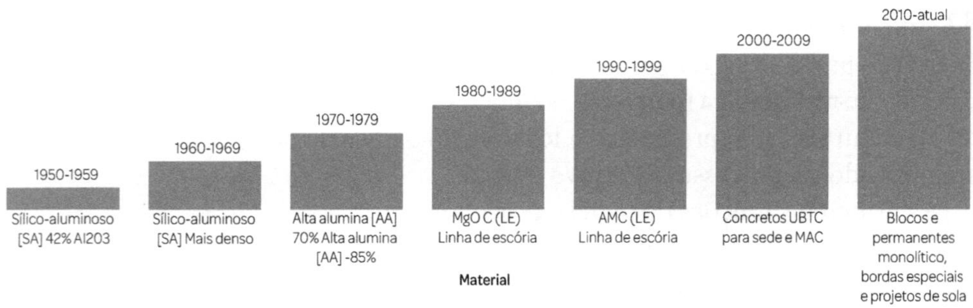

Figura 3.2 A evolução refratária ao longo das décadas.
Fonte: Adaptada de Lima, A, W. Apresentação de panela de aço, 2009.

3.2.2 Principais mecanismos de refino secundário da produção de aço

Diversos equipamentos podem ser utilizados para realizar o refino secundário do aço, em algumas variedades de aços podem ser utilizadas até mais de um tipo de equipamento para realizar o refino.

Cada equipamento do refino secundário desenvolve uma solicitação e um mecanismo de desgaste ao revestimento refratário, o que sempre é levado em consideração durante um projeto refratário.

Esses equipamentos podem ser divididos em dois tipos, os com vácuo e os sem vácuo, conforme Tabela 3.1.

Tabela 3.1 Equipamentos de refino secundário.

Tipo	Imagem	Nome	Descrição
Sem vácuo	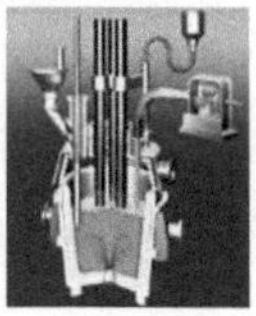	Forno panela	Aquecimento homogeneização, dessulfuração
	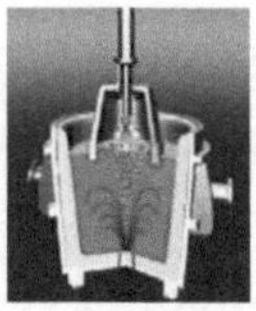	IR-UT/CAS-OB	Aquecimento homogeneização, dessulfuração
	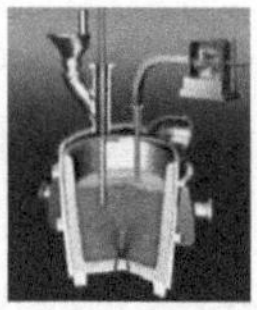	Estação de borbulhamento	Homogeneização e injeção de liga
		Estação de borbulhamento com lança	
Com vácuo	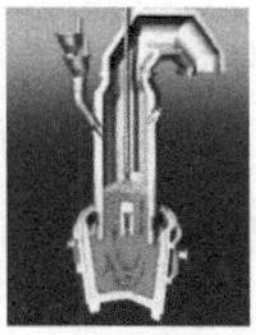	RH sem lança de sopro	Aquecimento, homogeneização, remoção de inclusões, retirada de C, H, O
	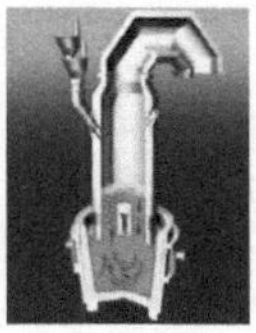	RH com lança de sopro	
	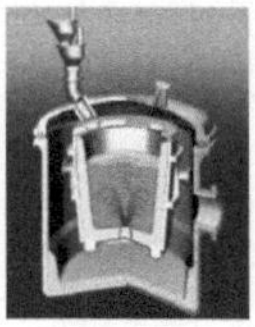	VD sem lança de sopro	Aquecimento, descarbonização, desfosforação e remoção de inclusões
	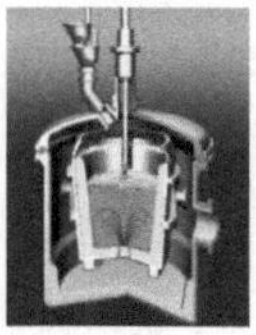	VOD com lança de sopro	

RH: Ruhrstahl-Heraeus; VD: descarburização de oxigênio a vácuo.

Fonte: Adaptada de Rodrigues Henriques, B. ABM. 2019.

3.3 REVESTIMENTO REFRATÁRIO PARA PANELA DE AÇO

3.3.1 Focos de um revestimento

Em um revestimento refratário com foco em panela de aço, alguns pontos importantes devem ser levados em consideração com o objetivo de garantir a performance e a segurança operacional do equipamento, esses pontos são citados e comentados a seguir.

O consumo específico (kg/t de aço) de material aplicado no revestimento deve ser levado em consideração, uma vez que as usinas tendem a abaixar cada vez o seu consumo refratário nas plantas.

Os revestimentos refratários devem ter uma campanha similar à já usual na planta, isso garante disponibilidade de panelas em ciclo para a operação, mantendo, assim, a quantidade de panelas a serem revestidas e operantes em um número confortável.

O volume útil da panela deve ser obedecido, não sendo menor que a quantidade a ser vazada pelo refino primário e não sendo maior de modo a deixar a panela com carga baixa, o que poderia atrapalhar o refino secundário. O aumento da carga útil da panela pode trazer consequências negativas aos refratários de controle de fluxo, caso não tenham sido feitos estudos anteriores.

O tipo de aço produzido pela aciaria influencia diretamente no tipo de material a ser utilizado no revestimento de trabalho, e isso que definirá a utilização de tijolos dolomíticos, magnésia-carbono, alumínio-magnésio-carbono, magnésio-alumínio-carbono ou aluminoso contendo espinélio isento de carbono.

Painéis de parede, espessuras de linhas de escória e tipo de revestimento refratário, muitas vezes, são definidos pelo tipo de refino secundário a ser utilizado, em que cada tipo de equipamento requer uma solicitação diferente. Por esse motivo, é muito importante saber o histórico de utilização de revestimento na planta.

Panelas que apresentam altas oscilações em seus ciclos térmicos ou alto tempo de residência de aço devem ter refratários mais resistentes ao choque térmico e ao ataque químico da escória e do aço.

3.3.2 Elaboração do projeto

O revestimento refratário para panela de aço, geralmente, segue um ciclo em que o cliente e a área técnica refratária, em conjunto, realizam a elaboração do projeto para a seleção do melhor revestimento a ser adotado.

A Figura 3.3 mostra um fluxograma de elaboração de um projeto para panela de aço com descrições por etapa.

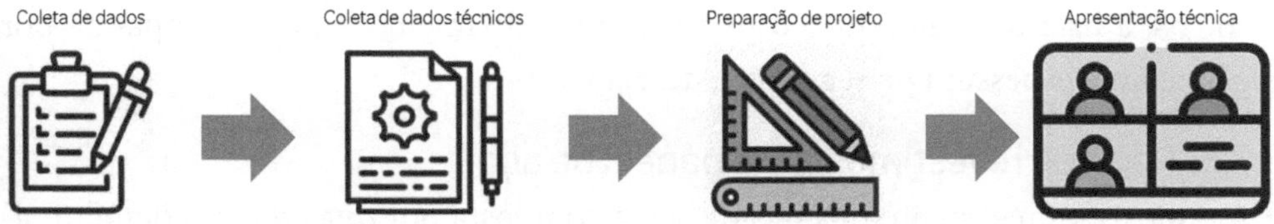

Figura 3.3 Fluxograma simplificado de um projeto refratário para panela de aço.
Fonte: Desenvolvida pela autoria do capítulo.

3.3.2.1 Coleta de dados

Nesse momento, são recolhidas macroinformações operacionais da aciaria, na qual será elaborado o projeto de revestimento refratário da panela de aço.

No geral, o responsável coleta dados atuais de performance, volume do equipamento, ciclo térmico de operação da panela de aço, temperatura de vazamento do refino primário e de liberação para a torre de lingotamento, tipo de aço produzido, a metalurgia secundária aplicada na planta e metodologias de reparos.

3.3.2.2 Coleta de dados técnicos

Os dados técnicos têm como objetivo fornecer conhecimentos mais detalhados do equipamento e dos projetos atuais aplicados na planta.

São fornecidos desenhos técnicos da carcaça metálica, atuais materiais aplicados à região de trabalho (AMC; MAC; MgO-C, isento de carbono ou dolomítico), atual modelo de perfil do permanente e materiais utilizados (placa isolante, sílico-aluminoso, aluminoso, básico ou monolítico), informações sobre restrições a algum tipo de material ou elementos que possam prejudicar a qualidade do aço, curvas de aquecimentos, residuais de segurança, regiões de impacto do aço durante o carregamento, painéis na parede e espessuras iniciais por região.

3.3.2.3 Preparação do projeto

A preparação do projeto depende exclusivamente das etapas anteriores de modo a se especificar os materiais por região, os formatos e as espessuras a serem adotados.

Nessa etapa, são feitos os cálculos de materiais a serem aplicados ao projeto e também o cálculo do perfil térmico do revestimento.

3.3.2.4 Apresentação técnica

Projetos devem ser discutidos tecnicamente antes de aprovados e aplicados em área; nessa fase de discussão, é revisado detalhadamente o revestimento proposto e são levantadas observações pertinentes ao projeto.

No projeto final, são apresentados os desenhos completos e detalhados com todos os materiais a serem aplicados, deve ser fornecidas as folhas de dados técnicos, a lista de materiais e o perfil térmico de início e fim de campanha por região com a espessura de segurança desejada.

3.3.3 Perfil de revestimento da panela de aço

Em uma visão macro, uma panela de aço é composta por duas regiões denominadas "revestimento permanente" e "revestimento de trabalho".

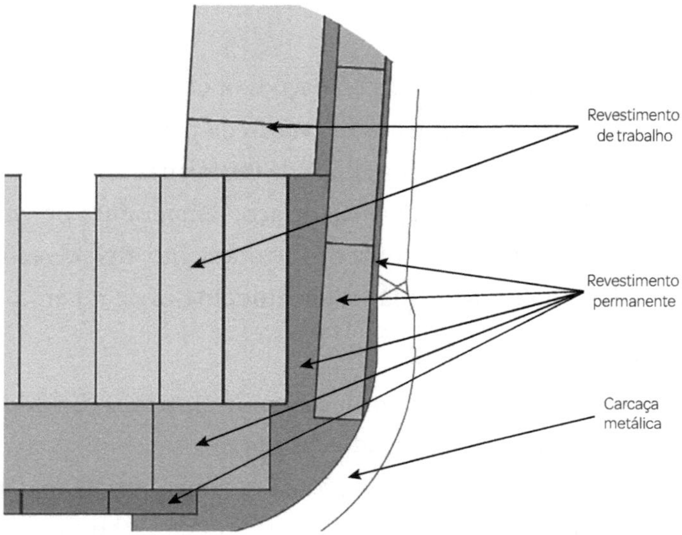

Figura 3.4 Esquematização do revestimento permanente e de trabalho.
Fonte: Desenvolvida pela autoria do capítulo.

O revestimento permanente tem como função servir como uma camada de segurança para proteger a carcaça metálica contra qualquer imprevisto do revestimento de trabalho, a exemplo de desgastes atípicos ou quedas de tijolos.

Protege a carcaça contra altas temperaturas que possam causar qualquer deformação metálica, servindo, assim, como barreira térmica; por isso, é importante que os materiais a serem utilizados no revestimento permanente tenham coeficientes térmicos que proporcionem diminuição da temperatura até a chapa metálica da panela.

Essa camada é responsável pela proteção advindas de infiltrações do aço ou da escória líquida pela região de trabalho. Ela também auxilia a inspeção visual ao fim de campanha do equipamento, dando referências a respeito do estado da camada de trabalho.

Essa região é composta por várias camadas de diferentes materiais. Geralmente, trata-se de uma camada de isolante, seguida de tijolos do tipo sílico-aluminosos e/ou aluminosos e, na maioria das vezes, uma camada de massa chamada *backfill*.

O isolante pode ser uma placa de material de fibra cerâmica compostos por SiO_2 - Al_2O_3 ou, em casos em que não se utiliza esse material, são aplicados materiais refratários do tipo sílico-aluminoso (Figura 3.5), em que a proporção desses dois elementos é de, praticamente, 1:1. A principal função dessa camada é de proteção e a alta redução da temperatura na carcaça metálica por apresentar o menor coeficiente térmico de todo o revestimento.

Figura 3.5 Aplicação de placas de fibra cerâmica e de refratários sílico-aluminosos em contato com a carcaça metálica.
Fonte: Acervo da autoria do capítulo.

Camadas de tijolos refratários aluminosos (Figura 3.6) são aplicadas logo após os isolantes, esse tipo de refratário deve ter alta alumina, superior a 70%, para poderem suportar o ataque de aço ou de escória em caso de eventual infiltração. Também ajudam a reduzir a temperatura na carcaça devido ao seu baixo coeficiente térmico, quando comparado ao dos materiais da região de trabalho.

Em linhas de escória da região do permanente, é possível utilizar tijolos refratários queimados com alta concentração de magnésia (maiores que 90%); com isso, obtém-se maior proteção contra infiltrações de escória (Figura 3.7).

Figura 3.6 Aplicação de tijolos em parede e sola.
Fonte: Acervo da autoria do capítulo.

Figura 3.7 Aplicação de tijolos de magnésia queimados à linha de escória do revestimento permanente.
Fonte: Acervo da autoria do capítulo.

A camada a qual separa revestimento de trabalho e permanente é denominada de *backfill*, essa camada é feita de uma massa que é aplicada chapada com auxílio de uma colher (Figura 3.8). Esse material tem como principal função bloquear possíveis infiltrações e ajuda no nivelamento da parede para a montagem do revestimento de trabalho.

Em um projeto refratário o revestimento de trabalho tem como objetivo ter contato direto com aço e escória, resistência ao ataque químico da escória e do aço, resistência a corrosão, erosão e a choque térmico.

Figura 3.8 Aplicação de *backfill*.
Fonte: Acervo da autoria do capítulo.

Usualmente, utiliza-se materiais do tipo alumina-magnésia-carbono (AMC), magnésia-alumina-carbono (MAC), magnésia-carbono, aluminoso contendo espinélio ou dolomíticos. A escolha dos materiais a serem aplicados varia com o tipo de aço a ser transportado, rotas de refino e regiões da panela.

Cada região de um revestimento de trabalho tem uma solicitação diferente, logo, os materiais a serem aplicados têm características diferente ao longo do perfil de revestimento para poder atender a essas especificidades.

Na Figura 3.9, são apresentados os zoneamentos e as solicitações de um revestimento de trabalho.

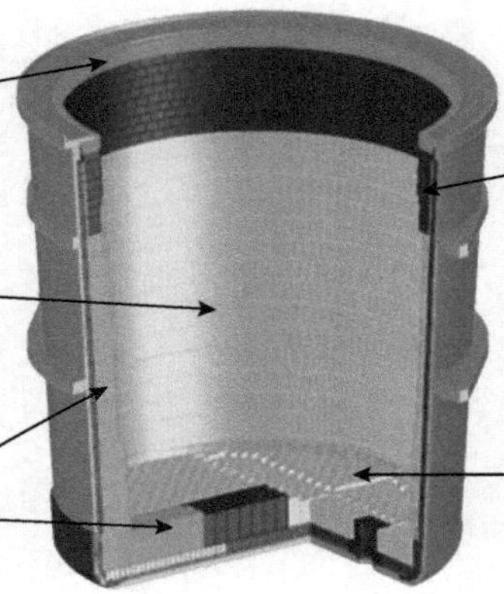

Figura 3.9 Zoneamento e solicitação no revestimento de trabalho.
Fonte: Acervo da autoria do capítulo.

Refratários do tipo AMC e MAC são, geralmente, utilizados em usinas em que o aço é acalmado ao alumínio nas regiões de linha de metal, impacto e sola.

Em usinas em que se tem restrição a carbono, utiliza-se nas regiões fora do impacto materiais aluminosos contendo espinélio, isentos de carbono.

Devido ao alto desgaste por corrosão química via escória, proveniente do processo de refino secundário, na região de linha de escória é necessário utilizar tijolos de magnésia-carbono com grãos de magnésia eletrofundida. Por apresentarem compatibilidade com a basicidade da escória, alta refratariedade e resistência a choque térmico, esses tijolos amenizam a corrosão química e a oxidação no revestimento.

Alguns projetos para panela de aço fazem uso de um revestimento de trabalho feito totalmente de magnésia-carbono com porcentagens de grãos eletrofundidos variando de acordo com a região em que será aplicada. Esse tipo de projeto é utilizado em aciarias em que o aço fabricado tem total restrição em relação ao *pick-up* de alumínio no banho.

Aciarias elétricas onde o aço é acalmado ao silício costumam utilizar materiais dolomíticos no seu revestimento de trabalho. De acordo com Bragança, a cal livre desses refratários em contato com a escória de sílica forma uma camada no revestimento que o protege contra a corrosão, garantindo, assim, a performance do revestimento.

Peças refratárias aluminosas, contendo MgO em formato de blocos, podem ser aplicadas em soleiras (Figura 3.10) juntos com tijolos em panelas. Apresentam elevada resistência mecânica e dificultam a infiltração de aço, são aplicadas na região onde se tem o impacto do aço durante o carregamento. Tendem a ter um consumo específico bem menor que os tijolos, aumentando a performance do equipamento naquela região.

Figura 3.10 Bloco monolítico aplicado em soleira.
Fonte: Acervo da autoria do capítulo.

3.3.4 Perfil térmico

O cálculo térmico do revestimento completo de uma panela de aço é de suma importância visto que é necessário o conhecimento da temperatura de carcaça inicial e final de campanha do equipamento, conforme mostrado na Figura 3.11. Esse cálculo ajuda a decidir se o perfil de revestimento adotado é o ideal para a temperatura máxima desejada na carcaça metálica, evitando, com isso, durante o processo de refino, o surgimento de deformações na chaparia ou estreses a ela.

Com auxílio de equipamentos de medições térmicas, é possível acompanhar a temperatura da carcaça ao longo da campanha, conforme mostrado na Figura 3.12; dessa forma, tem-se uma referência da espessura da região de trabalho, sinalizando se o revestimento está próximo do residual de segurança estipulado pela aciaria.

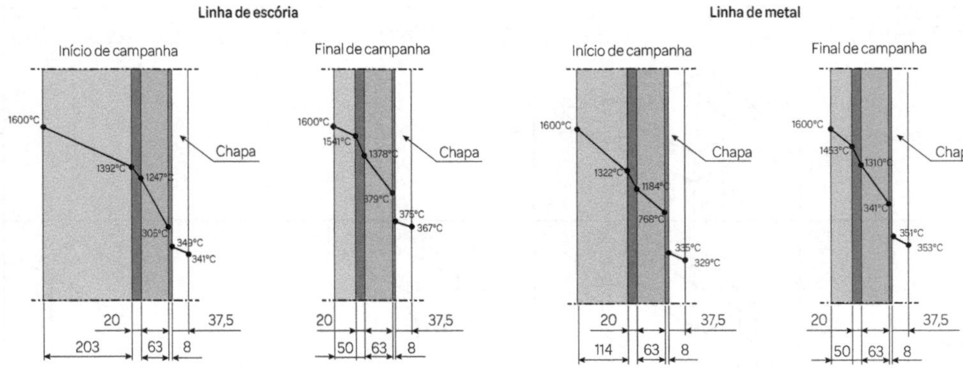

Figura 3.11 Perfil térmico de um revestimento de panela de aço.
Fonte: Desenvolvida pela autoria do capítulo.

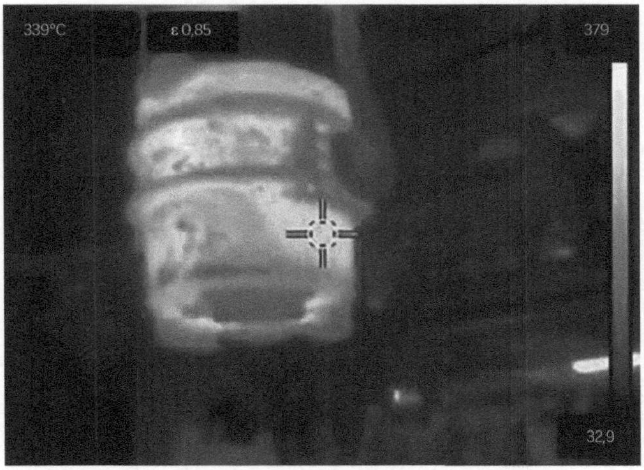

Figura 3.12 Medição térmica de panela de aço.
Fonte: Acervo da autoria do capítulo.

3.3.5 Formatos de tijolos

Nos revestimentos refratários de panela de aço, são utilizados tijolos de formatos do tipo *minikey* ou semi-iso, American Society for Testing and Materials (ASTM), semiuniversal, e peças especiais, ilustrados na Figura 3.13. Suas dimensões são exemplificadas nas Tabelas 3.2 a 3.6.

A escolha do formato é de acordo com a logística de montagem da planta e, em alguns casos, só é possível realizar a montagem com um tipo específico de tijolo devido às limitações de alguns equipamentos.

Formatos do tipo semiuniversal são aplicados em montagens helicoidais cuja vantagem é a não utilização de fechos nas fiadas. Esse tipo de montagem é mais utilizado para panelas pequenas; para panelas grandes, esse tipo de estrutura pode se tornar instável e ocorrer muita movimentação no revestimento durante a operação, o que pode causar infiltrações.

Formato	Imagem		
Minikey ou semi-isso	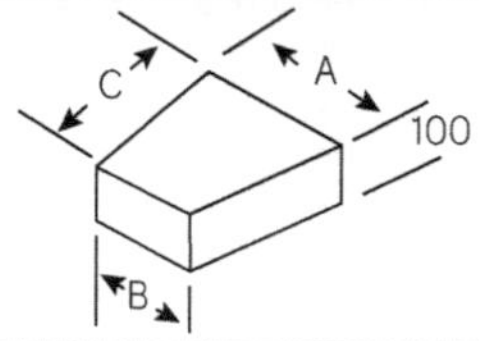		
ASTM	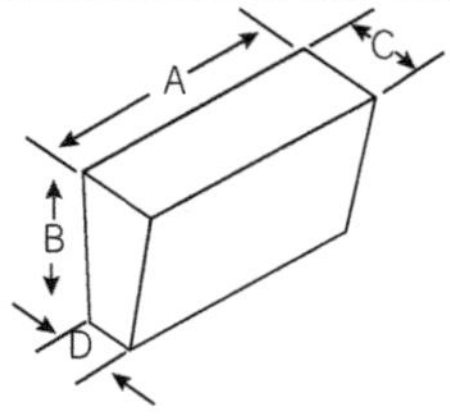 Arco	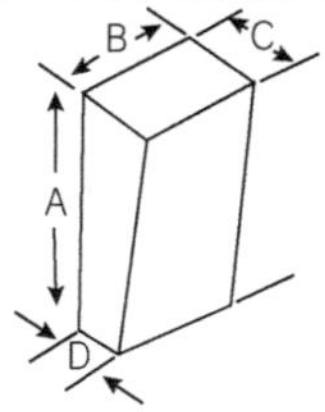 Cunha	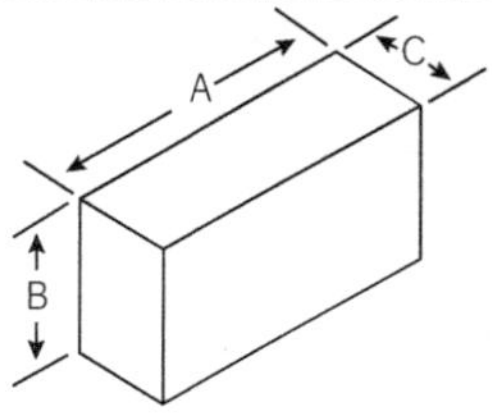 Paralelo
Semiuniversal	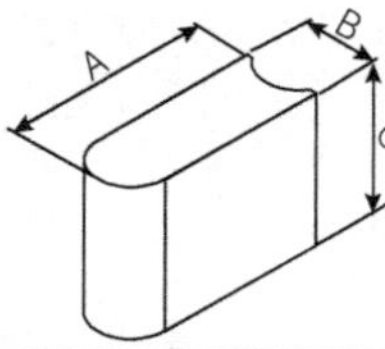	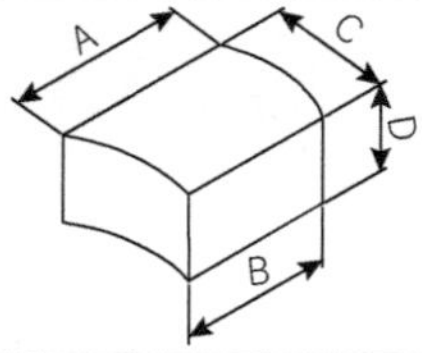	
Peça especial	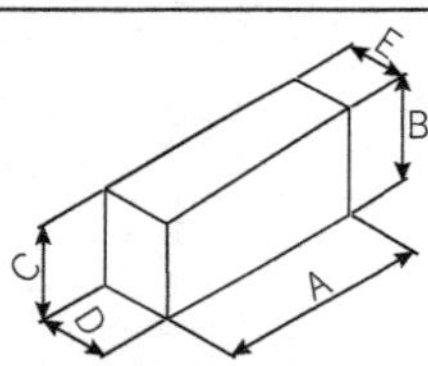		

Figura 3.13 Formatos de tijolos para panela de aço.
Fonte: Adaptada de Indústrias Brasileiras de Artigos Refratários.

Tabela 3.2 Dimensões de tijolos *minikey* ou semi-isso.

Formato	Dimensões (mm)		
	A	B	C
SI 1215	180	150	127
SI 1515		144	152
SI 1715		137	178
SI 1227	165	150	127
SI 1527		147	152
SI 1727		144	178
SI 1249	158	150	127
SI 1549		148	152
SI 1749		147	178
SI 1296	154	150	127
SI 1596		149	152
SI 1796		149	178

Fonte: Adaptada de Indústrias Brasileiras de Artigos Refratários.

Tabela 3.3 Dimensões de tijolos arco – ASTM.

Tipo	Dimensões (mm)			
	A	B	C	D
A1	229	114	76	70
A2	229	114	76	63
A3	229	114	76	51
AE	229	114	76	38
A1	229	114	100	95
A2	229	114	100	90
A3	229	114	100	80
A1	229	152	76	70
A2	229	152	76	63
A3	229	152	76	51
AE	229	152	76	38

Fonte: Adaptada de Indústrias Brasileiras de Artigos Refratários.

Tabela 3.4 Dimensões de tijolos cunha – ASTM.

Tipo	Dimensões (mm)			
	A	B	C	D
C1	229	114	76	70
C2	229	114	76	63
C3	229	114	76	51
C1	229	152	76	70
C2	229	152	76	63
C3	229	152	76	51
C1	229	229	76	70
C2	229	229	76	63
C3	229	229	76	51
C1	229	229	102	97
C2	229	229	102	92
C3	229	229	102	82

Fonte: Adaptada de Indústrias Brasileiras de Artigos Refratários.

Tabela 3.5 Dimensões de tijolos paralelo – ASTM.

Formato	Dimensões (mm)		
	A	B	C
Paralelo	229	114	63
	229	171	63
	229	229	63
	305	152	63
	343	114	63
	343	152	63
	457	152	63
	457	229	63
	229	114	76
	229	171	76
	229	152	76
	229	229	76
	305	114	76
	305	152	76
	305	229	76
	343	114	76
	343	152	76

Fonte: Adaptada de Indústrias Brasileiras de Artigos Refratários.

Peças de formatos especiais têm suas dimensões criadas especialmente para atendimentos específicos em determinados revestimentos, não tendo, portanto, um formato padronizado.

3.3.6 Montagem refratária

Alguns pontos importantes durante a montagem do revestimento refratário devem ser observados para a correta aplicação do refratário de modo a garantir a campanha do equipamento e a segurança operacional.

A condição da carcaça metálica deve ser observada, atentando-se sempre se as dimensões de altura e diâmetros estão de acordo com o projeto a ser executado (Figura 3.14).

A desobstrução dos suspiros da carcaça metálica (Figura 3.15) deve ser feita quando há um revestimento completo para garantir a saída dos gases provenientes da água presente nas argamassas e nos concretos aplicados na montagem.

Quando há o aproveitamento do permanente de campanhas anteriores, devem-se observar as condições do revestimento, pois muitos tijolos podem quebrar ou lascar durante a demolição do revestimento de trabalho (Figura 3.16); logo, essas peças devem ser trocadas durante o reparo.

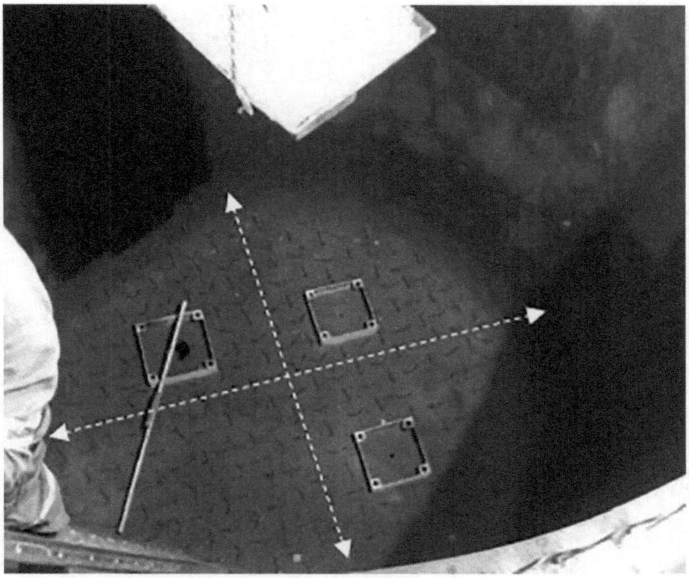

Figura 3.14 Dimensões de diâmetro de carcaça.
Fonte: Acervo da autoria do capítulo.

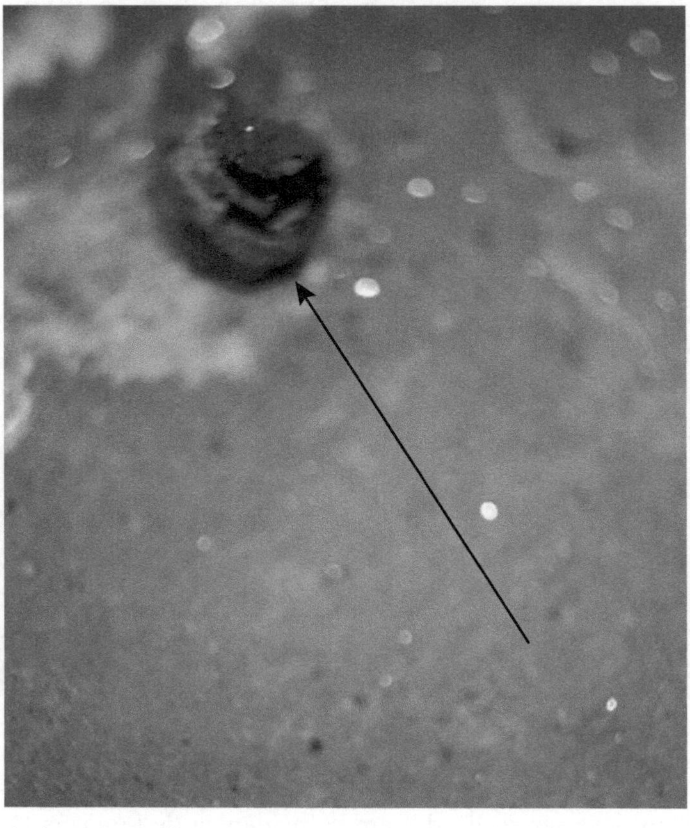

Figura 3.15 Suspiro de carcaça metálica.
Fonte: Acervo da autoria do capítulo.

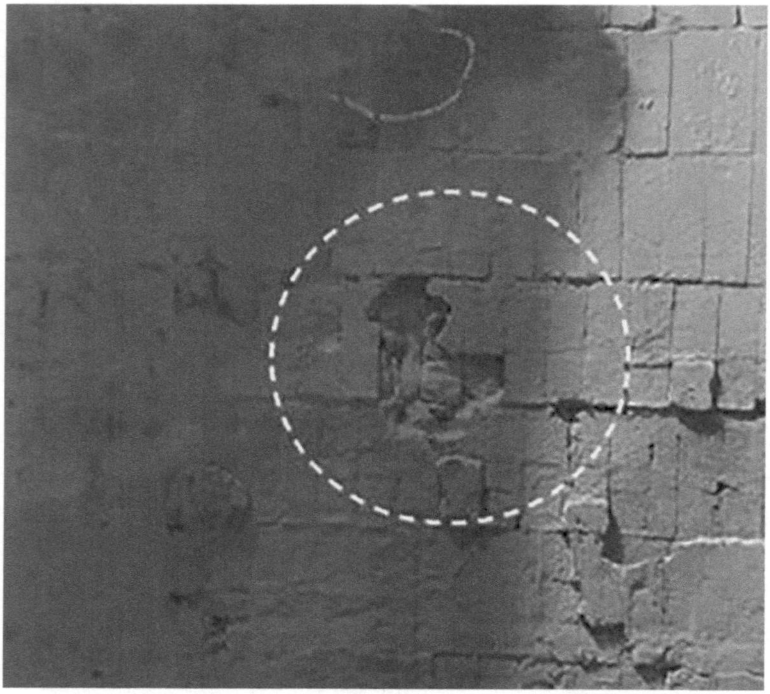

Figura 3.16 Permanente com avarias.
Fonte: Acervo da autoria do capítulo.

No espaçamento entre a sola e a parede (Figura 3.17), utiliza-se geralmente uma medida de 40 a 70mm, espaço este preenchido por concreto para absorver a energia de dilatação dos tijolos da sola durante o aquecimento e nas primeiras corridas, evitando a ocorrência de lascamentos ou trincas.

Figura 3.17 Espaçamento entre sola e parede.
Fonte: Acervo da autoria do capítulo.

A montagem deve ser realizada sem coincidência de juntas entre fiadas, para garantir a estabilidade do revestimento (Figura 3.18).

Figura 3.18 Revestimento sem coincidir juntas.
Fonte: Acervo da autoria do capítulo.

Os fechos a serem feitos durante a montagem têm seu tamanho usual entre 2/3 e 3/4 da face quente do tijolo e devem ser colocados em regiões de menor solicitação no revestimento, ou seja, devem-se evitar regiões de rinsagem, de impacto do aço durante o carregamento, oposta ao basculamento e de sede de válvula. Além disso, os fechos não devem coincidir de uma fiada para a outra, então é importante que exista um afastamento entre três a cinco tijolos do fecho da fiada anterior (Figuras 3.19 e 3.20).

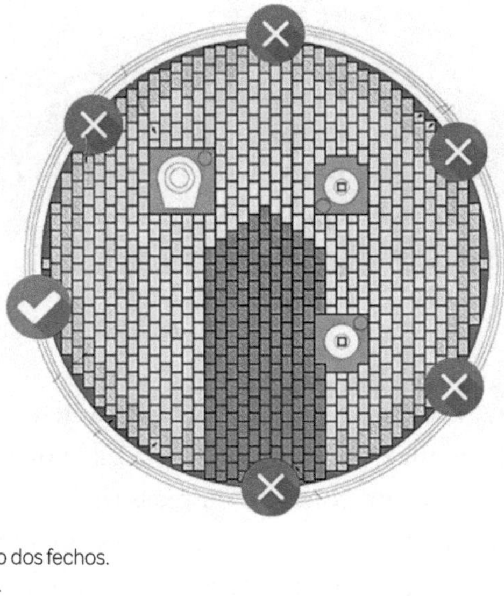

Figura 3.19 Escolha da região dos fechos.
Fonte: Acervo da autoria do capítulo.

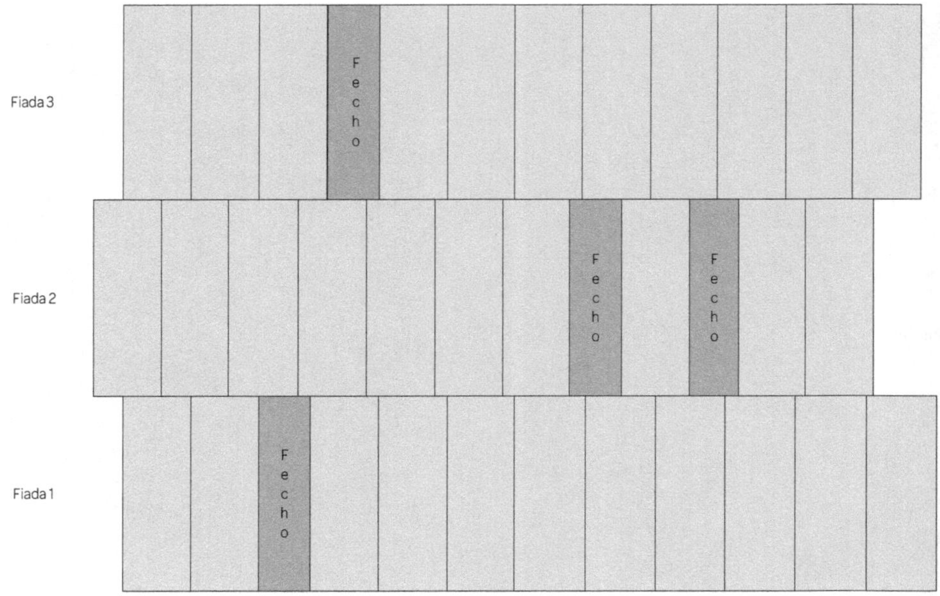

Figura 3.20 Distribuição dos fechos.
Fonte: Adaptada de Rodrigues Henriques, B. ABM. 2019.

Argamassas servem como absorvedores da energia de dilatação dos tijolos de trabalho, além de ajudarem na fixação de tijolos permanentes, conforme Figura 3.21.

Devem ser aplicadas em finas camadas, não ultrapassando, usualmente, 1mm de espessura.

Figura 3.21 Aplicação de argamassa.
Fonte: Acervo da autoria do capítulo.

Visto que todo o revestimento sofre dilatação durante o aquecimento e operação, é importante que haja um espaçamento entre a fiada da borda e a borda metálica que pode ser preenchido com concreto ou massas plásticas, esse preenchimento absorverá a energia de dilatação da parede do revestimento.

Conforme mostrado na Figura 3.22, esse espaçamento fica entre 40 e 80mm.

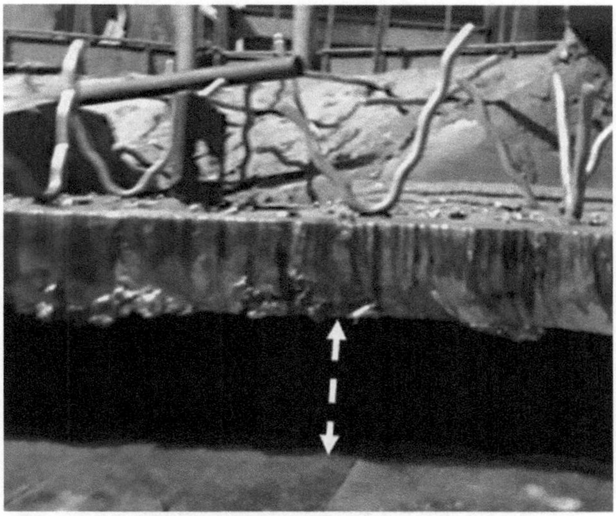

Figura 3.22 Espaço entre borda e borda metálica.
Fonte: Acervo da autoria do capítulo.

A porcentagem de água nas misturas de concreto deve ser obedecida e a mistura deve ser feita em máquinas apropriadas, para que ocorra a devida homogeneização do material.

Concreto sem adição de água dentro da faixa de especificação ou sem uma boa mistura pode ocasionar trincas e lascamentos e tornar o material friável ou poroso, impactando diretamente na performance.

3.3.7 Manutenção refratária

Em alguns casos, a linha de escória pode ter uma taxa de desgaste superior à da linha de metal; muitas das vezes, isso requer a troca da linha de escória.

Esse procedimento consiste na demolição de parte ou total da linha de escória até uma espessura residual igual ou maior que 100mm; após a demolição, são montados novos tijolos de mesma qualidade da linha de escória, porém com uma espessura menor do que a original, de forma a se obter uma campanha mais prolongada do revestimento remanescente.

Outro tipo de reparo similar é feito em sede de válvulas e de plugue, em que ocorrem trocas durante a campanha. Geralmente, esse método é utilizado quando, durante a operação, não é possível fazer reparos a quente dessas regiões.

Massas magnesianas refratárias secas de pega a quente são largamente utilizadas em reparos e projetadas em linha de escória e regiões da borda para poder diminuir a taxa de desgaste, conforme Figura 3.23.

São ajustes essenciais para uma boa aplicabilidade dessa massa: da quantidade de água, das pressões da câmara e do arraste do material; da perpendicularidade do bico de projeção à parede; e do tempo e da temperatura de aplicação.

Figura 3.23 Projeção a quente em panela de aço.
Fonte: Acervo da autoria do capítulo.

3.4 MODELO DE INSPEÇÃO E ANÁLISE

Durante e após a campanha do refratário, são feitas inspeções com o intuito de acompanhar o revestimento durante sua campanha e entender quais são os principais fatores que influenciam no desgaste.

3.4.1 Inspeção a quente

A inspeção a quente é o método mais utilizado de acompanhamento do revestimento refratário, consiste em realizar uma inspeção visual em todo o revestimento após o fim de lingotamento e das saídas de aquecedores, conforme a Figura 3.24. Tem como objetivo detectar alguma anormalidade, lascamentos, trincas, comportamento incomum no revestimento para a vida atual, ou desgastes que indicam fim de campanha.

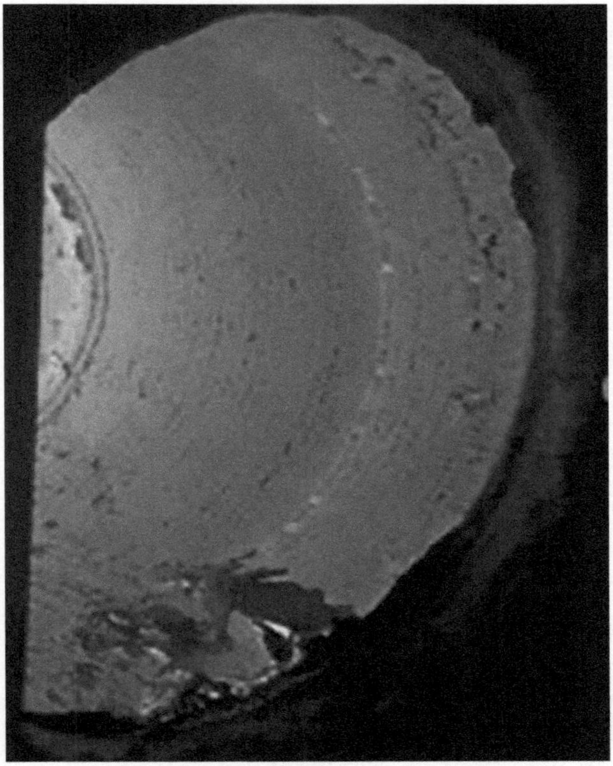

Figura 3.24 Inspeção a quente de panela de aço.
Fonte: Acervo da autoria do capítulo.

3.4.2 Inspeção e medição instrumental a *laser*

Resumidamente, consiste na utilização de um equipamento com um transmissor a *laser* e um receptor que faz toda a medição do revestimento refratário, em 360°, mostrando a espessura de cada região da panela, conforme a Figura 3.25.

Essa metodologia de inspeção instrumental promove uma segurança operacional maior que qualquer outro método, as medições apresentadas pelo equipamento são bem próximas às reais medidas durante uma demolição.

Essas medidas apresentadas pelo equipamento mostram por região, mediante uma escala de cores e numérica, a medida dos tijolos, conforme a Figura 3.26. Isso possibilita que o colaborador atue nas regiões de maior desgaste, evitando que o revestimento tenha uma espessura menor que o residual de segurança.

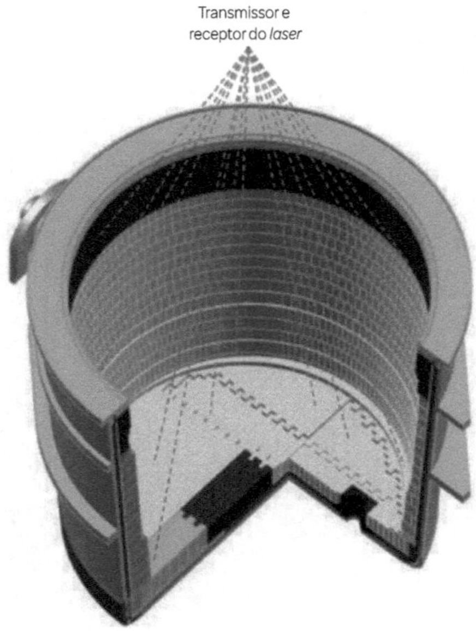

Figura 3.25 Varredura a *laser*, figura esquemática.
Fonte: Acervo da autoria do capítulo.

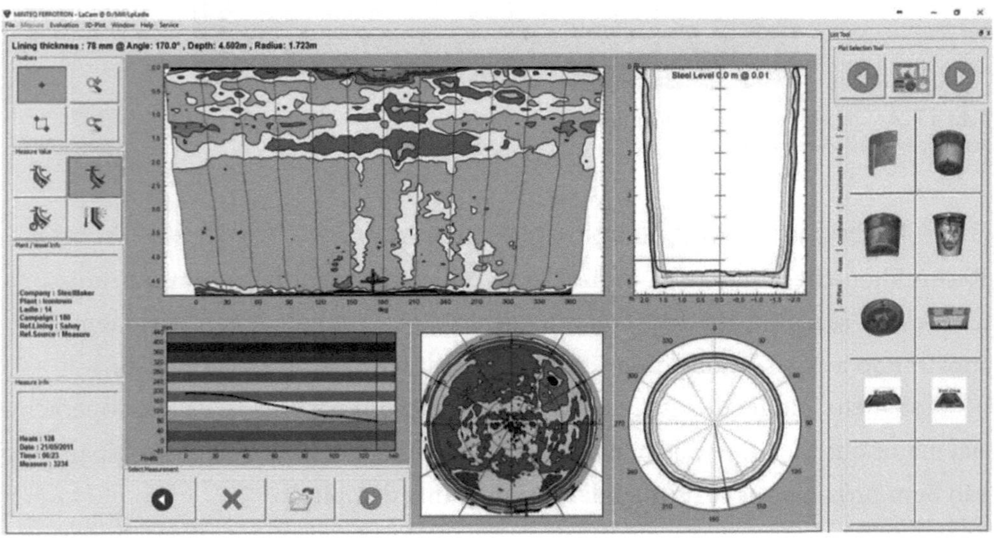

Figura 3.26 Resultado da medição instrumental a *laser*.
Fonte: Acervo da Minerals Technologies.

3.4.3 Análise de demolição

Ao final da campanha de uma panela de aço, é necessário inspecionar a demolição refratária, quando são observados aspectos importantes no revestimento com a intenção de se averiguarem quais foram as regiões mais desgastadas, se ocorreram infiltrações de aço ou escória, se o tijolo apresentou algum tipo de não conformidade e se houve algum tipo de deformação na parte da borda metálica.

Figura 3.27 Demolição do revestimento de trabalho da panela de aço.
Fonte: Acervo da autoria do capítulo.

Conforme mostrado na Figura 3.27, durante a demolição, é realizada a medição com trena para compor o perfil de desgaste do revestimento e confrontá-la, muitas vezes, com os resultados das medições a *laser*.

Esses resultados finais da análise da demolição fornecem informações importantes para se analisar se o projeto precisa ou não ser revisado.

Acesse as imagens coloridas do capítulo.

BIBLIOGRAFIA

IBAR (Indústrias Brasileiras de Artigos Refratários). Disponível em: https://www.ibar.com.br/informacoes/formatos-de-tijolos.html. Acesso em: 20 fev. 2022.

ALVES, E. O. *Estudo do efeito da adição de partículas de reforço de pó de aciaria elétrica em compósito de matriz metálica*, p. 19. São Paulo: Blucher, 2019.

BRAGANÇA, S. R. Corrosão de refratários utilizados na siderurgia. Parte III: Caracterização de refratários comerciais. *Cerâmica 59*. p. 39-46; 2013.

Minerals Technologies. Disponível em: <https://www.mineralstech.com/docs/default-source/refractories-documents/ferrotron/lacam-li-explorer---presentation.pdf?sfvrsn=aa2b732e_0>. Acesso em: 11 jan. 2024.

RODRIGUES HENRIQUES, B.; ABM. *Refino secundário dos aços* – fundamentos e aspectos operacionais críticos. São Paulo: Blucher, 2019.

Capítulo 4
REFINO SECUNDÁRIO: FORNO PANELA, VD E VOD

Santiago Luiz Barrios
Wagner Del Rio

4.1 INTRODUÇÃO

Após a fase do refino primário (BOF (*Basic Oxygen Furnace*), EAF, EOF), a continuidade do processo de obtenção do aço passa a ter como prioridade o ajuste de composição química, acerto da temperatura e a limpeza. Essa etapa é conhecida como "refino secundário" e tem a panela de aço como o receptáculo de todas essas reações de refino.

Nos últimos anos, têm sido crescentes os desenvolvimentos tecnológicos dos processos de refino secundário. Essa evolução promoveu aumento da produtividade, melhorias na qualidade do aço e redução dos custos. Importantes etapas na fabricação do aço têm sido realizadas nas panelas que operam nos diversos processos existentes, entre eles os fornos panela, VD (descarburização a vácuo) e VOD (descarburização de oxigênio a vácuo), RH (Ruhrstahl-Heraeus) e aluminotermia (AHF, CAS-OB, IR-UT).

O acerto de composição química via adição de ligas, a injeção de gases inertes para acelerar reações, os processos de desoxidação, dessulfuração e descarburação, a redução do nível de gases dissolvidos no banho via desgaseificação e acerto de temperatura para o lingotamento são ações conjuntas ou individuais que podem resultar num maior desgaste dos refratários usados nos revestimentos das panelas.

Essas altas taxas de desgaste dos refratários ocorrem em função dos elevados tempos de permanência do metal líquido no interior das panelas sujeitas a elevadas temperaturas e a ataques químicos e físicos, nos quais, podemos dizer, as panelas deixaram de ser um simples equipamento para transporte de metal líquido para serem um "reator metalúrgico".

O conhecimento de todos os mecanismos de desgaste presentes durante o processo de refino secundário nas panelas nos dará os subsídios necessários à correta especificação dos refratários a serem utilizados nos revestimentos.

Os aspectos operacionais, bem como a qualidade dos projetos de revestimento e sua execução (técnicas de aplicação dos refratários), também são fatores de influência na obtenção de desempenhos adequados às exigências de obtenção de custos operacionais competitivos no mercado global.

4.2 REFINO SECUNDÁRIO NA PANELA

A utilização da panela de aço como reator siderúrgico data desde o início da siderurgia moderna. A princípio, esse equipamento era utilizado para a adição de desoxidantes e correção da composição e análise química do aço com o uso de ligas. A etapa seguinte foi a utilização de injeção de gás inerte para otimizar a taxa de mistura.

A evolução desse processo se deu da seguinte forma:

- **Anteriormente à década de 1950:** a princípio, adotava-se a prática de se aguardar cerca de 10 a 20 minutos com a panela cheia. Esta ficava parada, após a adição de desoxidantes e ligas. O objetivo era a reação dos desoxidantes e das ligas e a flotação de impurezas. A escória do forno primário, dependendo da usina, era raspada e fazia-se uma nova escória para o tratamento do aço na panela.
- **Década de 1950:** uso de degaseificadores a vácuo mais eficientes, como os processos Dortmund Hoerder (DH) e Ruhrstahl-Heraeus (RH), os quais se tornaram populares.
- **Década de 1960:** desgaseificação a vácuo por arco, *Vacuum Arc Degassing* (VAD). Implementação dos processos ASEA-SKF e descarburização de oxigênio a vácuo (VOD) para o tratamento de aços de alto teor de cromo. Utilização de lanças para injeção de gás inerte e início do desenvolvimento de plugues porosos no fundo da panela.
- **Década de 1970:** processos como a descarbonização argônio-oxigênio (AOD) foram introduzidos no início da década. Popularização da utilização de plugues porosos.
- **Década de 1980:** injeção de fluxo granulado no aço líquido combinado com agitação de argônio. Processo utilizado para se fazer um ajuste de composição mais fino e para se reduzir o consumo de ligas (otimizar a performance do material). Apesar de ter se iniciado ao fim da década de 1970, popularizou-se na década de 1980.

- **A partir da década de 1990:** popularização da aplicação de alimentação de arames tubulares de elementos de liga para melhor controle de morfologia de composição e inclusões. Utilização de escórias sintéticas e técnicas de refino e aquecimento via RH, RH-OB e aluminotermia.

4.3 REFINO SECUNDÁRIO DO AÇO

4.3.1 Objetivos do refino secundário do aço

Como os principais objetivos do refino secundário do aço, destacam-se:

- Aumento de produtividade:
  - Melhor uso do forno primário.
- Qualidade do aço:
  - Níveis mais baixos de impureza.
  - Melhora de precisão da composição.
  - Melhor limpeza.
- Redução do custo de produção:
  - Aumento da produtividade.
  - Maior rendimento de ferroligas.
  - Acerto da temperatura de lingotamento com maior homogeneidade dentro da panela.

4.3.2 Processo de refino na panela de aço

Nessa etapa da fabricação do aço, as modernas práticas levam a uma série de processos que compõem o refino secundário. Entre os principais, podemos destacar:

- **Correção de temperatura e homogeneização da composição química:** o forno panela tem um papel marcante, com a possibilidade de aquecer o aço (por meio do aquecimento da escória e posterior troca de calor com o aço, que é agitado na panela) durante essa etapa de refino. A agitação promovida durante o aquecimento, mediante injeção de gás inerte ou agitação eletromagnética, faz com que a difusão e a homogeneização da temperatura ocorram de forma rápida e que os elementos de liga adicionados se difundem e incorporem-se ao metal líquido e que as impurezas e inclusões flotem e reajam com a camada líquida da escória.
- **Adição e difusão de ligas:** a adição de ligas passa a ser realizada durante o tratamento do aço na panela. Durante a etapa do forno panela, peças e fios são adicionados, na maioria das vezes, sob atmosfera controlada e sob agitação do aço. Dessa forma, sua dissolução e posterior incorporação pelo aço passam a ser otimizadas.
- **Ajuste de composição:** parte dos elementos de desoxidação integrará também a composição final do aço (reações de equilíbrio). Com isso, a panela já

chega ao refino secundário com parte da carga de desoxidantes previamente adicionada. Durante o refino, haverá um ajuste fino dos elementos desoxidantes na composição do aço, bem como a incorporação de ligas mais nobres. Além disso, essa fase de tratamento possibilita a remoção de impurezas como o enxofre, via contato com a escória de panela, e a remoção do excesso carbono via tratamento com vácuo.

- **Agentes desoxidantes (Al, Ti, Si-Mn):** vale a pena comentar separadamente os elementos de desoxidação. Sua função principal é remover o oxigênio em excesso ao fim do processo primário. Além disso, eles têm um papel secundário, mas não menos importante, que é fazer parte da composição final do aço, trazendo importantes propriedades ao uso do material. No refino secundário, é promovido o ajuste fino desses elementos.
- **Desgaseificantes (N_2, H_2, CO, Ar):** a utilização de gases durante o processo de refino secundário, além de promover a agitação e a homogeneização de temperatura e a composição química do metal líquido, ajuda na flotação de impurezas e de inclusões. Alguns elementos não desejados, como o enxofre, podem ser eliminados parcialmente pelo uso de gases no sistema de agitação.

4.3.3 Equipamentos e métodos de agitação do banho em panelas

No refino secundário, utilizando-se forno panela e VD/VOD, há duas possibilidades de agitação do aço na panela.

4.3.3.1 Borbulhamento de argônio pelo plugue poroso

Constitui um sistema de sede com plugues (blindados com um sistema de segurança) instalado no fundo da panela. Sua posição é função de estudo prático e da experiência de responsáveis pelo processo ou a partir de um modelo matemático baseado em mecânica de fluídos. Analisando esse sistema de perto na Figura 4.1, constatam-se vantagens e desvantagens de sua instalação e de seu uso.

Vantagens:

- Minimização da zona morta basal.
  - Regiões com ausência ou pouca circulação.
- Ação de agitação uniformemente dispersa.
- Forte circulação fora do centro.
- Excelente contato escória-metal, portanto, boa remoção de enxofre, fósforo e inclusões.
- Captação moderada de N_2 e H_2.
- Aço final com maior limpidez.
- Capacidade de agitar a panela continuamente, com acesso à linha argônio.

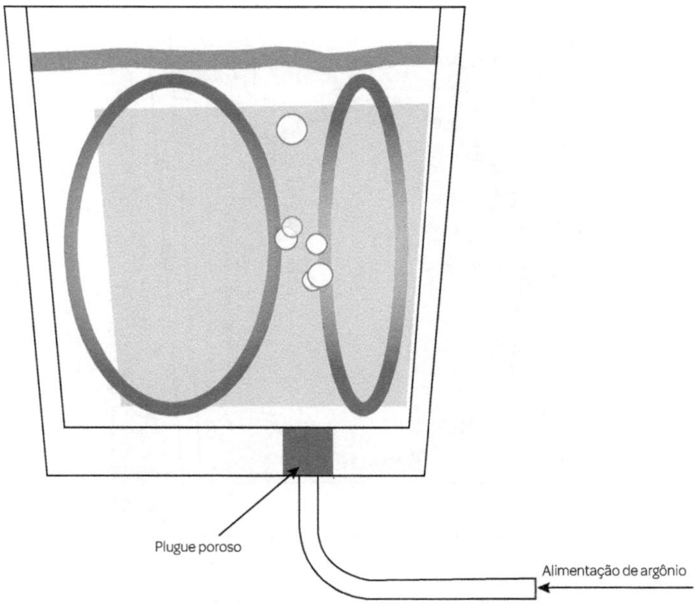

Figura 4.1 Borbulhamento de argônio por plugue poroso.
Fonte: Adaptada de Vesuvius.

- Custos de capital e execução mais baixos que os do EMS (*Electro Magnetic Stirring*).
- Possibilidade de uso em VD/VOD.

Desvantagens:

- Forte desgaste localizado no refratário (pode ser pontual, caso o direcionamento do fluxo seja alterado ou resultante de maior pressão de argônio na linha).
- Nas regiões propensas ao desgaste, faz-se necessário o uso de tijolos mais resistentes ou de maior espessura para minimizar esse desgaste mecânico.
- Risco de escape/vazamento de gás e perda de eficiência.

Atualmente, é o sistema mais utilizado na agitação do banho metálico, durante a etapa de refino secundário.

4.3.3.2 Agitação eletromagnética – EMS

O sistema de agitação eletromagnética (Figura 4.2) está com sua instalação e utilização sempre condicionada ao forno panela. Apesar do alto investimento, esse sistema mostra maior capacidade de agitação em menor espaço de tempo. Às vezes, para se otimizar a capacidade de mistura, o EMS atua com o sistema de plugues porosos. Numa análise mais detalhada dessa solução, observam-se as seguintes vantagens e desvantagens para o EMS.

Figura 4.2 Agitação eletromagnética EMS.
Fonte: Adaptada de Vesuvius.

Vantagens:

- Respingo ou *splash* mínimo:
  - Menor exposição do aço à atmosfera e redução da borda livre necessária.
- Fluxo uniforme suave.
- Fluxo reversível:
  - Útil ao fazer adições de liga.
- Zona morta minimizada:
  - Regiões com pouca ou nenhuma circulação.
- Ação de agitação uniformemente dispersa.
- Captação mais baixa de N_2 e H_2.
- Aço mais limpo.
- Capacidade de agitar continuamente a panela usando o carro EMS Ladle.
- Desgaste refratário reduzido.
- Máxima segurança e facilidade de *bricking*.

Desvantagens:

- Altos custos de capital e de funcionamento.
- Mau contato escória-metal, portanto, menor remoção de S e P do que o borbulhamento de argônio.

Além desses dois sistemas de agitação do banho metálico, há ainda a utilização de lanças com esse objetivo.

4.4 REFINO SECUNDÁRIO – EQUIPAMENTOS EM ANÁLISE

4.4.1 Forno panela

Na etapa de refino secundário, o forno panela tem uma posição de destaque, principalmente nas aciarias elétricas. É um equipamento muito versátil e apresenta uma boa resposta em termos de tempo e capacidade de elevar a temperatura do aço líquido. Uma instalação-padrão pode ser observada na Figura 4.3.

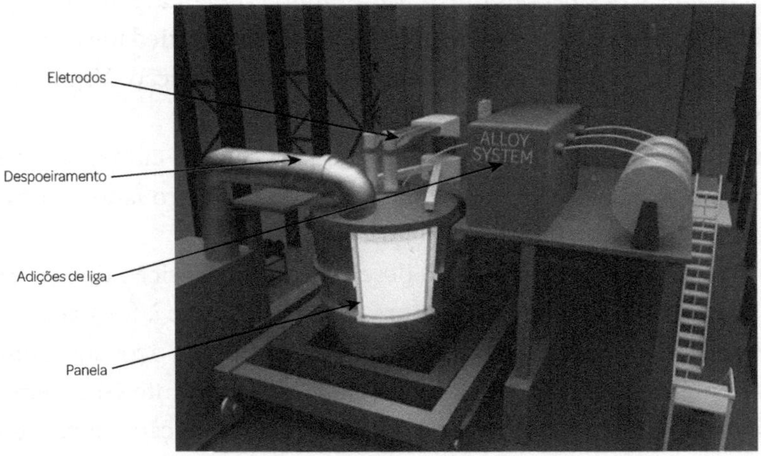

Figura 4.3 Instalação operacional do forno panela.
Fonte: Acervo da Vesuvius.

Como pode ser visto, a panela de aço é parte integrante desse equipamento, e o revestimento refratário deve estar apto para enfrentar todas as variáveis de processo. No processo de refino em forno panela, o aço e, respectivamente, os refratários, passam pelos seguintes desafios:

- **Aquecimento do aço com uso de eletrodos:** o arco é fechado com o banho metálico, tem como cobertura a escória. Esta é aquecida e, pela agitação, transfere o calor para o aço líquido. Um cuidado muito importante deverá ser dispensado à seleção do refratário dessa região.
- **Agitação do banho com injeção de gás inerte e/ou EMS:** a agitação promove maior interação entre as partículas no aço líquido e flotação de impurezas. Isso permite uma renovação da superfície de contato entre o metal e a escória, favorecendo a remoção de impurezas. Essa movimentação leva a uma renovação na interface refratário-escória também, amplificando o poder químico do desgaste do revestimento. Isso também acontece na região da linha de escória.
- **Movimentação do aço devido à agitação:** tanto a injeção de gases inertes como a EMS promovem a movimentação do metal líquido, o que pode provocar o desgaste mecânico no revestimento refratário. Para se minimizar esse fenômeno, pode-se trabalhar na qualidade do refratário ou em sua

espessura. Nesse último caso, painéis de maior espessura são colocados em pontos específicos do revestimento refratário.

4.4.2 Equipamentos de desgaseificação e descarbonização – VD/VOD

Para atender exigências de clientes finais, com utilização de aços de superior qualidade interna, na etapa de refino secundário, há o processo de desgaseificação, sem utilização de desoxidantes sólidos, e de descarbonização.

Algumas aplicações pedem que o aço líquido contenha pequenas quantidades de C, H, N. Esses elementos podem agregar algumas propriedades benéficas para o aço ou, em contrapartida, trazer problemas em sua utilização. Vejamos o efeito de cada elemento:

- **Carbono (C):** sua presença em elevado percentual aumenta a resistência à deformação e à tração e aumenta a dureza. Por outro lado, teores mais altos reduzem a moldabilidade e a soldabilidade.
- **Hidrogênio (H):** elemento não desejável na composição do aço. Sua presença provoca fragilidade na estrutura e suscetibilidade à formação de trincas.
- **Nitrogênio (N):** dependendo da aplicação final do aço, sua presença pode ser benigna. Mas em algumas situações, não se admite esse elemento. O nitrogênio atua no aumento da resistência à deformação, na resistência à tração e na dureza. Por outro lado, prejudica a moldabilidade do aço.

Por se tratar de elementos no estado gasoso dissolvidos no aço, a aplicação de vácuo promove sua remoção de forma bastante eficaz. A Figura 4.4 apresenta um desgaseificador.

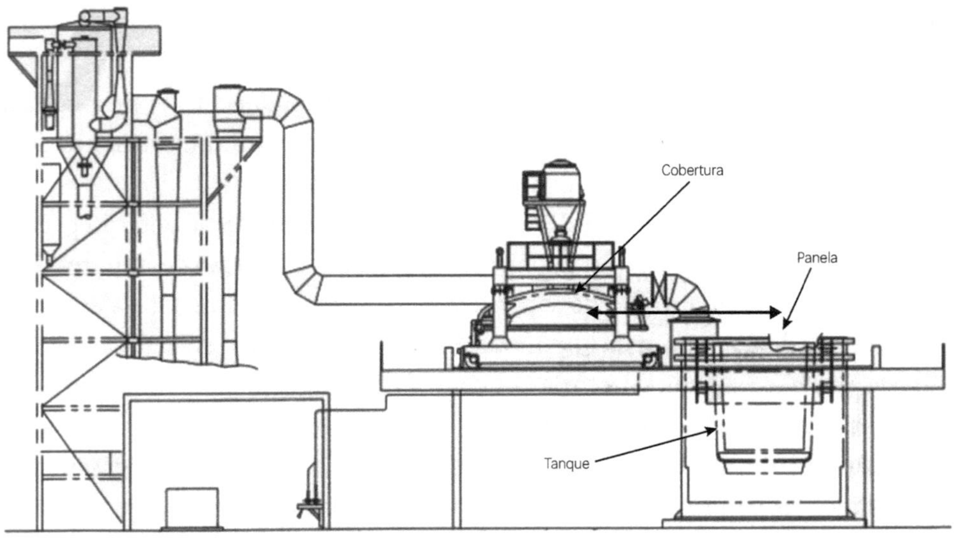

Figura 4.4 Tanque de desgaseificação VD.
Fonte: Acervo da Vesuvius.

O princípio da desgaseificação em tanque VD é bastante simples. Após o fechamento da tampa sobre o tanque, ou após a vedação da borda da panela, inicia-se o vácuo dentro do receptáculo. O vácuo remove as substâncias gasosas e provoca uma agitação, a qual fornece melhor contato entre aço-escória para dessulfuração final. Os gases removidos ajudam na flotação de impurezas, as quais podem ser capturadas pela escória líquida.

Para um processo de refino mais apurado, existe o tanque de desgaseificação VOD. Quando esse tanque é usado, durante o vácuo, injetam-se oxigênio no banho e argônio pelo sistema de plugues porosos. Além da remoção de gases, o processo pode incrementar a desoxidação do aço e reduzir o teor de carbono (formação de CO e sua posterior eliminação). A agitação provocada pela flotação das bolhas ajuda na eliminação de impurezas, as quais serão capturadas pela escória.

O croqui ilustrado na Figura 4.5 apresenta um equipamento VOD, em que a tampa do vácuo é acoplada diretamente à panela. Essa vedação deve ser perfeita para se evitarem entradas falsas de ar.

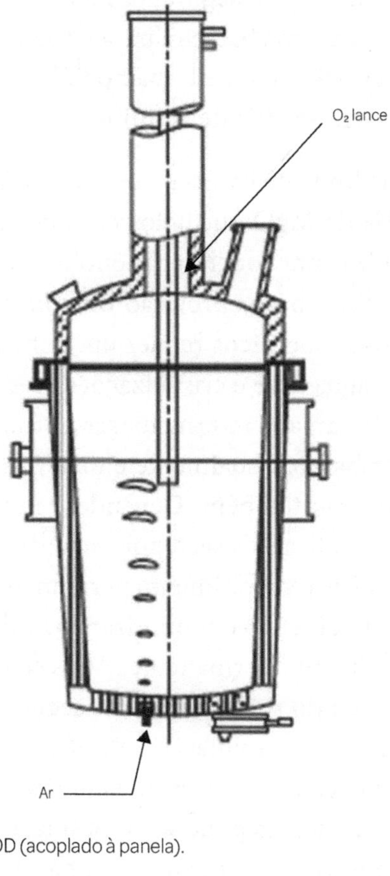

Figura 4.5 Desgaseificador VOD (acoplado à panela).
Fonte: Acervo da Vesuvius.

4.5 REFRATÁRIOS PARA PANELA – FORNO PANELA, VD E VOD

Para melhor entendimento desta seção sobre refratários, fizeram-se necessárias as dissertações anteriores relativas aos equipamentos de refino secundário forno panela, VD e VOD porque isso torna didaticamente mais fácil apresentar ao leitor o modo como os refratários se relacionam a cada região da panela.

Como comentado anteriormente, a panela de aço é o receptáculo de aço líquido durante o refino secundário nesse equipamento. Para melhor entendimento das regiões da panela, observe-se a Figura 4.6.

Em função desse *layout* apresentado, podemos discorrer sobre o tipo de refratário que usaremos em cada região e o motivo de sua escolha.

- **Revestimento isolante:** independentemente do processo de refino, o material utilizado nessa região deve ter uma elevada capacidade de isolamento térmico. Tijolos isolantes classe 42% de alumina e mantas cerâmicas são os produtos mais utilizados. Pode-se também usar uma camada de concreto (monolítico) aplicado por projeção ou uso de forma.
- **Revestimento permanente:** juntamente com o revestimento isolante, é conhecido como "revestimento de segurança". Além de ajudar no isolamento térmico, essa camada é a última barreira para impedir uma infiltração de aço até a carcaça, caso o revestimento de trabalho falhe. Normalmente, utilizam-se tijolos aluminosos, classe 70% de alumina.

Em algumas situações, na linha de escória, pode se utilizar o tijolo magnesiano queimado, com mais de 90% de MgO ou tijolos cromo-magnesianos queimados. Há a possibilidade de se utilizar um concreto (monolítico) de alta alumina (classe 70% ou 80% de alumina) aplicado por projeção ou com uso de forma metálica. Toda utilização de refratários monolíticos requer um bom aquecimento após aplicação, de forma a eliminar a água livre e cristalizações presentes no concreto.

- **Revestimento *back-fill*:** camada intermediária aplicada entre o revestimento de segurança e o de trabalho. Usualmente é material básico à base de MgO, porém pode ser aluminoso também. Dependerá muito do revestimento de trabalho em uso. Este é aplicado a seco por meio de martelo pneumático ou úmido, como reboco sobre o revestimento permanente. A espessura deve ser de no mínimo 10mm. O objetivo é minimizar as infiltrações de aço, ajudando a preservar o revestimento permanente. Após sua implantação nas décadas de 1980 e 1990, a vida do revestimento de segurança chegou a dobrar.
- **Revestimento de trabalho:** nessa situação específica, a melhor explanação será dividir essa camada por regiões, conforme Figura 4.6. Para os equipamentos estudados, a selação de materiais pode ser a mesma, pois em uma parcela das usinas siderúrgicas, o forno panela opera em linha com o VD/VOD.

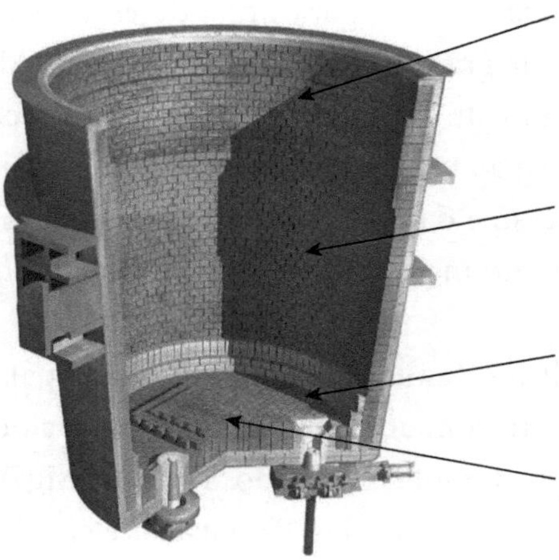

Figura 4.6 Revestimento refratário de uma panela por regiões.
Fonte: Acervo da Vesuvius.

- **Revestimento de trabalho – Borda livre:** os refratários dessa região estão sujeitos às solicitações de oxidação, temperaturas elevadas, variação de temperatura, ataque (erosão/corrosão) de escórias. Na prática usual, principalmente em fornos panela, a ação do arco elétrico pode chegar a essa região. Por isso, recomenda-se que se utilizem materiais similares aos da linha de escória. Porém, um ponto de atenção é o teor de carbono, relativamente ao qual, em função da intensidade do fenômeno de oxidação presente nessa área, deve-se optar por produtos com menor teor. Pode-se, inclusive, reduzir a qualidade de MgO, passando de 97% desse óxido, para um produto com 96%. Além de atender melhor a solicitação da região, é possível trabalhar na redução de custo. O fechamento da borda livre, normalmente, se faz com a aplicação de um concreto baixo teor de cimento, com 70% até 80% de alumina. Sua aplicação pode ser por vertimento ou projeção. Em casos específicos, pode ser usado um concreto básico também, com teor de MgO superior a 90%.
- **Revestimento de trabalho – Linha de escória:** o tijolo MgO-C é a melhor opção tecnicamente. Quanto maior o carbono do produto, maior a proteção contra escória devido às propriedades de diminuição da molhabilidade que o carbono apresenta e, portanto, gerando baixas impregnação e aderência da escória à face quente do tijolo. O aumento do teor de carbono leva a uma maior condutividade térmica, a qual pode gerar tensões térmicas e aumentar a temperatura da carcaça de aço, provocando uma deformação a longo prazo. O teor de MgO nas matérias primas aumenta a resistência ao ataque de escória: 98% > 97% > 96%. A pureza do MgO empregado dificulta a dissolução da estrutura dos tijolos. A utilização de grão eletrofundido de MgO proporciona maior densidade e, portanto, menor penetração de escória.

Como sugestão, uma qualidade típica para linha de escória tem um teor de carbono de 12% e uma pureza de grão eletrofundido, de 97% de MgO. Panelas de usinas elétricas utilizam, na linha de escória, tijolos dolomíticos com bons resultados. Em alguns casos, essa região tem um teor de carbono superior ao da linha de metal. Em função do processo e da boa condição de formação de *coating* por escória, pode-se utilizar o mesmo material (mesmo teor de carbono) em toda a parede.

- **Revestimento de trabalho – Linha de metal:** na maior parte do processo, essa região está em contato com aço, mas durante a etapa de lingotamento, tem interação com escória durante um tempo. Tijolo de MgO-C é ideal se há bom gerenciamento térmico das panelas. Para usinas elétricas, em função do controle da qualidade da escória e dos tipos de aços produzidos, uma opção é o uso de tijolos de dolomita. Para os aços desoxidados ao silício principalmente, o uso de revestimentos dolomíticos tem sido a melhor opção em termos de desempenho de vida útil e custos. Porém, é de fundamental importância o bom controle da escória para formação do *coating* na superfície do revestimento, que é a aderência de uma capa de escória com características e composição química específica, que adere à superfície do refratário, à medida que se abaixa o nível de aço na panela durante o lingotamento. Essa escória vai se fixando à face quente, permanecendo como uma camada protetora contra oxidação e contra o ataque pelo aço da corrida seguinte, evitando a exposição de juntas entre os tijolos.

Atualmente, o tijolo alumina-magnésia-carbono (AMC) tem ocupado um maior espaço nessa aplicação, pois são mais tolerantes se o ciclo térmico da panela for intermitente. A formação do espinélio alumina-magnésia proporciona uma expansão permanente e positiva, que ajuda a fechar as articulações e vazios entre os refratários. Além disso, a estrutura do espinélio tem uma resistência bem razoável à escória. Os tijolos AMC têm melhor resistência à erosão mecânica e ao estresse térmico, se comparados aos tijolos MgO-C. Uma das principais característica para os tijolos nessa região é o teor de carbono presente no material, que pode variar de 4% a 8%, podendo chegar até 10%. Com relação às solicitações, nessa região da panela, há a erosão do metal líquido, as elevadas temperaturas, oscilações de temperaturas e o tempo de contato metal/refratário.

Algumas escórias podem exibir alto teor de CaO e baixo de MgO e Al_2O_3 (subsaturados), o que pode levar à corrosão química dos tijolos. O uso de um tijolo magnésia-alumina-carbono (MAC) pode ser vantajoso numa condição de escória mais agressiva. Os tijolos MAC combinam as vantagens de se usar uma matriz

MgO-C às vantagens trazidas pela formação do espinélio (AMC). O MAC pode ser mais competitivo que o tijolo AMC dependendo do processo e do tipo de aço produzido.

- **Revestimento de trabalho – Fundo:** essa região da panela tem duas áreas, que assim podem ser definidas: área de impacto do jato de aço e a de ausência de impacto. Para a área de não impacto, o material MgO-C pode ser usado, assim como MAC ou AMC. Para a área de impacto, o AMC é o melhor tijolo devido às suas propriedades mecânicas. Nessa região, podemos utilizar também uma peça pré-moldada em alta alumina, com elevada resistência mecânica e ao choque térmico. Sua aplicação é considerada uma construção simples e rápida, trazendo melhores condições de trabalho ao pedreiro refratarista. Como requisito básico de instalação, a base do fundo tem de estar bem-nivelada para assentamento da peça pré-moldada de modo a evitar desnivelamentos entre a instalação do fundo e a montagem da parede da linha de metal.

4.6 ASPECTOS OPERACIONAIS DE MAIOR INFLUÊNCIA SOBRE OS REFRATÁRIOS DAS PANELAS

4.6.1 Arco voltaico

Aciaria que tem em seu refino secundário o forno panela utiliza o arco elétrico como fonte principal de energia para aquecimento das corridas. Esse equipamento também apresenta os fenômenos de agressividade à parede refratária, pela ação da chama irradiada do arco, como o que ocorre em um forno elétrico.

Em função da regulagem elétrica adotada, tem-se como resultante um comprimento de arco que deve ser protegido pela escória para não causar os fenômenos de formação de pontos quentes no revestimento refratário.

4.6.2 Consumo de energia elétrica

O princípio de aquecimento do aço pela utilização de energia elétrica está no aquecimento da escória e na transferência de calor da escória para o metal, via processo convectivo, ajudado pela agitação do banho promovida pela ação de agitador eletromagnético, ou pela injeção de gases por plugues porosos ou lanças.

Como exemplo prático, para tijolos de MgO-C da classe de 12% a 13% de C, sem uso de grão eletrofundido, os dados coletados em processo mostram uma queda de 0,49 corridas na campanha do revestimento refratário da panela para cada aumento de kWh no consumo de energia elétrica.

O controle operacional para se evitar o sobreaquecimento das escórias e, consequentemente, o desgaste prematuro dos refratários por sobrecarga térmica deve ser feito com base nas seguintes variáveis:

- consumo de energia elétrica;
- tempo de *power-on;*
- regulagem da rinsagem ou do agitador eletromagnético.

4.6.3 Energia de agitação

Todo o processo de homogeneização química e térmica em um forno panela é obtido mediante agitação de banho metálico e escória. Os métodos mais tradicionais e amplamente usados são a rinsagem de gases inertes, via plugues ou agitadores eletromagnéticos, como já comentado anteriormente.

A energia de agitação é expressa em Watts/tonelada ou Watts/m^3, e os valores típicos dessa energia em um forno panela são da ordem de 200 a 1000Watts/m^3.

O desgaste dos refratários, principalmente da linha de escória, decorre diretamente do efeito dessa energia de agitação. Quanto maior essa energia, maior será a agitação da escória em relação aos refratários, provocando solicitações de erosão e corrosão química mais intensas.

O uso de agitadores eletromagnéticos pode levar ao uso de menores índices de energia de agitação, com menores taxas de agressividade aos refratários da linha de escória, porém, como proporcionam uma movimentação do aço mais homogêneo, o desgaste dos refratários da linha de metal é maior quando comparado ao uso de refratários em uma operação de rinsagem via injeção de gases.

O uso da injeção de gases é mais comum na operação dos fornos panela, principalmente em virtude de seu menor custo.

A operação com plugues muito próximos à parede forma regiões preferenciais de desgaste ao longo da linha de metal e principalmente na linha de escória da panela.

A rinsagem via gases pode aumentar a erosão dos refratários. Rinsagens de baixa vazão podem causar o superaquecimento da escória e das camadas superiores do aço, provocando baixas taxas de aquecimento da corrida, aumentando a erosão dos refratários, principalmente da linha de escória. Já altas taxas de vazão de rinsagem causam *splash* de aço, formação de curto-circuito do arco, *pick-up* de carbono, consumo exagerado de eletrodo e baixa eficiência de aquecimento. Nesses casos, a chama do arco pode ser defletida para as paredes levando à formação de pontos quentes. Altas vazões - 500L/min - devem ser empregadas somente nas etapas de adições de ligas ou na dessulfuração. Operação com baixas taxas de vazão - 200 a 300L/min - proporcionarão altas taxas de aquecimento, melhores condições de flotação de inclusões e menores taxas de erosão dos refratários da panela.

Além dos efeitos sobre os refratários, a energia de agitação exerce função metalúrgica essencial nos processos de desoxidação e dessulfuração.

4.6.4 Composição química das escórias

A fase não metálica do processo, a escória, exerce um tremendo impacto sobre os principais objetivos de qualquer aciarista nas operações do refino secundário, que seriam:

- Liberar a corrida no tempo certo para o lingotamento.
- Liberar a corrida na temperatura correta para o lingotamento.
- Liberar a corrida com composição química ajustada às especificações exigidas.

Assim, o ditado "tome conta de sua escória, que o aço tomará conta de si mesmo" deveria ser observado constantemente na operação do equipamento do refino secundário.

As escórias exercem sobre os refratários ações de corrosão e erosão, provocando intensas taxas de desgaste, principalmente nas regiões de maior contato, na linha de escória.

A composição química das escórias de forno panela depende fundamentalmente da qualidade das escórias primárias nos aspectos de basicidade, saturação em MgO e oxidação e da quantidade de escória que é deixada passar do forno primário para a panela. O volume de escória passante é uma importante variável e todas as medidas para minimizá-lo devem ser tomadas; do contrário, adições extras de fundentes deverão ser feitas no forno panela para correção da qualidade química. Como consequência, grandes volumes de escória estarão presentes, resultando em elevadas taxas de desgaste dos refratários, além de maiores consumos de energia, eletrodo e ligas.

As principais variáveis de controle da qualidade das escórias, a fim de se obterem baixas taxas de desgaste dos refratários, são:

- Temperatura *liquidus* cujos valores dependem fundamentalmente da basicidade binária (C/S), e da concentração dos elementos rebaixadores de *liquidus* das escórias como FeO, Al_2O_3, MgO, MnO e CaF_2.
- Índice de saturação dos óxidos MgO e CaO.
- Volume de escória presente no processo, cujas quantidades dependem fundamentalmente do volume de escória que passa do tratamento primário para a panela e do volume das adições durante o processamento no forno panela.
- Grau de agitação da corrida. As frentes de reação escória – refratários são maximizadas com o aumento de agitação metal/escória.
- Tempo de contato escória – refratário é uma das principais variáveis nas reações de corrosão dos refratários.
- Temperatura e aquecimento das escórias – quanto maiores seus valores, maiores as taxas de corrosão dos refratários.

Em resumo, o controle da agressividade das escórias no refino secundário deve ser controlado observando-se as seguintes regras práticas:

Tabela 4.1. Controle do ataque das escórias.

Controle químico	Controle físico
1. Pré-saturação da escória no principal óxido do refratário de forma a alcançar o equilíbrio químico	1. Aumentar a viscosidade da escória reduzindo sua capacidade de penetração nos poros dos refratários
2. Controlar adições extras de MgO a fim de satisfazer as necessidades de presença de solução sólida no sistema	2. Reduzir a temperatura da escória aumentando sua viscosidade
3. Reduzir a temperatura do sistema reduzindo as taxas de reação escória/refratário	3. Reduzir a turbulência do banho
4. Reduzir o tempo de contato metal-escória/refratários	4. Reduzir o tempo de contato metal-escória/refratários

Fonte: Desenvolvida pela autoria do capítulo.

4.6.5 Aquecimento e ciclo operacional das panelas

Define-se ciclo operacional de uma panela o tempo compreendido entre o vazamento da corrida em um revestimento previamente aquecido e o retorno desse mesmo revestimento para um novo vazamento, incluindo-se as fases de espera após vazamento, o tratamento em estação de metalurgia secundária, a espera para o lingotamento, o lingotamento da corrida, a retirada de escória e aço residuais, a limpeza e a preparação do revestimento (inspeção, válvula-gaveta, rinsagem) e o pré-aquecimento.

Para entrada de um revestimento novo ou vindo de um reparo intermediário em um ciclo operacional, é fundamental ter sob controle as técnicas corretas de pré-aquecimento desse revestimento.

Na maioria das aciarias, os tijolos em uso nos revestimentos são de natureza básica e, como característica, apresentam elevada condutibilidade térmica. Dessa maneira, a etapa de pré-aquecimento é fundamental para se evitar a degradação dos refratários por choque térmico nas primeiras corridas, bem como eliminar a possibilidade de formação de aço solidificado no interior das panelas.

Evidentemente, a manutenção dos refratários em patamares de temperatura de face quente entre 1000 e 1200°C é fator muito importante na variável consumo de energia em uma aciaria.

A quantidade de calor necessária para se aquecer um revestimento refratário é função direta do calor específico do refratário utilizado, da temperatura de face quente desejada e do peso do revestimento. Também dependerá do tempo que os refratários necessitarão para se alcançarem as curvas de temperatura em regime permanente de condução de calor.

Da observação dos gradientes térmicos impostos aos revestimentos durante as etapas de aquecimento e resfriamento, percebem-se os fortes efeitos de tensão termo – mecânicos sobre os refratários. Manter um revestimento o maior tempo possível sem se resfriar é condição básica para se obterem altas performances.

Dessa forma, trabalhar em todas as etapas de um ciclo de panela, objetivando-se eliminar os tempos mortos e buscando-se otimizar o número de panelas aquecidas em uso, é muito importante em uma aciaria que esteja em busca de baixos valores de consumo de energia e de refratários.

A seguir, algumas recomendações práticas que poderão contribuir para a operação produtiva de um ciclo operacional de panelas:

- Avaliar a viabilidade de uso de isolamento térmico das carcaças metálicas (revestimento isolante).
- Revestimentos novos devem ser preferencialmente aquecidos em aquecedores verticais.
- Estabelecer controle de medida de temperatura da face quente dos refratários, como variável de controle do envio das panelas para vazamento. Nunca utilizar um revestimento abaixo de 1000°C.
- Diminuir ao máximo os tempos de panela vazia no ciclo, dando preferência ao uso de sistemas de válvula-gaveta e de rinsagem, que necessitem de pouca intervenção para troca de componentes refratários. Trabalhar com um número mínimo de panelas em ciclo sem afetar a produtividade da aciaria.
- Nos períodos de panela vazia, sempre tampá-la, caso seja possível, ou colocá-la nas estações de aquecimento horizontais para minimizar as perdas de calor por convecção para o interior da panela.
- Usar sempre tampa nas panelas durante o lingotamento, caso seja possível.
- Balancear os refratários do revestimento de maneira a minimizar ou mesmo eliminar a necessidade de afastamento da panela do ciclo para reparações intermediárias, com possível resfriamento a temperatura ambiente.

Acesse as imagens coloridas do capítulo.

BIBLIOGRAFIA

CASSETE, W.Q. *Refratários para uso em forno panela* – refratários para siderurgia aciaria elétrica. São Paulo: ABM, 2000.

FRUEHAN, R. J. *Ladle metallurgy: principles and practices.* USA: Iron and Steel Society; 1985.

GG – Módulo ACI 510 – *Refratários Aplicados em Aciaria Elétrica.*

JONES, J.; LARRY, H.; PRETORIUS, E. *An introduction to the theory and practice of EF steelmaking.* USA: Iron and Steel Society; 1988.

LANFY, D.; STENDERA, J.; RIGAUD, M.; SMITH, J. *Refractories for EAF Steelmakers.* USA: Iron and Steel Society; 1990.

OLIVEIRA, S. P. Escórias e mecanismos de desgaste de refratários para forno panela. *In Curso sobre Fundamentos, Operacion Y Refractarios para Hornos Cucharas.* Alafar, San Nicolas, Argentina; 1997.

Refractories Handbook. Japan: The Technical Association of Refractories; 1998.

RIBEIRO, D. B.; SAMPAIO, R. S. (Coord.). *Refino secundário dos aços.* São Paulo: ABM, 1996.

SAVAGE, B. Steelmaking refractories: what the mini and integrated mills can learn from each other. In *McMaster Symposium on Iron and Steelmaking,* p. 26. Ontario, McMaster University; 1998.

YOUNG, J.; CAMERON, S.; SCHADE, H. *Clean steel systems for ladle and tundish operation.* USA: Iron and Steel Society; 1997.

Vesuvius - vários autores - Arquivo interno. *Treinamento em refratários de panela.*

Capítulo 5
REFINO SECUNDÁRIO: DESGASEIFICADOR RH

Bárbara Luiza Borges de Melo
Carlos Pagliosa
Clenice Moreira Galinari
José Alvaro Previato Sardelli

5.1 INTRODUÇÃO

O desenvolvimento tecnológico motivado pelas revoluções industriais está diretamente ligado à busca por novas fontes energéticas, rotas pioneiras de produção e eficiência produtiva. Na cadeia produtiva do aço, que vai desde a lavra do minério de ferro até a sua transformação total em aço, a busca por novas tecnologias e por perfomances cada vez mais elevadas, exige que as indústrias adjacentes, como, a indústria refratária, empenhem-se no sentido de inovação para fornecer produtos de qualidade para todas as etapas do processo. A Figura 5.1 ilustra de maneira esquemática a rota produtiva do aço, mostrando que a panela de aço pode receber o metal fundido por meio do convertedor ou do forno panela. Portanto, até que o produto seja obtido no lingotamento convencional ou contínuo (placas, blocos, tarugos etc.), os processos de refino primário e secundário são necessários para a produção de aços ou aços-ligas que atendam às exigências de propriedades e qualidade para suas devidas aplicações. O refino secundário do aço tem como finalidade a adição de elementos de ligas ao aço, aquecimento do banho metálico, remoção de inclusões não metálicas, homogeneização do banho metálico, ajuste refinado da composição com remoção de elementos como: carbono (C), fosforo (P), nitrogênio (N), hidrogênio (H), oxigênio (O), enxofre (S), entre outras.

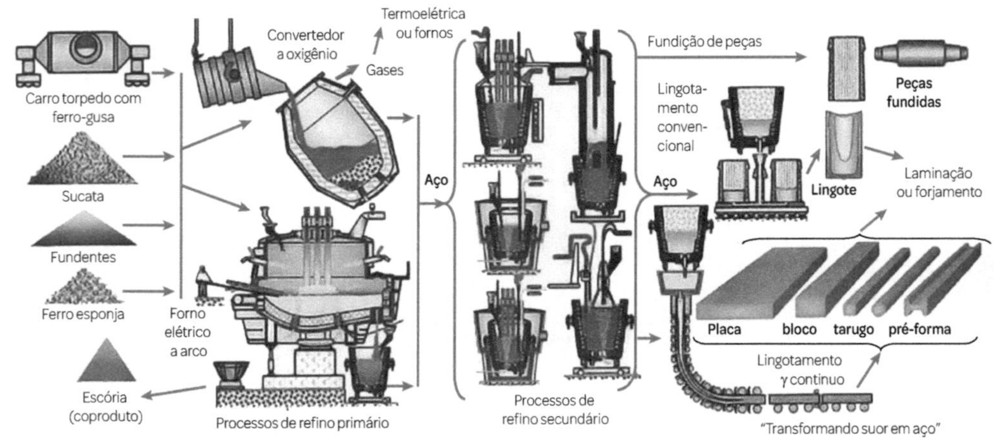

Figura 5.1 Fluxograma esquemático do processo produtivo do aço.
Fonte: Adaptada de Rizzo, 2006.

O fluxograma a ser empregado no refino secundário dependerá do atributo do aço que se deseja obter. Quando a qualidade do produto não for tão relevante, pode-se realizar o refino do aço utilizando apenas a panela de aço. Para a obtenção de aços especiais, é indispensável o uso de um equipamento específico, denominado "desgaseificador RH (Ruhrstahl-Heraeus)". Em suma, os processos de refino secundário dos aços trazem à aciaria uma enorme flexibilidade e podem ser classificados em processos com e sem aplicação de vácuo. Os processos de refino a vácuo são essenciais na fabricação de aços de qualidade superior, particularmente dos aços livres de intersticiais (*interstitial free*) – IF e os aços ultrabaixo carbono (*ultra low carbon*) – ULC, com teores de carbono inferiores a 30ppm, que têm larga aplicação, principalmente na indústria automobilística e em produtos que utilizam ações especiais (Neves, 2008).

Entre os diferentes equipamentos existentes de refino a vácuo, destaca-se o processo via RH devido à sua alta produtividade comparada à de outros equipamentos similares. O princípio do desgaseificador RH consiste na circulação do aço líquido entre a panela e uma câmara ou vaso, por meio de vácuo. Esse equipamento é a unidade de descarbonetação a vácuo mais amplamente utilizada em processos secundários para a fabricação do aço. O processo RH sofreu mudanças contínuas durante as décadas, objetivando obtenção de aços de maior qualidade, menor teor de impurezas no banho metálico, melhor controle da composição química final, maior produtividade e baixos custos, sem que altere drasticamente a rotina da usina (Neves, 2008).

O processo RH é relativamente recente quando comparado aos processos siderúrgicos convencionais. Foi proposto, em 1931, um método de desgaseificação a vácuo, baseado em uma sugestão de Henry Bessemer, no qual o aço teria a remoção de gases em um molde de lingotamento (21). A sigla RH é oriunda de duas organizações alemãs, Ruhrstahl e Heraeus (RH), criadoras do processo de desgaseificação, na década de 1950, e inicialmente o desgaseificador era utilizado apenas com a finalidade de redução dos teores de H_2 do banho. No entanto, em razão da ineficiência do processo de obtenção de vácuo, apenas em meados de 1960 foi possível alcançar concentrações de hidrogênio abaixo de 1ppm e, a partir de 1970, o desgaseificador RH começou a ser utilizado com o objetivo de remover carbono do banho líquido (4).

Com o passar dos anos, em 1970, começou a ser utilizado para retirar carbono proveniente das etapas anteriores, principalmente do refino primário. Entre as diferentes funções na qual o RH foi projetado, podemos evidenciar:

- Descarbonetação para teores de carbono inferiores a 10ppm.
- Desoxidação e dessulfuração a vácuo.
- Remoção de impurezas como hidrogênio e nitrogênio.
- Homogeneização rápida e eficiente de ligas de aço na panela e remoção de inclusões.

As indústrias siderúrgicas são as maiores consumidoras de materiais refratários por causa das elevadas temperaturas e das condições de operação extremamente severas. O refino secundário do aço pelo processo de retirada de gás por meio do RH surgiu em meados de 1950, visando a obtenção de aços mais nobres e com menores teores de carbono. Como revestimento de trabalho e em alguns casos, como revestimento de segurança, é comum o emprego de tijolos refratários de magnésia-cromo em todas as regiões do equipamento devido às propriedades intrínsecas desses materiais e aos mecanismos de desgastes mais comuns durante o processo.

Os tijolos convencionais de magnésia-cromo são queimados em elevadas temperaturas e patamares, acima de 1500°C, com o objetivo de se estabelecerem as ligações diretas e a formação dos espinélios secundários durante o processo de sinterização. Esses materiais são conhecidos por sua estabilidade térmica, elevadas propriedades físicas e mecânicas, resistência à corrosão a escórias com diferentes basicidades, baixa permeabilidade e excelente resistência à abrasão. A presença dos espinélios secundários, intergranulares e intragranulares, nos refratários de $MgO\text{-}Cr_2O_3$, é responsável pela alta refratariedade do sistema e proteção contra o ataque químico. Os espinélios podem estar contidos no interior dos grãos de magnésia-cromita eletrofundida ou no contorno dos grãos por meio dos mecanismos de difusão em altas temperaturas.

Desse modo, este capítulo objetiva apresentar características das etapas que ocorrem no processo de refino do aço em RH, focado em uma visão ampla dos materiais utilizados como revestimento refratário em cada região do equipamento, suas características, propriedades típicas e os principais mecanismos de desgastes que ocorrem durante o processo.

5.2 APLICAÇÕES DE TIJOLOS DE MAGNÉSIA-CROMO: SIDERURGIA E NÃO FERROSOS

Os tijolos de magnésia-cromo podem ser utilizados em fornos de cimento, desgaseificadores RH, em indústrias siderúrgicas e indústrias de metais não ferrosos, como na produção de cobre e chumbo. Neste capítulo, serão comentados apenas os refratários cromo-magnesianos utilizados em RH para o mercado de siderurgia.

5.2.1 Funcionalidades e regiões do equipamento

A produção primária do aço é capaz de atender suas especificações gerais, mas não é projetada para a obtenção de aços mais puros e nobres, com propriedades diferenciadas e com alto valor agregado. A produção de aços especiais é feita por meio do refino secundário, na qual as impurezas são removidas por meio da injeção de oxigênio, adição de elementos de ligas, remoção de carbono e gases etc. Os principais contaminantes presentes nos aços são enxofre, fósforo, carbono, oxigênio, nitrogênio e hidrogênio, e elas contribuem para a diminuição da ductibilidade, resistência à corrosão e mecânica dos metais.

O equipamento de desgaseificação RH, representado na Figura 5.2, é essencialmente composto por um vaso superior, intermediário e inferior, duto para adição de elementos de ligas, conjunto de *snorkels* (pernas) e a garganta. O *snorkel* é responsável por promover a entrada do aço para o vaso inferior e o de retornar o aço para a panela na qual ele está inserido.

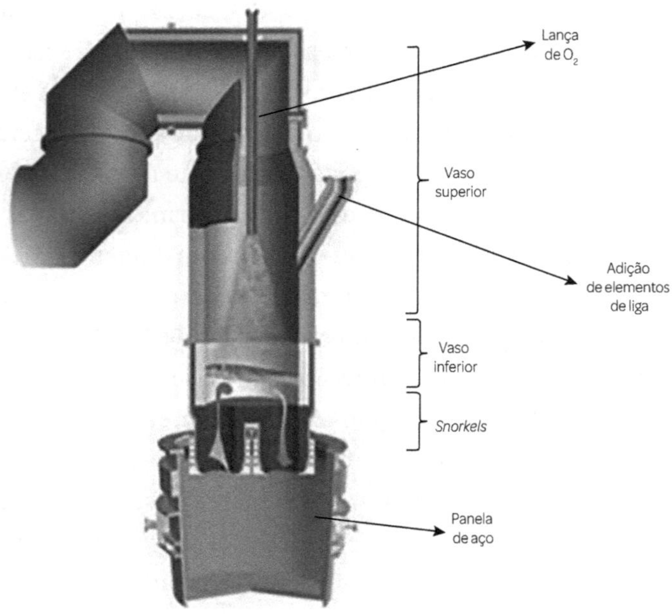

Figura 5.2 Representação esquemática do RH e divisão existente no equipamento.
Fonte: Acervo da RHI Magnesita.

Cada região do RH estará exposta a diferentes solicitações e, assim, diferentes mecanismos de desgaste podem ocorrer. Devido a esse fato, a necessidade de substituir os revestimentos refratários varia conforme o uso do equipamento. Por essa razão, o vaso do RH é compartimentado em regiões para que a manutenção e a troca dos refratários sejam facilitadas. O vaso intermediário, o superior e o duto de saída de gases (*hot off-take*), são regiões em que a exposição é menos agressiva por não estarem em contato direto com o metal e/ou escórias, recebem menor carga térmica e tendem a ter contato apenas com os gases que saem do processo. Na Tabela 5.1, são apresentados os valores médios de campanha para um RH genérico.

Tabela 5.1 Valores médios de campanha de cada região do RH.

Região	Valores médios
Pernas e garganta	~120 – 300 corridas
Vaso inferior	> 300 corridas
Vaso superior	~1500 corridas
Duto de adição de ligas	~750 corridas
Duto *hot off take*	> 3000 corridas

Fonte: Adaptada de RHI Magnesita.

A lança de oxigênio é uma ferramenta indispensável para o bom funcionamento e desempenho do desgaseificador RH. A lança deve estar com a altura devidamente ajustada para evitar o desgaste prematuro do fundo. Outro fator de atenção é quanto ao volume de O_2 soprado durante o refino do aço; além disso, deve-se atentar ao mecanismo de sopro utilizado para a remoção do cascão (*deskulling*), pois quando realizado de maneira incorreta pode trazer danos irreparáveis aos refratários. Por isso, são de extrema importância o gerenciamento adequado do processo e o conhecimento dos parâmetros de cada campanha soprada no interior do vaso para que sejam realizados os ajustes e as correções necessárias visando uma vida mais longa do revestimento refratário e, assim, otimizar a disponibilidade operacional do equipamento e a redução de custos com materiais e insumos para reparos.

As regiões de maior criticidade em todo o equipamento são os *snorkels*, gargantas e fundo. Os *snorkels*, também conhecidos como "perna de subida" ou "perna de descida", são normalmente entregues pré-montados para os clientes e são acoplados à garganta para serem mergulhados no líquido contido dentro da panela de aço.

O conjunto é montado utilizando-se uma carcaça metálica, com refratários de magnésia-cromo com geometrias adequadas e em formato circular. Em alguns tijolos, pequenos orifícios são necessários para que os manguitos de injeção de argônio possam ser posicionados na seção circular do *snorkel*. Concreto refratário de alta alumina é utilizado externamente na carcaça para sua proteção e por apresentar boas propriedades de resistência ao choque térmico. Como auxílio para uma melhor fixação do monolítico externo, chanfros são adicionados à carcaça. A Figura 5.3 apresenta todos os componentes presentes no conjunto.

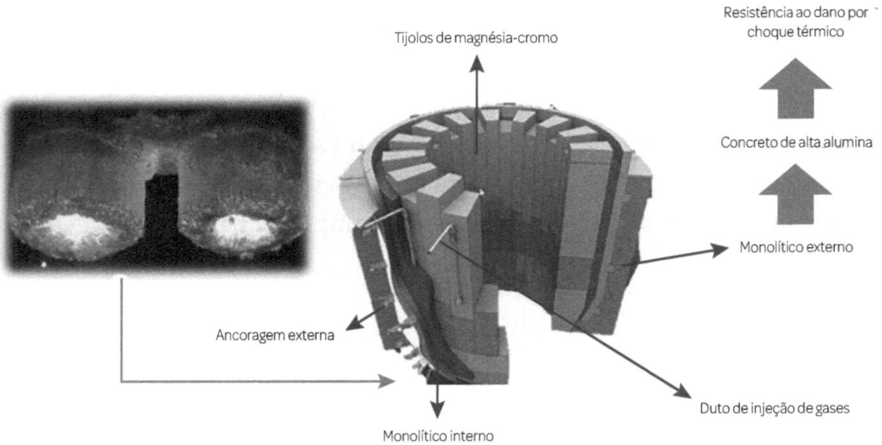

Figura 5.3 Representação esquematica dos constituintes do *snorkel*.
Fonte: Acervo da RHI Magnesita.

Os mecanismos de desgaste presentes no concreto de alta alumina são o choque térmico e o ataque químico pelo metal e/ou escórias. Com o intuito de minimizar o desgaste acentuado dos concretos e aumentar sua vida útil, é comum o uso de projeções de monolíticos. Nesse sentido, diversas ações são realizadas para aumentar a performance e a disponibilidade do equipamento. A Figura 5.4 apresenta algumas possíveis ocorrências de desgaste acentuado nos *snorkels*, seja no concreto aluminosos externo, seja no refratário interno, bem como algumas ações que visam mitigar esses problemas.

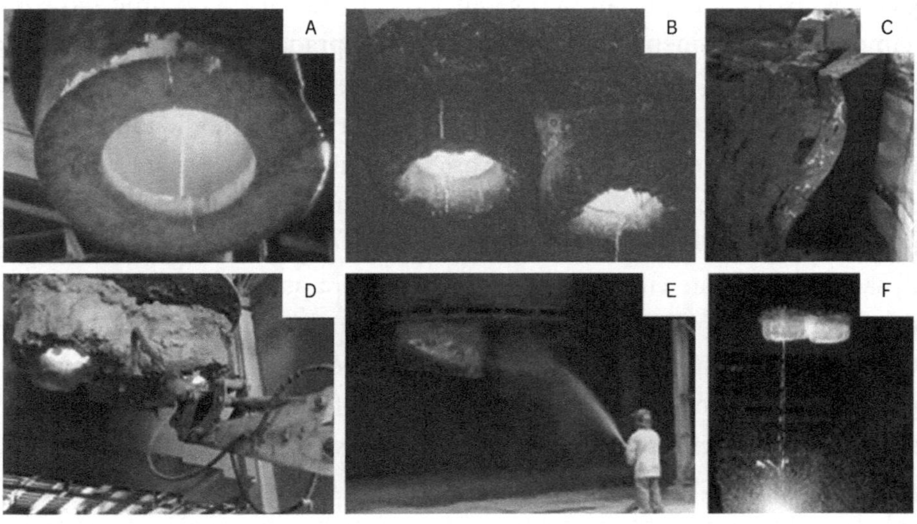

Figura 5.4 Possíveis ocorrências de desgaste acentuado e ações para mitigação dos problemas.
Fonte: Acervo da RHI Magnesita.

A Figura 5.4.A ilustra a abertura de juntas devido ao aquecimento inicial não adequado; esse problema apenas será sanado com a projeção de material monolítico para minimizar a infiltração entre os tijolos e impedir o afastamento do *snorkel* prematuramente. A Figura 5.4.B representa um defeito no concreto externo que é, quase na totalidade dos casos, causado pela remoção mecânica do cascão aderido (Figura 5.4.D). Do mesmo modo, esse problema precisa ser corrigido com a projeção de material particulado por meio do método de *shotcreting*, que consiste em um concreto particulado úmido transportado via uma mangueira e projetado pneumaticamente em alta velocidade sobre uma superfície. O item F da Figura 5.4 é relacionado ao fenômeno de *deskulling* e, conforme mencionado anteriormente, utilizado para remoção de cascão via injeção de O_2 pela lança.

Os *snorkels* são colocados em contato com a panela de aço imersos no metal líquido. A Figura 5.5 ilustra os *snorkels* antes da imersão (a) e, na imagem adjacente, o aço circulando pelo vaso do RH (b).

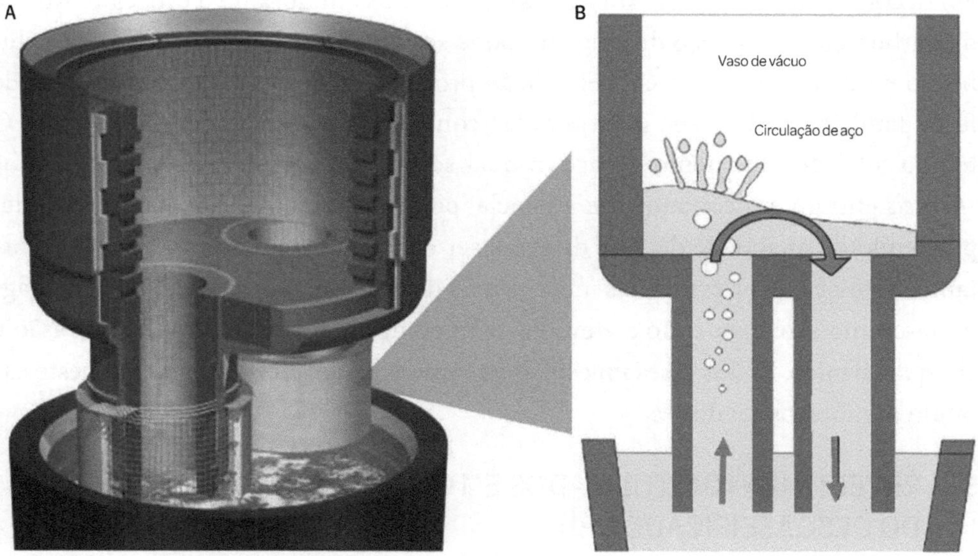

Figura 5.5 Ilustração esquemática antes da imersão das pernas de subida e descida no banho líquido e após imersão, o aço circulando no equipamento.
Fonte: Acervo da RHI Magnesita.

Desde o início do processo, todas as etapas devem ser devidamente conduzidas para minimização do desgaste do refratário e qualidade do aço produzido. A imersão dos *snorkels* no banho deve ser feito de maneira controlada, pois caso eles estejam acima ou abaixo do nível ideal, prejudicará o início da circulação. Quando abaixo do nível, pode ocorrer a entrada de aço em regiões não desejadas do conjunto, como soldas ou acima do concreto aluminoso externo, ocasionando o afastamento precoce dessa região.

Após o líquido encontrar-se na altura indicada, inicia-se o processo de pressurização do equipamento. A exposição contínua do metal à câmara de vácuo é alcançada pela injeção de argônio gasoso no interior da perna de subida para induzir a circulação do metal. Durante o processo, diferentes etapas e reações ocorrem simultaneamente. O carbono presente no metal líquido combina-se ao oxigênio dissolvido para formar monóxido de carbono, sendo a reação acelerada sob condições de vácuo. A taxa de descarburação aumenta quando a pressão é reduzida e quando a área de reação e taxa de circulação são aumentadas. Além da descarburação e desoxidação, ocorre também a desgaseificação (redução dos teores de N e H) do aço líquido. Considerando que o desgaseificador RH um reator de mistura perfeita, espera-se que ocorram homogeneização tanto térmica como química, e a flotação de inclusões não metálicas devido à recirculação do aço líquido.

A injeção de O_2 também contribui para o aumento da temperatura do sistema em decorrência de reações exotérmicas que acontecem durante o processo. Após a descarburação, o balanço de oxigênio pode ser obtido por meio da adição de alumínio e silício metálico e, em seguida ao processo de desoxidação, outras ligas de ferro também podem ser incorporadas conforme necessidades de produção. O tempo total de tratamento do aço, o qual se inicia a partir do momento que os *snorkels* entram em contato com a panela, pode variar entre 15 e 45 minutos, dependendo da qualidade do tipo de aço a ser obtido no final do processo (4). Portanto, nota-se que os principais mecanismos de desgaste presentes nos tijolos magnésia-cromo são: exposição a elevadas temperaturas, corrosão química, abrasão e choque térmico. Todos esses mecanismos serão tratados detalhadamente neste capítulo em tópicos seguintes.

5.3 REVESTIMENTOS UTILIZADOS EM CADA REGIÃO DO DESGASEIFICADOR RH

No Brasil, quase a totalidade dos projetos contemplam a utilização de tijolos magnésia-cromo como revestimento. Existem alguns países que apresentam legislações mais restritivas referentes ao cromo hexavalente, portanto outros materiais precisam ser utilizados, como por exemplo, tijolos básicos contendo carbono como substitutos dos revestimentos contendo matérias-primas com Cr_2O_3.

Os tijolos de magnésia-cromo são classificados em três grandes grupos: liga direta, semirreligados e religados. A diferença entre essas classes se dá pelas matérias-primas adicionadas, sendo que os tijolos são selecionados para revestir regiões específicas devido aos mecanismos de desgaste. Esse tema será abordado mais detalhadamente em tópicos seguintes.

O material selecionado para cada região pode variar conforme o cliente e o projeto escolhido para cada RH, entretanto a Figura 5.6 ilustra um projeto de revestimento comum encontrado nas siderúrgicas brasileiras.

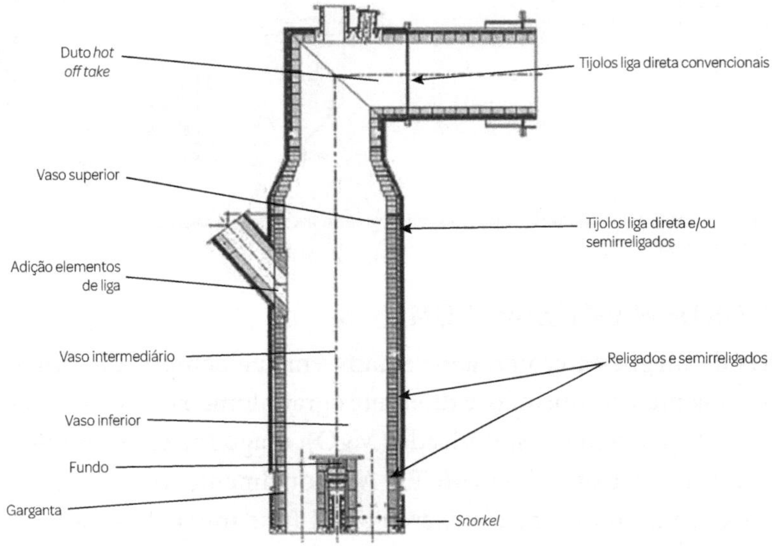

Figura 5.6 Esquematização dos revestimentos aplicados em cada região do desgaseificador RH.
Fonte: Acervo da RHI Magnesita.

Os tijolos de magnésia-cromo são muito utilizados no desgaseificador RH, sendo os tijolos de liga direta aplicados nas regiões menos críticas do equipamento, como o vaso superior. Essa região não têm contato com o aço líquido, e o principal mecanismo de desgaste é o choque térmico devido aos diversos ciclos de aquecimento e resfriamento, e à infiltração de gases oriundos do processo (31). No duto de saída de gases (*hot off take*), tijolos de liga direta menos nobres são aplicados, podendo ser tijolos com adição de reciclados, promovendo a economia circular, ou com adição de matérias-primas menos refinadas e de baixo custo.

O vaso inferior, garganta e *snorkels* são regiões nas quais grande quantidade de refratários é consumida e, normalmente, são revestidos com tijolos religados ou semirreligados, por estarem expostos aos mais severos mecanismos de desgaste. Sendo eles: corrosão devido ao contato e à infiltração de escória e, consequentemente, gradiente de densificação no perfil do tijolo, dando origem às trincas paralelas à face quente do material, o que provoca *spalling* estrutural dos tijolos refratários; mecanismos de choque térmico decorrentes de intermitências térmicas causadas pelos diversos ciclos de desgaseificação; e erosão oriunda da recirculação do aço (7). A Figura 5.7 apresenta o perfil de desgaste das regiões de maiores solicitações do equipamento e os principais motivos dos desgastes.

1. **Parede:** desgaste mais acentuado na altura de 500mm e do lado de descida (impacto).
2. **Fundo:** desgaste acetuado indica menor quantidade de aço dentro do vaso e ou lança muito baixa.
3. ***Snorkel* de subida:** maior desgaste indica a ação do ar durante os tratamentos.
4. ***Snorkel* de descida:** desgaste mais acentuado indica tratamentos com maior passagem de escória.

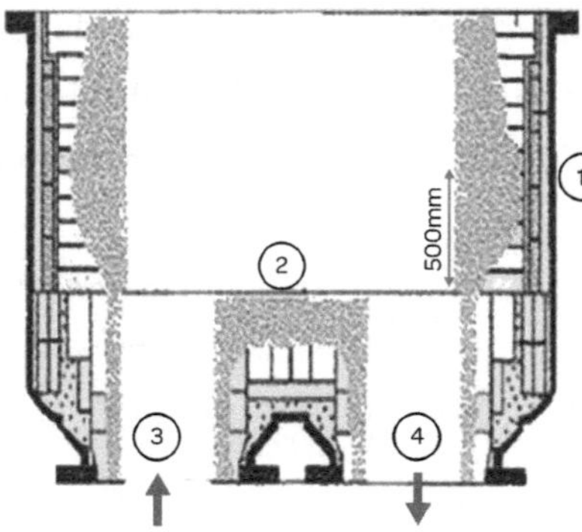

Figura 5.7 Perfil de desgaste dos materiais aplicados nas regiões mais críticas do equipamento.
Fonte: Acervo da RHI Magnesita.

5.4 TIJOLOS DE MAGNÉSIA-CROMO

Os sistemas de magnésia-cromo apresentam, em sua composição, uma combinação de distintas matérias-primas e diferentes granulometrias, sendo as principais: cromita ($FeCr_2O_4$); magnésia sinterizada (MgO); magnésia eletrofundida (MgO); e magnésia-cromita eletrofundida (MCE). Adicionalmente, o sistema ligante escolhido é de extrema importância e exerce papel fundamental no desenvolvimento das propriedades dos materiais após a sinterização, além de garantir uma resistência a verde para que o refratário possa ser manuseado e transportado.

5.4.1 Cromita

O minério de cromo, também conhecido como "cromita", tem uma elevada variabilidade química e física, sendo uma das matérias-primas naturais mais complexas existentes. Sendo composto por grãos de cromo e pela ganga que envolve os cristais da fase primária, ele é a única fonte de cromo e seus derivados disponíveis na natureza e foi descoberto, em 1798, na Rússia e, em 1827, nos Estados Unidos. A partir de 1860, várias outras localidades para beneficiamento desse mineral foram descobertas, entre elas algumas na África, nas Filipinas, em Cuba e na Turquia (9). A cromita ($FeCr_2O_4$), conhecida como "espinélio primário", tem estrutura cristalográfica muito similar ao espinélio alumina-magnésio ($MgAl_2O_4$) e é a fonte principal de cromo em tijolos de magnésia-cromo. "Cromita" é o nome mineralógico do composto $FeCr_2O_4$, mas é um termo utilizado para se referir a qualquer espinélio de fórmula geral $RO.R_2O_3$ que se encontra em solução sólida, onde R representa um metal, sendo os mais comuns, alumínio, ferro, magnésio e cromo (26). A Figura 5.8 apresenta os espinélios presentes na estrutura do minério de cromita e a crescente refratariedade de cada um deles.

Consequentemente ao fato de essa matéria-prima ser proveniente de diferentes regiões, cada cromita apresentará diferenças quanto ao tamanho de cristal, densidade, porosidade, composição química e à quantidade de impurezas.

Figura 5.8 Minério de cromita, espinélios contidos na cromita e refratariedade de cada um deles em ordem crescente.
Fonte: Acervo da RHI Magnesita.

Assim, cromitas com baixas quantidades de SiO_2 e CaO e elevados teores de óxido de cromo são desejáveis para aplicações refratárias. Durante o processo de sinterização, a sílica e o CaO reagem com diferentes componentes presentes na matriz dando origem a diversos silicatos, sendo a refratariedade dos materiais cerâmicos influenciada pela basicidade ou razão CaO/SiO_2 do sistema. Na Figura 5.9, são apresentadas duas microestruturas de minérios de cromita proveniente de regiões distintas.

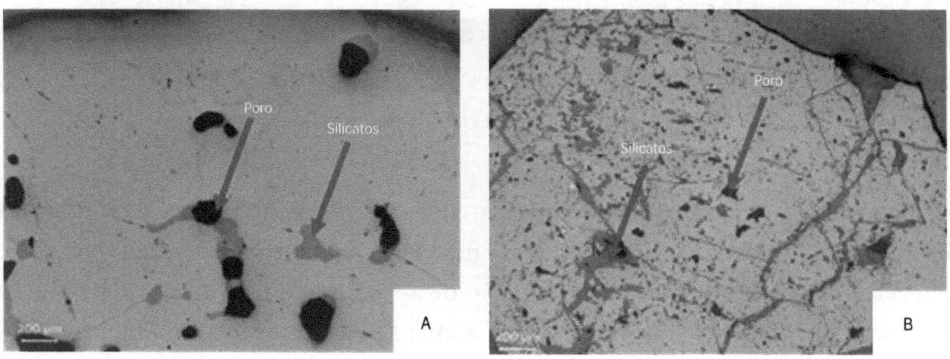

Figura 5.9 Microestrutura de diferentes fontes de cromita.
Fonte: Acervo da RHI Magnesita.

5.4.2 Óxido de cromo verde

Com o objetivo de se elevar o ter de Cr_2O_3 nos tijolos refratários, é comum a adição de óxido de cromo verde ultrafino. Ele colaborará com o melhor empacotamento da composição e, em razão de sua alta área superficial, contribuirá para sinterização e redução da porosidade aparente do tijolo após a queima. Conforme visto na Figura 5.8, o $MgCr_2O_4$ apresenta maior refratariedade, com a adição de Cr_2O_3, ocorrerá a difusão para o interior dos agregados e, assim, aumentará o conteúdo de espinélios secundários, o que melhora as propriedades a quente do material.

5.4.3 Sínter de magnésia

O sínter de magnésia pode ser obtido por meio da calcinação do carbonato de magnésio ou magnesita ($MgCO_3$) ou pela salmoura presente nos oceanos e rica em sulfatos e cloretos de magnésio, ambos após tratamentos térmicos acima de 1800°C (6). As microscopias óticas que podem ser vistas na Figura 5.10 são duas fontes de sínter produzidos por duas rotas distintas. A microestrutura 5.10 (A) é de um sínter de melhor qualidade produzido pelo método de dupla queima do carbonato de magnésio, e a 5.10 (B) é de um sínter de queima única, no qual é possível visualizar a porosidade deixada pelo processo de calcinação e de sinterização em uma única etapa de tratamento térmico.

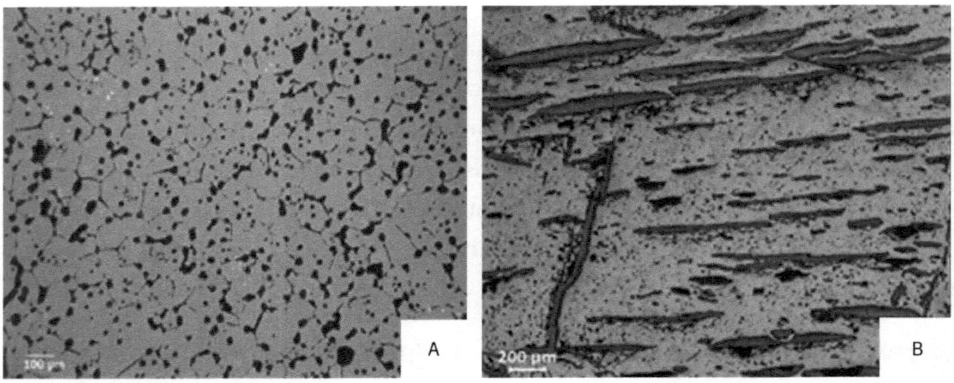

Figura 5.10 Microestrutura de diferentes qualidades de sínter.
Fonte: Acervo da RHI Magnesita.

5.4.4 Magnésia eletrofundida

A magnésia (MgO), também conhecida como "periclásio", é uma das matérias-primas mais utilizadas na fabricação de materiais refratários em razão de sua elevada refratariedade (temperatura de fusão de aproximadamente 2800°C) e alta resistência à corrosão por escórias básicas. A magnésia eletrofundida (Figura 5.11) é

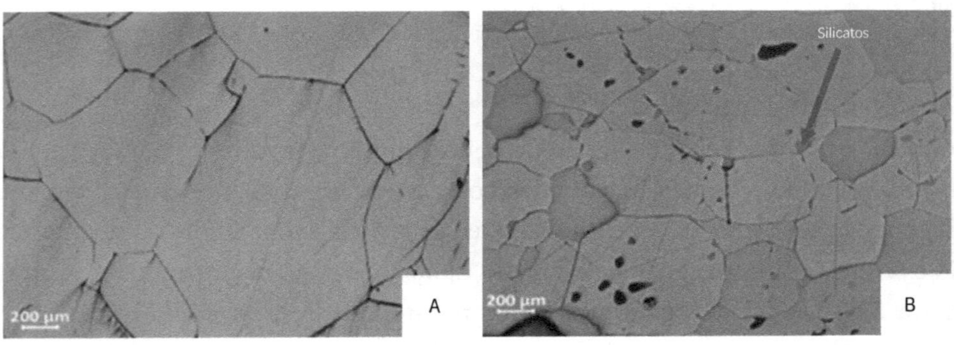

Figura 5.11 Microestrutura típica de um agregado de magnésia eletrofundida.
Fonte: Acervo da RHI Magnesita.

utilizada em materiais religados e semirreligados de magnésia-cromo, sendo obtida pelo processo de eletrofusão do sínter de magnésia ou da magnésia cáustica em temperaturas acima de 2400°C em fornos elétricos a arco.

5.4.5 Magnésia-cromita eletrofundida

Os grãos de MCE são produzidos por meio do processo de fusão dos grãos de MgO e cromita em temperaturas acima de 2400°C, sendo a fusão realizada em um processo semelhante à produção de magnésia e aluminas eletrofundidas, em fornos elétricos a arco (27). O forno elétrico a arco é alimentado com fonte de MgO, frequentemente utilizam-se: o sínter de magnésia e a cromita nas proporções adequadas, sendo o arco elétrico formado entre os eletrodos de grafita responsáveis por garantir a temperatura adequada de fusão, a qual é alcançada em aproximadamente 12 horas (29). O material fundido é resfriado ao ar ou por meio da aplicação de jatos de água, a fim de tornar o processamento mais rápido. A seguir, é cominuído nas frações desejadas. O resfriamento, basculamento ou proximidade dos grãos em relação ao eletrodo influenciam diretamente as características da matéria-prima final como tamanho das inclusões e distribuição dos espinélios secundários. O processo de eletrofusão é esquematizado na Figura 5.12, podendo-se observar o bloco produzido e o resfriamento ao ar.

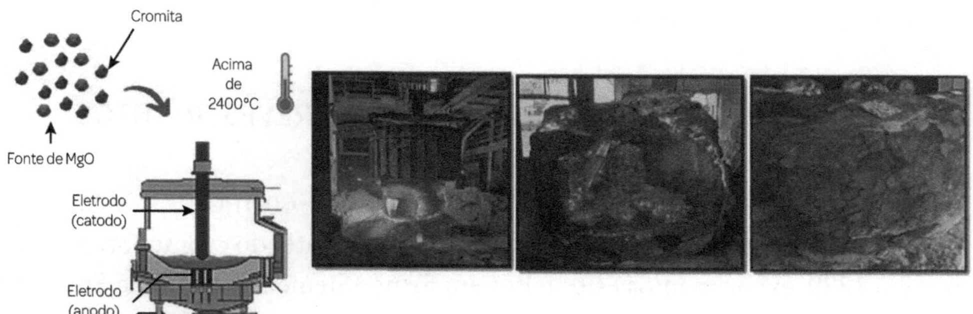

Figura 5.12 Processo de eletrofusão e resfriamento do bloco de MCE.
Fonte: Acervo da RHI Magnesita.

A Figura 5.13.A e B representa a heterogeneidade dos agregados produzidos, pois o centro do bloco apresenta melhor sinterização que as extremidades e apresenta resfriamento mais lento. Na Figura 5.13.C e D, é possível observar a diferença entre a morfologia de inclusões. Essa diferença está diretamente relacionada ao resfriamento lento ou acelerado do bloco de eletrofusão; inclusões menores de espinélios secundários ($RO.R_2O_3$), onde R representa um metal, sendo os mais comuns o alumínio, o ferro, o magnésio e o cromo.

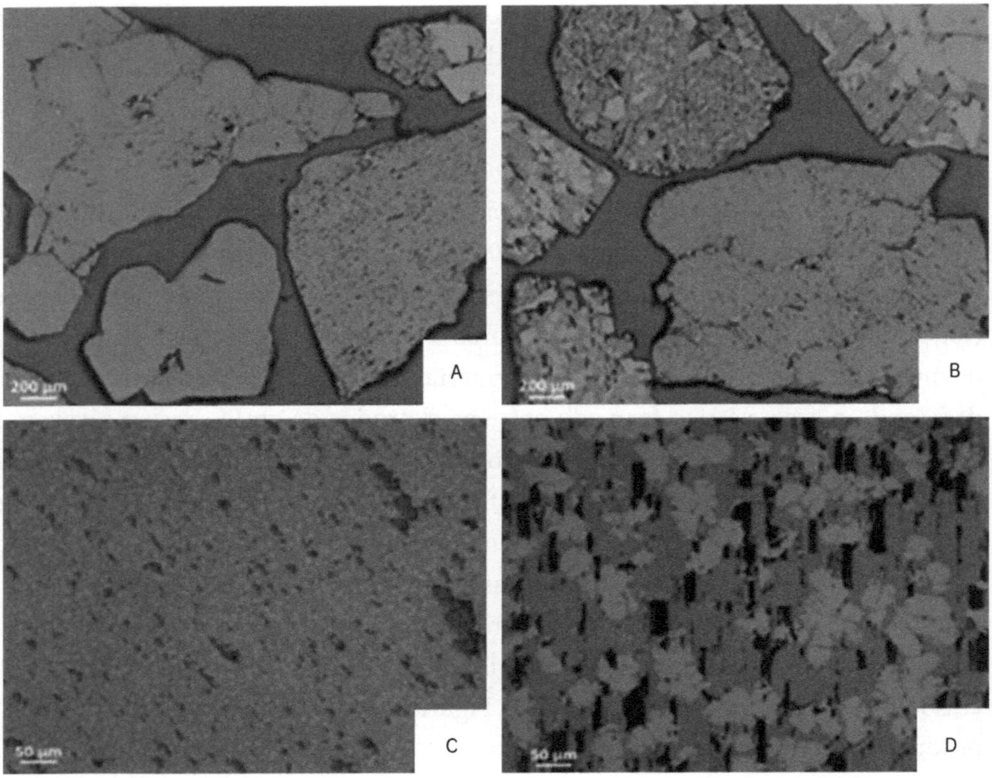

Figura 5.13 Heterogeneidade dos agregados de MCE (A e B) e diferenças nas inclusões presentes de acordo com a taxa de resfriamento, sendo: C) resfriamento rápido; D) resfriamento lento.
Fonte: Acervo da RHI Magnesita.

5.5 TIJOLOS REFRATÁRIOS UTILIZADOS COMO REVESTIMENTOS PARA DESGASEIFICADOR RH

5.5.1 Origem e evolução dos tijolos de magnésia-cromo

Os primeiros registros de experimentos de tijolos contendo cromo foram efetuados em 1879, experimentos estes feitos em fornos Siemens-Martin na França. Na década de 1880, esses tijolos eram comumente utilizados na Rússia e, próximo a 1896, também foram encontrados nos Estados Unidos. Esses tijolos eram moldados, queimados, à base de cromita e continham magnésia, alumina, sílica e óxido de ferro em sua composição. No entanto, problemas relacionados à estabilidade dimensional e à termoclase estrutural (*spalling*) eram responsáveis pelo baixo desempenho desses materiais. Assim, houve a necessidade do desenvolvimento de tijolos com melhores propriedades, o que deu origem aos sistemas de magnésia--cromo (10).

Segundo Alper (1970), o surgimento exato dos tijolos de magnésia-cromo é incerto. Há referências de patentes a partir de 1915, mas registros comerciais foram encontrados apenas após a Primeira Guerra Mundial, em 1930, nos Estados

Unidos, Alemanha e Inglaterra. Devido ao crescente avanço tecnológico e industrial, à medida que o mercado de aço se expandiu e houve a necessidade de aumento das taxas de produções, os tijolos de sílica utilizados nos tetos dos fornos de Siemens-Martin foram substituídos por tijolos queimados de magnésia-cromo (14).

Chesters e Rees, em 1931, foram, provavelmente, os primeiros pesquisadores a descobrirem o potencial dos tijolos de magnésia-cromo queimados, mostrando sua elevada tensão de ruptura frente aos testes de tração em altas temperaturas e elevada estabilidade dimensional quando comparados aos tijolos magnesianos ou à base de cromo comumente utilizados (1).

Desde o surgimento dos tijolos de magnésia-cromo até meados de 1930, eles eram queimados em fornos intermitentes com aquecimentos lentos até 1400°C. As baixas taxas de aquecimento eram responsáveis por ciclos de oxidação e redução, originando elevadas expansões volumétricas nos materiais. Uma vez que a máxima temperatura de queima não era suficiente para garantir as propriedades físicas e mecânicas nos tijolos e as tensões internas não conseguiam ser acomodadas no sistema, trincas eram geradas após o processamento (1). Houve assim, a necessidade de formas de processamento mais eficientes, com a substituição da moldagem manual por prensas hidráulicas ou mecânicas, fator que contribuiu para a obtenção de materiais mais homogêneos e com menos defeitos.

Já os tijolos de magnésia-cromo quimicamente ligados faziam a utilização de compostos contendo sulfatos, silicatos de sódio, cloratos, bentonita e argilas; fator que contribuiu para o aumento de impurezas nos tijolos refratários e formação de fases cristalográficas de baixo ponto de fusão, gerando uma baixa resistência à corrosão e elevada interação com as escórias do processo. Esses tijolos falhavam por lascamentos provenientes de mecanismos de choque térmico e expansões diferenciais oriundas do fluxo de impurezas, além de baixa resistência mecânica em temperaturas intermediárias entre 700 e 1200°C. Portanto, na década de 1960, eles foram substituídos por tijolos de liga direta de $MgO\text{-}Cr_2O_3$ visando um melhor desempenho (28).

Tijolos de magnésia-cromo queimados a elevadas temperaturas são utilizados no refino secundário do aço em desgaseificadores RH. Durante a produção desses materiais cerâmicos, toneladas de gases poluentes são emitidos com um alto gasto energético. Esses sistemas refratários ficaram conhecidos em virtude de suas excelentes propriedades oriundas das eficientes ligações diretas formadas entre MgO-MgO, $MgO\text{-}AB_2O_4$ e a presença dos espinélios secundários formados durante a queima. No entanto, tijolos de magnésia-cromo apenas temperados a 200°C e com ligante especial em sua composição foram desenvolvidos e vêm sendo aplicados em desgaseificadores RH, apresentando elevado desempenho.

5.5.2 Classificação dos tijolos magnésia-cromo: liga direta, semirreligados e religados

A introdução de novas rotas de produção de aço e condições severas de operações resultaram no desenvolvimento de diferentes tijolos de magnésia-cromo queimados em elevadas temperaturas. A tecnologia disponível atualmente classifica os tijolos em liga direta, religados e semirreligados conforme apresentado na Tabela 5.2.

Tabela 5.2 Classificação dos tijolos de magnésia-cromo.

Classificação	Matérias-primas		
	Fonte de MgO	Cromita	Magnésia-cromita eletrofundida (MCE)
Liga direta	+	+	-
Religado	+	-	+
Semirreligado	+	+	+

Fonte: Desenvolvida pela autoria do capítulo.

A variedade das condições operacionais e os processos de instalação levaram a uma série de testes para que os materiais fossem corretamente direcionados a aplicações específicas de cada cliente. A escolha do revestimento, normalmente, é feita em acordo com as propriedades e características de cada produto, vinculada ao custo por desempenho.

5.2.3 Tijolos de magnésia-cromo: liga direta

Os tijolos de liga direta foram comercializados a partir de 1960 e substituíram os tijolos quimicamente ligados aplicados nos fornos Siemens-Martin (8). Esses sistemas refratários contêm sínter de magnésia e cromita, não havendo matérias-primas eletrofundidas na formulação química conforme apresentado na Figura 5.14.

Figura 5.14 Microestrutura típica de refratários de magnésia-cromo de liga direta.
Fonte: Acervo da RHI Magnesita.

Em tijolos de liga direta, durante o processo de sinterização e resfriamento, há a precipitação dos espinélios secundários presentes na fase líquida, nos grãos de MgO ou a cristalização do MgO e espinélios nas fases líquidas de silicatos. Nesse contexto, os silicatos são substituídos por ligações diretas entre os grãos de periclásio-periclásio e periclásio-espinélio (28). Os tijolos de MgO-Cr_2O_3 quando expostos em temperaturas próximas a 1550°C podem apresentar silicatos de magnésio, oriundos da ganga, em torno dos grãos de MgO e Cr_2O_3. Adicionalmente, esses compostos com baixos pontos de fusão podem migrar para a superfície dos grãos de Cr_2O_3 e reagir com o MgO, formando silicatos de maior refratariedade, como a forsterita (2MgO.SiO_2) (32).

A máxima temperatura de queima a que o tijolo refratário pode ser submetido depende da quantidade de sílica presente. Há um grande interesse que o óxido de cromo tenha baixa quantidade de impurezas para que não haja excesso de fase líquida no material. No entanto, a formação dessa fase é capaz de molhar os grãos de magnésia, o que pode contribuir para as trocas iônicas e mecanismos difusionais e dar origem aos espinélios secundários, os quais resultam em elevadas propriedades mecânicas e protegem os grãos de magnésia contra a corrosão. A fim de se obterem elevadas propriedades termomecânicas, temperaturas de queima acima de 1800°C seriam necessárias para tijolos contendo menos de 1% de sílica. No entanto, devido ao elevado custo do processo térmico, os tijolos de liga direta normalmente são queimados em temperaturas entre 1600 e 1750°C e apresentam teores de sílica em torno de 3% (23).

5.2.4 Tijolos de magnésia-cromo: religados

Os tijolos religados de magnésia-cromo surgiram em meados de 1962 nos Estados Unidos. Foram desenvolvidos visando um custo por desempenho melhor que os produtos quimicamente ligados, pois nessa época, os tijolos de liga direta ainda não haviam se estabelecido no mercado. Na década de 1960, uma das principais aplicações desses sistemas era nas paredes laterais dos fornos elétricos a arco, em tetos dos fornos Siemens Martins, desgaseificadores a vácuo e em convertedores Linz Donawitz (LD). Além disso, também eram utilizados na indústria de cobre e cimento (1).

A única diferença na produção dos tijolos religados para os tijolos de liga direta são as fontes de matérias-primas. Segundo Lee e Zhang (17) tijolos religados utilizam apenas matérias-primas eletrofundidas, podendo conter uma fonte de MgO eletrofundida juntamente à magnésia-cromita eletrofundida e queima em temperaturas acima de 1700°C. No entanto, devido a efeitos sinterizantes, baixos teores de sínter de magnésia ou cromita são utilizados. A Figura 5.15 apresenta uma microestrutura típica desses refratários.

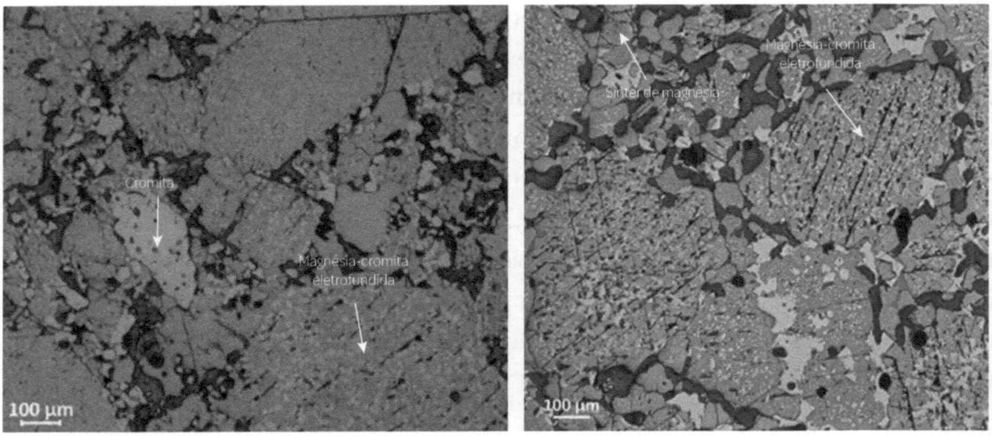

Figura 5.15 Microestrutura típica de refratários de magnésia-cromo religados.
Fonte: Acervo da RHI Magnesita.

Os tijolos religados têm melhores propriedades a quente quando comparados aos tijolos de liga direta, mas apresentam menor resistência a ciclagens térmicas. Nesse sentido, esses materiais têm um custo superior, pois sua composição química contém matérias-primas mais nobres. Assim, sua aplicação deve ser justificada por maior desempenho e produtividade da aciaria.

5.2.5 Tijolos de magnésia-cromo: semirreligados

Os tijolos de magnésia-cromo semirreligados utilizam a magnésia-cromita eletrofundida em menores teores que o dos tijolos religados e a cromita e/ou o sínter de magnésia em maiores quantidades conforme apresentado na Figura 5.16. São queimados em temperaturas próximas a 1700°C (11).

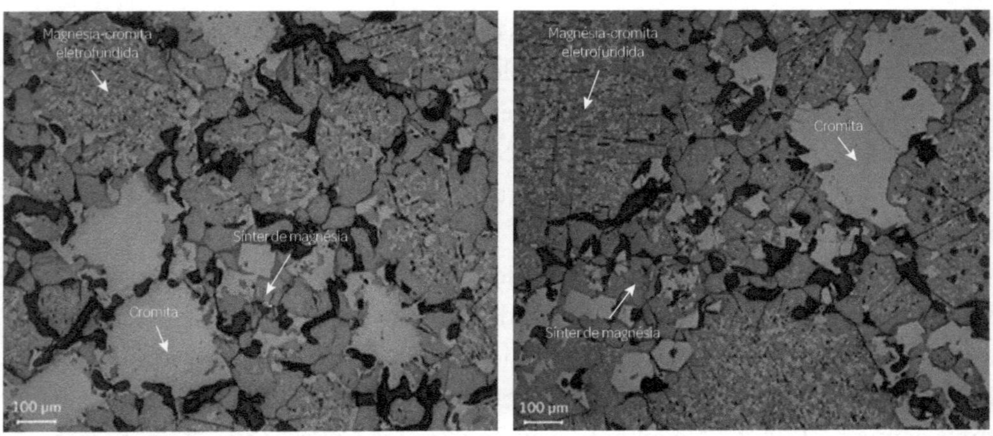

Figura 5.16 Tijolos semirreligados de magnésia-cromo.
Fonte: Acervo da RHI Magnesita.

5.6 ETAPAS DO PROCESSAMENTO DOS TIJOLOS QUEIMADOS DE MAGNÉSIA-CROMO

A produção dos tijolos de magnésia-cromo queimados é feita em distintas etapas conforme apresentado na Figura 5.17, sendo elas: seleção e pesagem das matérias-primas, mistura, prensagem, empilhamento, secagem, queima, desempilhamento, ajustes finais e embalagem dos tijolos.

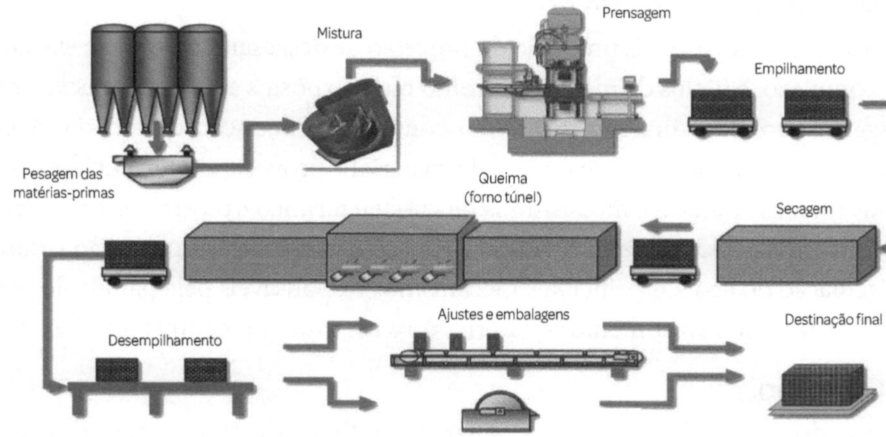

Figura 5.17 Fluxograma do processamento dos tijolos queimados de magnésia-cromo.
Fonte: Acervo da RHI Magnesita.

As propriedades dos materiais cerâmicos são influenciadas pelo empacotamento das partículas que os constituem. A porosidade é uma das medidas que dizem muito sobre o fator de empacotamento, uma vez que ela determina o volume de partículas em determinado volume da amostra. Portanto, fatores de empacotamento altos significam uma baixa porosidade e fatores baixos determinam uma grande quantidade de poros. A técnica de compactação utilizada para a produção dos tijolos refratários é bastante significativa e pode exercer grande influência na resistência do material. Como não há líquido entre as partículas para provocar uma maior mobilidade, o maior empacotamento é obtido quanto mais eficiente for a técnica.

O tijolo refratário após ser prensado deve ser submetido a um processo de secagem denominado "cura", no qual a umidade do tijolo é removida. Nessa etapa, há densificação do material e aumento de sua resistência mecânica a verde, pois há maior atração entre as partículas e, consequentemente, crescimento da força de coesão entre elas. A perda da água livre normalmente é acompanhada por uma contração do material e esta é maior quanto maior for o teor de umidade presente. A velocidade de secagem deve ser controlada a fim de se evitar uma retração excessiva e desuniforme do tijolo e, portanto, prevenir o aparecimento de trincas e defeitos.

Os refratários de magnésia-cromo podem ser queimados em fornos túnel, sendo esse tratamento térmico acima de 1500°C responsável por garantir as ligações diretas entre as matérias-primas e formação dos espinélios secundários. Após a etapa de queima, os materiais podem ser submetidos aos ajustes finais de dimensionamento; em seguida, são embalados e encaminhados para os respectivos clientes.

5.7 MECANISMOS DE DESGASTE DOS REFRATÁRIOS APLICADOS NO DESGASEIFICADOR RH

A obtenção de aços especiais por meio do processo de desgaseificação RH é extremamente complexo, e tijolos de magnésia-cromo estão expostos a diversos mecanismos de desgaste. São eles: corrosão devido ao contato e penetração de escória, dando origem a trincas paralelas à face quente do material e provocando termoclase estrutural nos tijolos refratários; mecanismos de choque térmico decorrentes de intermitências térmicas causadas pelos diversos ciclos de desgaseificação, e erosão oriunda da recirculação do aço. Os principais mecanismos responsáveis pela parada do equipamento e troca do revestimento refratário são a corrosão e o choque térmico.

5.7.1 Corrosão

A maioria dos metais líquidos não é capaz de molhar os materiais cerâmicos, enquanto os vidros, escórias e outros fluxos menos densos, compostos principalmente de silicatos, podem interagir com o sistema de forma prejudicial. O mecanismo de corrosão é muito complexo e envolve processos físicos, químicos e mecânicos agindo de forma simultânea. A resistência à corrosão está relacionada à sua profundidade ou à quantidade de refratário que é removida devido ao contato ou à penetração pela escória. É um dos fatores que mais limitam a vida útil dos revestimentos, sendo que as reações podem acontecer em estado sólido, líquido ou gasoso, ou uma combinação entre estes.

Os capilares presentes nas cerâmicas refratárias, microtrincas e poros são os principais canais de infiltração no material. Sendo a viscosidade do líquido um parâmetro dependente da temperatura, à medida que se caminha em direção à face fria do revestimento, a penetração de escória é dificultada (17). No entanto, agentes fluxantes como o fluoreto de cálcio, CaF_2, podem ser adicionados ao processo a fim de aumentar a fluidez da escória e a produtividade da aciaria. Dessa forma, o meio se torna altamente corrosivo e agressivo para o revestimento cerâmico. Alguns desses agentes são: erosão, abrasão, desgaste químico, dissolução e penetração de componentes conforme na Figura 5.18.

O desgaste químico acontece até que a escória atinja seu grau de saturação nos óxidos presentes, sendo influenciado por sua composição química e fatores cinéticos como tempo e temperatura (13). A infiltração do líquido e as intermitências

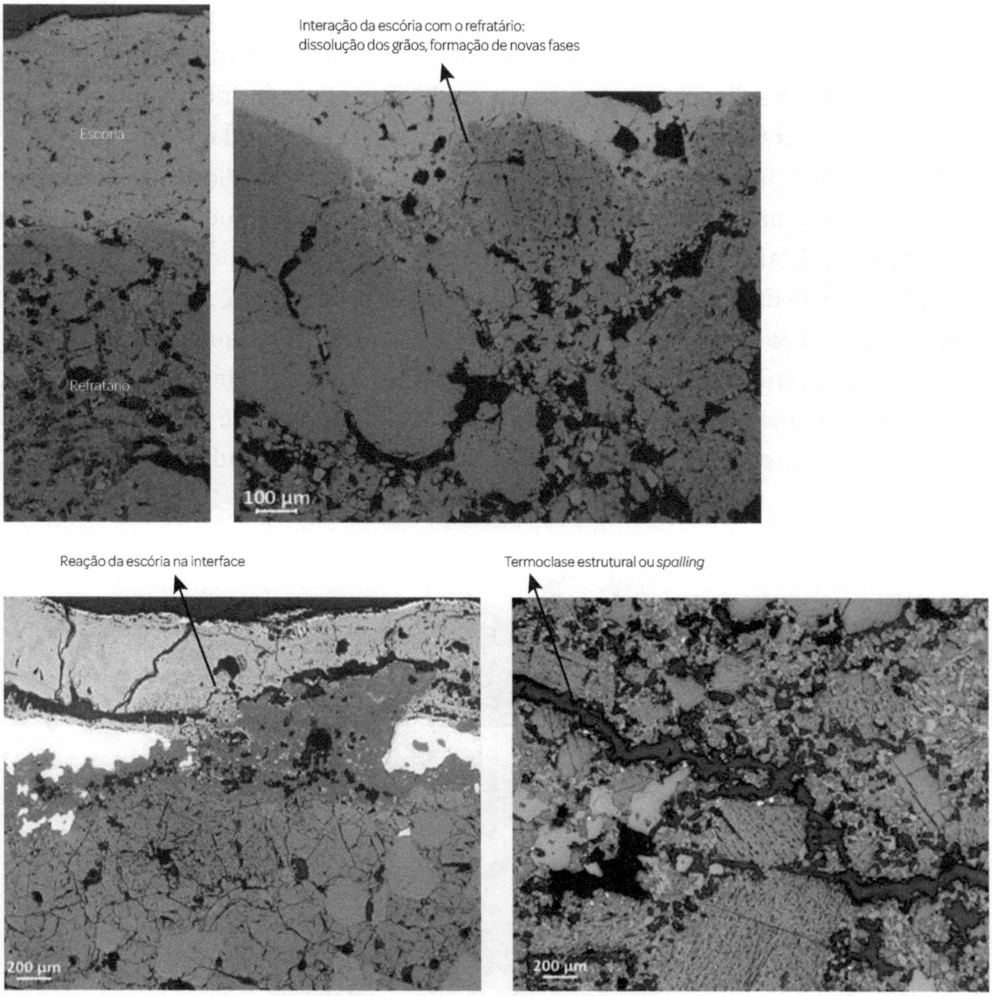

Figura 5.18 Interação da escória com o refratário.
Fonte: Acervo da RHI Magnesita.

operacionais resultam em mecanismos de termoclase estrutural e estresse termomecânico devido à incapacidade do sistema de acomodar todas as tensões geradas. Sendo assim, quanto maior a infiltração de escória, maior a espessura de tijolo deteriorada por termoclase estrutural.

A incorporação de componentes de baixa molhabilidade, como grafita, pode auxiliar na redução do ângulo de contato entre escória e tijolo. A diminuição do volume e do tamanho e a distribuição de poros, por meio de melhorias no processamento ou engenharia de microestrutura, contribuem para minimizar os canais por onde a escória poderia se infiltrar. Além disso, a adição de compostos, por exemplo, Cr_2O_3, pode interagir com a escória aumentando sua viscosidade ou formando misturas eutéticas e soluções sólidas de maior refratariedade (34).

A resistência à corrosão dos tijolos de $MgO\text{-}Cr_2O_3$ é maior quando comparada à dos magnesianos em consequência da complexa rede de espinélios presentes na microestrutura. As diversas estruturas de espinélios presentes nos tijolos de magnésia-cromo interagem de formas distintas com a escória líquida.

A Figura 5.19 ilustra o mecanismo de difusão de íons em tijolos de magnésia-cromo quando em contato com a escória. Os sítios ativos desocupados presentes na estrutura cristalina dos espinélios são ocupados por elementos oriundos da escória, os quais se difundem formando uma solução sólida. Nesse sentido, é possível observar que os componentes da escória, Fe^{2+}/Fe^{3+} e Al^{3+}, migram para a face quente do refratário, enquanto íons de Mg^{2+} e Cr^{3+}, oriundos dos espinélios secundários, são difundidos para a escória (3). Essa migração de íons pode contribuir para o aumento da viscosidade do líquido e, assim, inibir a continuidade da infiltração.

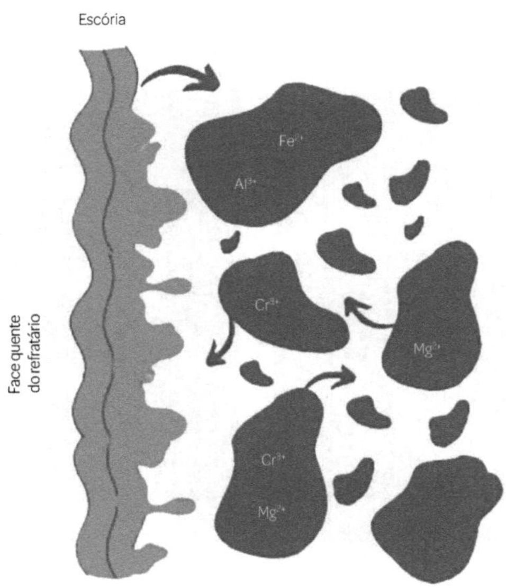

Figura 5.19 Mecanismo de corrosão em tijolos de magnésia-cromo.

Apesar do óxido de cromo (III) ser pouco solúvel em escórias e altamente refratário, outros fatores também são fundamentais para minimizar esse mecanismo de desgaste: textura dos grãos, densidade, porosidade e permeabilidade do material.

5.7.2 Comportamento dos tijolos magnésia-cromo frente à basicidade das escórias

As escórias utilizadas nos processos metalúrgicos provocam diversas mudanças mineralógicas, e todas as reações que acontecem são dependentes da quantidade de óxido de cálcio, da sílica do refratário e dos componentes do líquido escorificante. Na presença de escórias básicas ($CaO/SiO_2 > 1{,}5$), os grãos de magnésia se mostram mais resistentes que os grãos de cromita, pois, apesar da infiltração intragranular, o MgO não se dissolve uma vez que a escória já se encontra parcialmente saturada nesse componente (17).

Em contrapartida, na presença de escórias ácidas, estudos mostram que os grãos grossos de cromita são mais resistentes que os de periclásio e permanecem praticamente intactos. Nesse sentido, os grãos de magnésia são erodidos e dissolvem-se na escória desprendendo-se da face quente do revestimento. Além disso, a interação entre escória-tijolo leva à substituição das ligações diretas presentes na microestrutura por silicatos de alta solubilidade em escórias, como forsterita, o que contribui para o aumento da taxa de corrosão (22). Portanto, a corrosão dos sistemas refratários de magnésia-cromo aumenta com o decréscimo da basicidade da escória (12).

Refratários de magnésia-cromo contendo grãos de magnésia também são resistentes a escórias ricas em óxido de ferro, FeO. Os íons de ferro podem entrar em solução sólida com os grãos de magnésia formando a magnésio-ferrita ($MgFe_2O_4$) e a magnésio-wustita (MgO.FeO). Dessa forma, os cristais de magnésia crescem e tornam-se mais densos, dissolvendo-se com menor facilidade nas escórias. Segundo o diagrama binário da Figura 5.20, na temperatura de 1600°C, é possível observar que o MgO pode acomodar até 70% em massa de FeO sem que ocorra a formação de fase líquida (24).

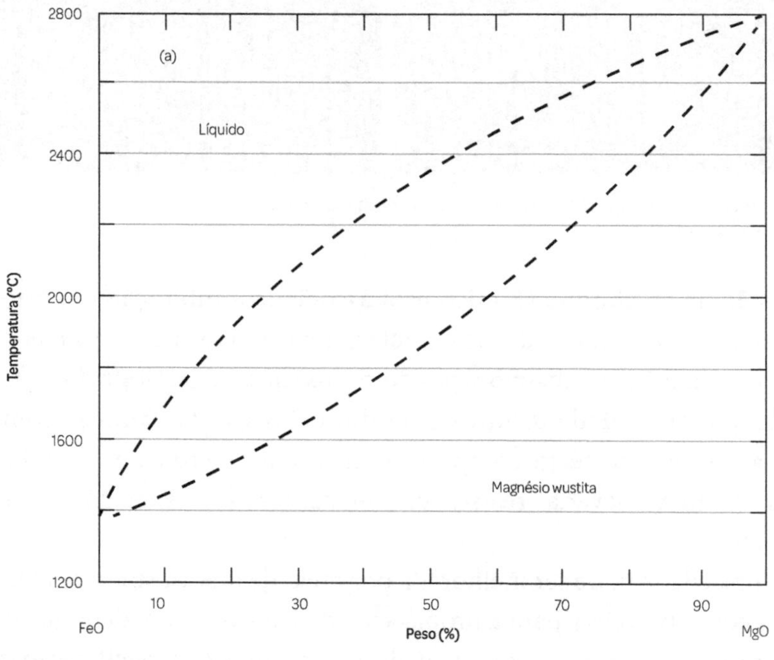

Figura 5.20 Diagrama binário FeO e MgO.
Fonte: Adaptada de (25).

Apesar da literatura reportar a resistência à corrosão dos refratários de magnésia-cromo frente a escórias contendo FeO, a maior presença de íons de ferro e alumínio no interior dos grãos de magnésia, quando comparada à dos íons de cromo, reduz a refratariedade dos espinélios. Além disso, esses íons contribuem para o crescimento dos grãos da face quente do material, podendo causar trincas e *spalling* nos tijolos refratários (17). A resistência ao ataque por escória é influenciada por diversos fatores adicionais, como grau de agitação do banho, viscosidade, temperatura, basicidade do meio e tempo em que o refratário é exposto; assim como a composição química, a textura dos grãos, a porosidade e a permeabilidade do material.

5.7.2.1 Choque térmico

Os refratários estão expostos a intermitências térmicas durante seu uso e quando a tensão gerada no interior do material supera a tensão de ruptura, há a nucleação e propagação de trincas conforme apresentado na Figura 5.21.

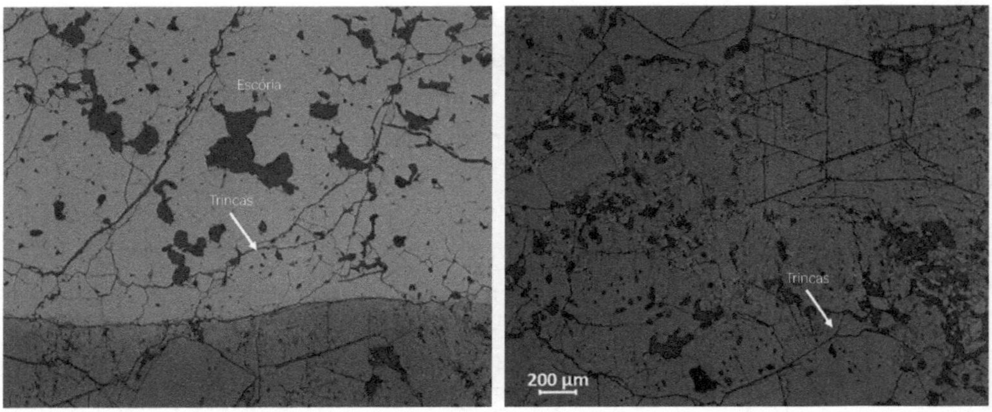

Figura 5.21 Mecanismo de choque térmico em tijolos de magnésia-cromo.
Fonte: Acervo da RHI Magnesita.

A resistência ao choque térmico está associada à interação das trincas com a microestrutura do material e as características físico-químicas das matérias-primas, ao tamanho e à distribuição de poros, fases cristalográficas formadas, densidade, condutividade térmica e módulo elástico. Cerâmicas com elevada resistência ao choque térmico apresentam menor perda de módulo elástico associada a uma elevada resistência mecânica sob variações bruscas de temperatura.

Essa propriedade pode ser melhorada por meio de mecanismos de tenacificação que atuam como barreiras para a propagação de trincas e impedem que o material se frature catastroficamente. Os principais mecanismos de tenacificação nos refratários são a adição de agregados grossos, presença de microtrincamentos, adição de *whiskers*, fases aciculares e presença de fases metaestáveis que podem se transformar comprimindo a ponta da trinca.

Os espinélios de alumina-magnésia ($MgAl_2O_4$), normalmente, são adicionados às composições refratárias visando um ganho frente ao dano por choque térmico. Isso decorre da grande diferença entre os coeficientes de expansão térmica linear (25°C) entre o óxido de magnésio ($14{,}2 \times 10^{-6}$. °C^{-1}) e o espinélio alumina-magnésia (9×10^{-6}.°C^{-1}) presentes na microestrutura, fator que resulta em uma elevada tensão interna acima de 1600°C (33).

Essa tensão ocasiona microtrincamentos ao redor dos grãos de espinélio que podem atuar como mecanismo de tenacificação (2). Por outro lado, a coalescência de trincas, quando em excesso, pode provocar a fratura prematura do material. A formação de espinélios *in situ* quando comparada à adição de espinélios pré-formados pode contribuir para o aumento da expansão volumétrica e da porosidade do refratário devido à formação de microtrincas, melhorando, portanto, a resistência ao choque térmico. No entanto, devem-se evitar as expansões excessivas e perda na resistência mecânica (Mukhopadhyay e Das Poddar, 2004, p. 369-380).

Os tijolos de magnésia-espinélio têm resistência a ciclagens térmicas duas ou três vezes superior quando comparados aos tijolos de magnésia-cromo. Estudos realizados por Maschio e Fabbri (18) em fornos de cimento mostram que esses sistemas são mais resistentes ao meio alcalino, pois os tijolos de magnésia-cromo podem sofrer mais infiltração, formando fases cristalográficas de menor ponto de fusão em elevadas quantidades, como a monticelita. Em fornos de cimento, os compostos cromatos alcalinos formados podem enfraquecer as ligações cerâmicas, o que causa perdas na resistência mecânica e choque térmico, além de possibilitar a difusão de cromo para o clínquer e aumentar os riscos de toxicidade pela formação de cromo hexavalente.

A fim de que os materiais refratários apresentem elevada resistência à corrosão e ao choque térmico, é necessária uma distribuição homogênea de poros pequenos suficiente para tornar o material mais flexível. Esses poros atuam como mecanismos de tenacificação do refratário causando menos danos na resistência mecânica do material, quando comparados à presença de poros grandes (5).

Nesse contexto, materiais que tenham alta energia de fratura e condutividade térmica, presença de microporos, microtrincas, elevada resistência mecânica e baixo módulo elástico são materiais mais flexíveis capazes de suportar melhor os mecanismos de ciclagens térmicas (30).

5.8 TIJOLOS TEMPERADOS DE MAGNÉSIA-CROMO

Tijolos temperados a 200°C de magnésia-cromo foram desenvolvidos e vêm sendo aplicados em desgaseificadores RH, apresentando elevado desempenho. Esse novo sistema tem composição química semelhante à de um produto queimado em temperaturas acima de 1700°C, sendo diferenciado pelo seu novo conceito tecnológico de processamento conforme apresentado na Figura 5.22.

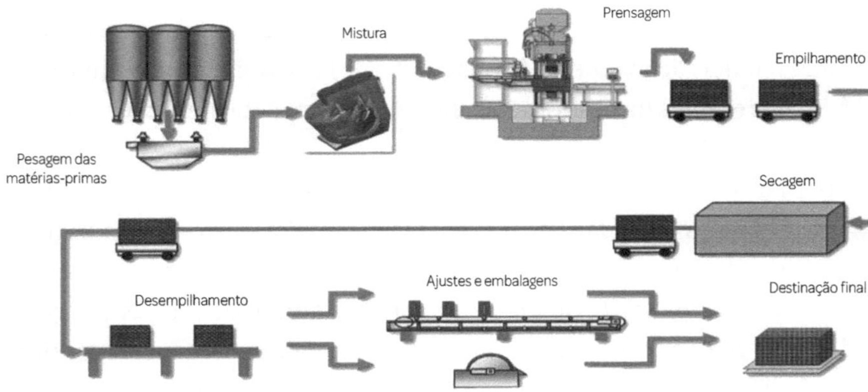

Figura 5.22 Processamento dos tijolos temperados de magnésia-cromo com ligante especial.
Fonte: Acervo da RHI Magnesita.

Os materiais de magnésia-cromo têm a mesma análise química, sendo diferenciados pelo sistema ligante, conforme apresentado na Tabela 5.3.

Tabela 5.3 Composição química dos tijolos de magnésia-cromo.

Matérias-primas	Queimado (1760°C)	Temperado (200°C)
Magnésia-cromita eletrofundida	++++	++++
Cromita	++	++
MgO de alta pureza	+	+
Ligante especial	Não	Sim

Fonte: Desenvolvida pela autoria do capítulo.

O ligante especial utilizado nos tijolos temperados de magnésia-cromo é isento de carbono e ecologicamente correto, sendo capaz de conferir elevada resistência a verde e contribuir para uma antecipada sinterização do material. A maior reatividade do sistema é proveniente de uma hidratação homogênea do MgO e do aumento da área superficial dos grãos quando comparada a uma hidratação convencional. Por meio da utilização da energia térmica disponível durante sua aplicação, o material desenvolve uma microestrutura final muito semelhante à de um produto queimado a 1760°C.

Densidade e porosidade aparentes foram calculadas conforme norma ASTM C20, a resistência à compressão em temperatura ambiente (RCTA) foi medida em acordo com a norma ASTM C113, o módulo elástico foi avaliado em acordo com a norma ASTM C855 e a expansão volumétrica, conforme a noma ASTM C134.

O teste de corrosão foi realizado em um forno de indução após os materiais passarem por um tratamento térmico a 1000°C. A escória utilizada foi faialítica contendo 95% em massa de silicato de ferro (2FeO.SiO_2) e 5% de fluorita (CaF_2). Os materiais ficaram sob um banho metálico em temperatura de 1700°C durante 3 horas. As adições de escórias foram realizadas a cada 30 minutos, a fim de se evitar sua saturação. Após o teste, foi medida a profundidade de corrosão com um paquímetro, e o desgaste foi expresso em porcentagem em relação à dimensão inicial das amostras. O teste ao dano por choque térmico foi realizado após tratamento térmico de 1000°C. As amostras foram inseridas em um forno pré-aquecido em atmosfera oxidante, a 1000°C, onde permaneceram por 30 minutos. Logo em seguida, foram retirados e colocados em uma bandeja com placa de cobre refrigerada a água por 30 minutos. As amostras passaram por 20 ciclos completos e o módulo elástico foi medido após os 1°, 2°, 3°, 5°, 10°, 15° e 20° ciclos. O cálculo da queda do módulo elástico em relação à medida inicial foi realizado.

A Tabela 5.4 apresenta os resultados comparativos de ambos os materiais. As amostras foram caracterizadas como recebidas e após uma queima ou requeima, no caso do material já previamente queimado em forno túnel a 1760°C.

Tabela 5.4 Resultados comparativos entre tijolo convencional de magnésia-cromo queimado a 1760°C e tijolo temperado a 200°C.

	Queimado (1760°C)	Temperado (200°C)
	Como recebido	
Densidade (g/cm³)	3,40	3,39
Porosidade (%)	10,3	6,2
RCTA (MPa)	86,3	78,3
Módulo elástico (GPa)	109	104
	Após 1000°C	
Densidade (g/cm³)	-	3,33
Porosidade (%)	-	11,9
RCTA (MPa)	-	57,1
Variação volumétrica (%)	-	0,38
Módulo elástico (GPa)	-	41
Índice de corrosão (%)	25,2	27,1
	Após 1400°C	
Densidade (g/cm³)	-	3,36
Porosidade (%)	-	11,7
RCTA (MPa)	-	86,4
Variação volumétrica (%)	-	0,05
Módulo elástico (GPa)	-	51

(Continua)

Tabela 5.4 Resultados comparativos entre tijolo convencional de magnésia-cromo queimado a 1760°C e tijolo temperado a 200°C. (*Continuação*)

	Queimado (1760°C)	Temperado (200°C)
	Após 1600°C	
Densidade (g/cm³)	-	3,37
Porosidade (%)	-	10,6
RCTA (MPa)	-	100,7
Variação volumétrica (%)	-	0,01
Módulo elástico (GPa)	-	45

Fonte: Adaptada de RHI Magnesita.

Inicialmente, a densidade é similar para ambos os materiais, mas a porosidade aparente é menor para o material temperado, uma vez que o material ainda não passou pelo processo de sinterização e o sistema ligante não foi completamente removido. A partir do momento que a temperatura aumenta, as propriedades físicas de ambos os sistemas se tornam similares. Apesar do volume de poros do material temperado não sofrer alterações entre 1000 e 1600°C, observa-se uma redução no módulo elástico, fator que contribui para uma melhor resistência ao dano por choque térmico conforme apresentado na Figura 5.23.

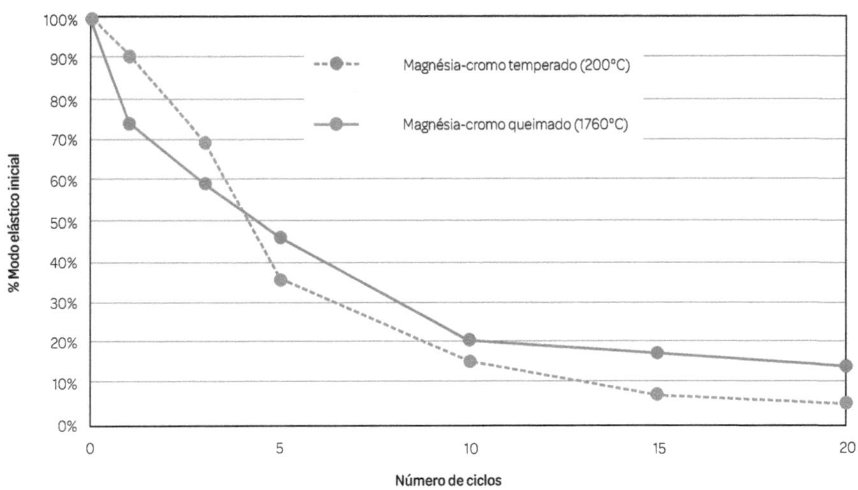

Figura 5.23 Dano por choque térmico.
Fonte: Adaptada de RHI Magnesita.

As propriedades mecânicas do tijolo temperado são similares às do material queimado. Conforme apresentado na Figura 5.24, observa-se que as microestruturas de ambos os materiais também são similares, sendo possível identificar as ligações diretas entre os grãos e a formação dos espinélios secundários.

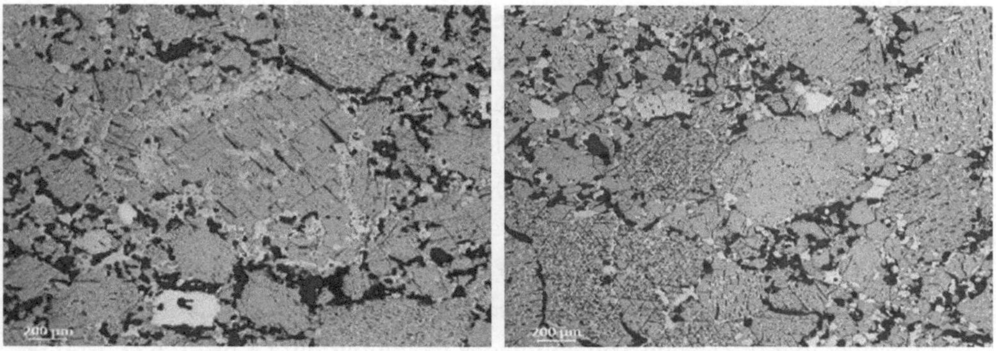

Tijolo de magnésia-cromo queimado (1760°C) — Refratário de magnésia-cromo temperado (200°C)

Figura 5.24 Microestrutura comparativa dos tijolos de magnésia-cromo queimados e temperados com ligante especial.
Fonte: Acervo da RHI Magnesita.

Tijolos de magnésia-cromo queimados a elevadas temperaturas são utilizados no refino secundário do aço em desgaseificadores RH. Durante a produção desses materiais cerâmicos, toneladas de gases poluentes são emitidas com um alto gasto energético. Nesse contexto, a redução dos impactos ambientais e a busca por materiais ecologicamente mais corretos têm sido uma das forças motrizes das indústrias.

5.9 FORMAÇÃO DE CROMO HEXAVALENTE

A formação de cromo hexavalente é influenciada pelas interações dos compostos de cromo com diferentes substâncias sob determinadas condições de operação e pode ser entendida pelo âmbito da termodinâmica e da cinética química. O cromo tem distintos estados de oxidação e os mais comuns são apresentados na Tabela 5.5.

Tabela 5.5 Estados mais comuns de oxidação do cromo.

Grau de oxidação	Composto químico
+2	Cr^{2+}
+3	Cr_2O_3, Cr^{3+}
+6	CrO_3, CrO_4^{2-}, $Cr_2O_7^{2-}$

Fonte: Desenvolvida pela autoria do capítulo.

A formação do cromo hexavalente dificilmente é oriunda do óxido de cromo (III) em aquecimento; em geral, ele se forma na interface escória-tijolo em temperaturas abaixo de 1228°C, ou em contornos de grão, onde há a presença de silicatos de cálcio. Fatores como basicidade do meio (CaO/SiO_2), temperatura, atmosfera, pressão parcial de oxigênio e granulometria das matérias primas influenciam na taxa de formação desse componente.

Em meios ácidos na presença de sílica e fosfatos, a formação de Cr^{+6} é menor. Em contrapartida os meios básicos, na presença de metais alcalinos e metais alcalinos terrosos, atmosferas oxidantes e redução de temperatura, têm a cinética de reação favorecida. Nesse contexto, uma forma natural de obtenção do cromo hexavalente de forma acelerada é a oxidação do cromo trivalente na presença de agentes oxidantes como óxido de estrôncio (SrO), óxido de magnésio (MgO), óxido de cálcio (CaO), óxido de bário (BaO), potássio e sódio. Entre os elementos da família 1A e 2A da Tabela Periódica, o cálcio é o elemento que mais influencia a formação de cromo hexavalente sob determinadas condições de temperatura (19).

A Figura 5.25 ilustra o diagrama de equilíbrio binário entre CaO e Cr_2O_3, em que é possível identificar que, sob condições de temperatura e pressão constantes, o cromo hexavalente pode estar presente em três fases distintas: $9CaO.4CrO_3.Cr_2O_3$ formada em temperaturas entre 800 e 1228°C; $3CaO.2CrO_3.2Cr_2O_3$ entre 900 e 1022°C; e $CaO.CrO_3$ abaixo de 900°C. No entanto, devido à baixa quantidade de óxido de cálcio presente em composições refratárias representada pela linha pontilhada à direita, o Cr^{6+} é encontrado em apenas duas fases.

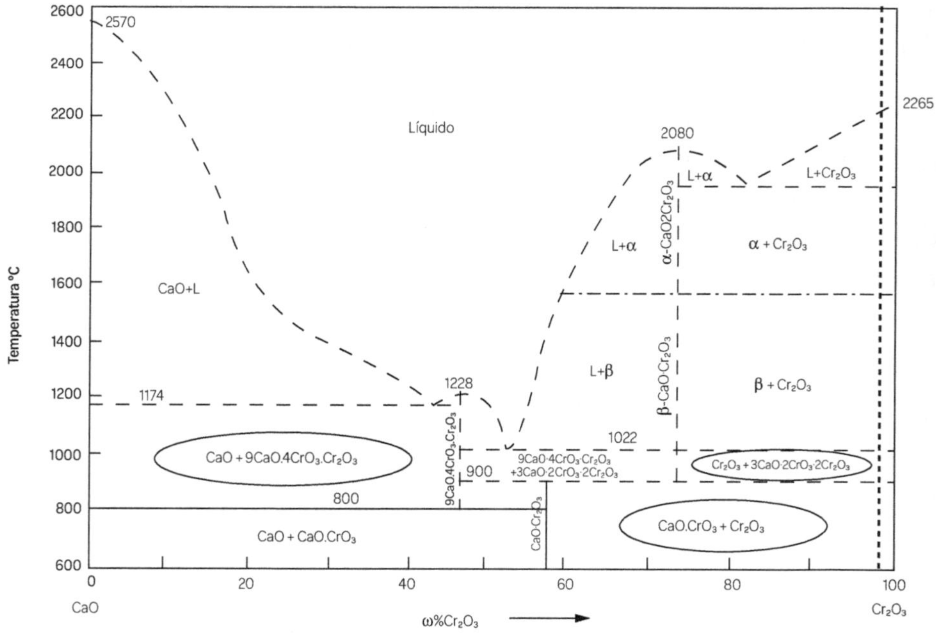

Figura 5.25 Diagrama binário CaO-Cr_2O_3.
Fonte: Adaptada de (16).

O aumento na quantidade de CaO favorece a formação do cromo hexavalente, pois haverá maior quantidade de cálcio livre e o equilíbrio químico será deslocado no sentido de formação dos produtos. Além disso, a adição de fluorita também contribui consideravelmente para o aumento da concentração de cromo hexavalente, pois interage de forma similar com o sistema de MgO-Cr_2O_3.

Escórias à base de aluminato de cálcio, caráter básico, são muito utilizadas em razão da alta capacidade de absorver componentes de enxofre e alumina do banho metálico. Por meio da interação das escórias e dos refratários, é possível observar a dissolução do MgO e partículas de cromita na interface tijolo-escória e, em temperaturas abaixo de 1228°C, há a formação de Cr^{6+}. Escórias com caráter ácido contendo silicatos de cálcio restringem a formação de cromo hexavalente (16).

O aumento da concentração de cromo hexavalente é influenciada por uma lenta taxa de resfriamento dos equipamentos e pelas diversas intermitências térmicas presentes no processo. Em temperaturas entre 700 e 1200°C, observa-se aumento da formação de Cr^{6+} consequente à presença de $3CaO.2CrO_3.2Cr_2O_3$ e $CaO.CrO_3$. Já em temperaturas próximas a 500 e 700°C, há uma diminuição na concentração desse composto em consequência da limitada cinética de reação entre o CaO e Cr_2O_3 (16).

O cromo hexavalente se forma entre os grãos de cromita e os silicatos de cálcio presentes no sistema refratário, grãos de cromita e magnésia cromita eletrofundida com granulometria mais finas contribuem para o aumento na concentração de Cr^6, pois apresentam maior área superficial e, portanto, maior área de contato com os silicatos de cálcio facilitando as trocas iônicas entre os compostos presentes.

Devido à carcinogenicidade do cromo hexavalente, torna-se importante reduzir a taxa de formação desse componente. A taxa de formação de Cr^{6+} torna-se menor na presença de alumina (Al_2O_3), óxido de ferro (Fe_2O_3) e sílica (SiO_2), esses componentes combinam-se com os metais alcalinos ou metais alcalinos terrosos, o que favorece a redução do cromo hexavalente em cromo trivalente (19. Nesse contexto, a utilização de escórias com caráter mais ácido, por exemplo, escórias de silicato de cálcio diminuem a formação de Cr^{6+}.

A atmosfera inerte ou redutora durante o uso ou fabricação dos tijolos refratários, a elevada granulometria da cromita em formulações refratárias e as elevadas taxas de resfriamento também são fatores que podem minimizar a oxidação do cromo trivalente (20).

Acesse as imagens coloridas do capítulo.

REFERÊNCIAS

(1) ALPER, M. A. *Refractory materials*. v. 5-1. New York and London: Academic Press, 1970.

(2) AKSEL, C.; RILEY, F. L. *Magnesia-spinel ($MgAl_2O_4$) refractory ceramic composites*. Ceramic-Matrix Composites, CAKSEL. Anadolu University, Turkey and F L Riley, University of Leeds, UK 359-399, 2006.

(3) BERJONNEAU J.; PRIGENT P.; POIRIER J. The development of a thermodynamic model for Al_2O_3–MgO refractory castable corrosion by secondary metallurgy steel ladle slags. *Ceramics International*, v. 35, n. 2, p. 623-635, 2009.

(4) BISWAS, S.; SARKAR, D. Introduction to refractories for iron and steelmaking. *Springer Nature Switzerland AG*. Switzerland, 2020.

(5) CHEN, S. K.; CHENG, M. Y.; LIN, S. J.; KO, Y. C. Thermal characteristics of Al_2O_3-MgO and Al_2O_3-spinel castables for steel ladles. *Ceramics International*, v. 28, n. 7, p. 811-817, 2002.

(6) CHOWDHURY, A.; RASUL, M. G.; KHAN, M. M. K. Thermodynamic processes and characterisation of dead burned magnesia: a review. *Recent Advantages in Energy & Environment Thermodynamic*, p. 344-349, 2002.

(7) CZAPKA, Z.; SKALSKA, M.; ZELIK, W. *Mechanism of wear of refractory materials in snorkels of RH degasser and the possibilities for their reduction*. 9th Biennial Wordwide Congress on Refractories, Proceedings of the Inified International Technical Conference on Refractories: UNITECR, 2005.

(8) DAVIS, B.; WALTHER, F. H. Direct bonding of basic brick. *Journal of the American Ceramic Society*, v. 47, n. 3, p. 116-122, 1964.

(9) DITTÃO, H. C. A. *Quantificação de cromo em lodo galvânico*. Trabalho de Conclusão de Curso (Nome do Curso) – Instituto Municipal de Ensino Superior de Assis, IMESA, 2011.

(10) ENGEL, R. *Chrome bearing refractories: is there a future?* Institute of Refractories Engineer, IRE, p. 19-21, Maio 2010.

(11) FERREIRA, L. L. H. C. Desenvolvimento de agregados eletrofundidos para utilização em refratários para a zona de queima de fornos de cimento. Tese (Doutorado em Ciências na Área de Tecnologia Nuclear) – Instituto de Pesquisas Energéticas e Nucleares, IPEN, Autarquia Associada à Universidade de São Paulo, São Paulo, 2006.

(12) GUO, M.; PARADA, S.; SMETS, S.; JONES, P. T.; DYCK, J. V. A. N.; Blanpain, B.; Wollants, P. *Laboratory study of the interaction mechanisms between magnesia-chromite refractories and Al_2O_3 rich VOD slags*. VII International Conference on Molten Slags Fluxes and Salts, The South African Institute of Mining and Metallurgy, p. 327-336, 2004.

(13) JONES, P. T.; BLANPAIN, B. P.; WOLLANTS, HALLEMANS, B. *Chemical interactions of magnesia-chromite refractories with liquid phases during the secondary refinement of stainless steel*. Fifth International Conference on Progress in Analytical Chemistry in The Steel And Metals Industries, European Comission. The European Committee for the Study and Application of Analytical Work in the Steel Industry (CETAS), p. 601-609, 1998.

(14) LEE, W. E.; MOORE, R. E. Evolution of in situ refractories in the 20th century. *Journal of the American Ceramic Society*, v. 81, n. 6, p. 1385-1410, 1998.

(15) LEE, Y.; NASSARALLA, C. L. Minimization of hexavalent chromium in magnesite-chrome refractory. *Metallurgical and Materials Transactions B: Process Metallurgy and Materials Processing Science*, v. 28(5), p. 855-859, 1997.

(16) LEE, Y.; NASSARALLA, C. L. Formation of hexavalent chromium by reaction between slag and magnesite-chrome refractory. *Metallurgical and Materials Transactions B: Process Metallurgy and Materials Processing Science*, v. 29(2), p. 405-410, 1998.

(17) LEE, W. E.; ZHANG, S. Melt corrosion of oxide and oxide-carbon refractories. *International Materials Reviews*, v. 44, n. 3, p. 77-104, 1999.

(18) MASCHIO, R. D.; FABBRI, B. Industrial applications of refractories containing magnesium aluminate spinel, *Industrial Ceramics*, v. 8, n. 3, p. 121-126, 1988.

(19) MAO, L.; GAO, B.; DENG, N.; LIU, L.; CUI, H. Chemosphere oxidation behavior of Cr (III) during thermal treatment of chromium hydroxide in the presence of alkali and alkaline earth metal chlorides. *Chemosphere*, v. 145, p. 1-9, 2016.

(20) NATH, M.; SONG, S.; LI, Y.; XU, Y. Effect of Cr 2 O 3 addition on corrosion mechanism of refractory castables for waste melting furnaces and concurrent formation of hexavalent chromium. *Ceramics International*, v. 44(2), p. 2383-2389, 2018.

(21) NEVES, L. C. *Avaliação dos efeitos da injeção de gás na câmara de vácuo do modelo físico de um desgaseificador RH*. Dissertação (Mestrado em Engenharia Metalúrgica e de Minas) - Universidade Federal de Minas Gerais, Escacola de Engenharia da UFMG, Belo Horizonte, 2008.

(22) NIKOO, S. A., ROSHNFEKR, S.; FARD, G. F. The effect of slag basicity on corrosion of refractories in copper converter. *UNITECR*, v. 1, p. 514-524, 2001.

(23) PAGLIOSA, C.; CAMPOS, A.; BORGES, B.; MADALENA, V.; PANDOLFELLI, V. C. *Novel tempered MgO-Cr_2O_3 bricks with zero C binder for RH degasser*. Proceedings of the Unified International Technical Conference on Refractories: UNITECR, 2019.

(24) RIZZO, E. M. S. *Introdução aos processos de refino secundário dos aços*. São Paulo, 2006.

(25) SAMPAIO, J. A.; ANDRADE, M. C.; PAIVA, P. R. P. Rochas e minerais industriais. *CETEM*, p. 351-373, 2005.

(26) SCHEUNIS, L.; FALLAH, M. A.; CAMPFORTS, M.; JONES, P. T.; BLANPAIN, B.; JAK, E. The effect of phase formation during use on the chemical corrosion of magnesia-chromite refractories in contact with non-ferrous PbO-SiO2 based slag. *Journal of the European Ceramic Society*, v. 34, n. 6, p. 1599-1610, 2014.

(27) SERRY, M. A.; OTHMAN, A. G. M.; GIRGIS, L. G.; WEISWEILER, W. Phase equilibrium, microstructure and properties of some magnesite-chromite refractories. *Journal of Materials Science*, v. 31, n. 18, p. 4913-4920, 1996.

(28) SHAND, M. A. *The chemistry and technology of magnesia*. John Wiley & Sons, INC., Hoboken, New Jersey, 2006.

(29) SINGH, D. K.; GHOSH, P. G. P.; SARKAR, D. S.; GHOSH, N. B *Development of direct bonded magnesita chrome for cooper industry*. Proceedings of International Colloquium on Refractories, Aachen, Germany, v. 29-30,1998.

(30) VIERTAUER, A; MUTSAM, N.; PERNKOPF, F.; GANTNER, A.; GRIMM, G.; WINKLER, W. *Refractory condition monitoring and lifetime prognosis for RH degasser.* AISTech 2019: Proceedings of the Iron & Steel Technology Conference, p. 1081-1090, USA, 2019.

(31) XU, L.; CHEN, M.; WANG, N.; GAO, S.; WU, Y. Degradation mechanisms of magnesia-chromite refractory bricks used in oxygen side-blown reducing furnace. *Ceramics International*, v. 46, n. 11, p. 17315-17324, 2020.

(32) YI, W.; HUAZHI, F.; CHELSEY, L. Z.; ZHIGANG, M.; SHUNLI, S.; LONG-QING, C.; PAUL D. J.; ZI-KUI L. First-principles lattice dynamics, thermodynamics, and elasticity of Cr_2O_3. *Surface Science*, v. 606, p. 1422-1425, 2012.

(33) ZHAOYOU, C. Refractories for RH degasser and ways of improving their lining life. *China's Refractory, CHNR*, v. 19, n. 2, 2010.

Capítulo 6
REFINO SECUNDÁRIO:
REFRATÁRIOS PARA ALUMINOTERMIA

Roberto de Paula Rettore
Siguero Oscar Matsuda
Carlos Henrique Soares

6.1 INTRODUÇÃO AOS SISTEMAS DE ALUMINOTERMIA

Os sistemas de aluminotermia, sem vácuo, são hoje amplamente utilizados na indústria siderúrgica. São equipamentos que fazem parte da etapa de refino secundário dos aços. Esses equipamentos, instalados na panela de aço, permitem a realização de operações de aquecimento da corrida, adição de ligas, reações de dessulfuração, ajuste da composição química, entre outras. Uma das particularidades do sistema de aluminotermia, como o próprio nome indica, é a utilização do alumínio metálico como reagente químico para a etapa de aquecimento do banho. A queima do alumínio, mediante o uso de uma lança de oxigênio, é uma reação altamente exotérmica, possibilitando taxas de aquecimento da ordem de 8 a 10°C por minuto. Por isso, os sistemas de aluminotermia são uma alternativa ao forno panela. Existem diversos projetos de sistemas de aluminotermia, sendo os mais difundidos:

- **CAS-OB:** do fabricante DEMAG, significa *Composition Adjustment System – Oxygen Blowing*, isto é, Sistema de Ajuste da Composição Química, Injeção de Oxigênio.
- **AHF:** fabricado pela Danieli e significa *Aluminium Heating Facility*, ou seja, Sistema de Aquecimento Via Alumínio.

- **IR-UT:** projeto da Sumitomo, significa *Injection Refining, Up Temperature*, os seja, Refino por Injeção e Elevação da Temperatura.

6.2 COMPONENTES REFRATÁRIOS

Todos os sistemas de aluminotermia utilizados no refino secundário dos aços se compõem de componentes refratários, a saber, um conjunto de *snorkels* e um conjunto de lanças:

- **Conjunto de *snorkels*:** tem a função de criar uma zona isenta de escória no topo do metal líquido. É essa região que será utilizada para as reações de aquecimento e de refino propriamente ditas. A Figura 6.1 ilustra um conjunto de *snorkels* do AHF.
- ***Snorkel* superior:** parte do *snorkel* acima da região do banho metálico. No CAS-OB e no AHF, é também denominado "sino" devido ao formato cônico. O *snorkel* superior trata-se de uma carcaça metálica, revestida de concreto refratário na parte interna, para proteção das elevadas temperaturas geradas pela reação de aluminotermia.
- ***Snorkel* inferior:** parte do conjunto de *snorkel* que efetivamente mergulha no metal líquido. Portanto, ele é constituído de uma estrutura metálica interna, revestida em concreto refratário tanto externa como internamente.

Figura 6.1 Conjunto de *snorkels* do AHF.
Fonte: Acervo da RHI Magnesita.

- **Lança de oxigênio:** presente em todos os sistemas de aluminotermia, a lança de injeção de oxigênio (Figura 6.2) trabalha acima do nível do banho metálico e centralizada dentro do conjunto de *snorkels*.
- **Lança de argônio:** presente principalmente quando a aciaria não dispõe de sistema de rinsagem por plugue no fundo da panela de aço. Em situações de presença do plugue, fica em *stand-by* para situações de não rinsagem do plugue. A lança de argônio mergulha no banho metálico quase até a região do fundo da panela para que a agitação do banho seja intensificada.
- **Lança de injeção de pós-dessulfurantes:** nas situações em que reações de dessulfuração demandam uma agitação maior entre os pós dessulfurantes e enxofre dissolvido no aço.

Figura 6.2 Lança de oxigênio.
Fonte: Acervo da RHI Magnesita.

6.3 PROJETO DAS PEÇAS REFRATÁRIAS

É de extrema importância o design da peça, que inclui a estrutura metálica, o sistema de ancoragem e a espessura do revestimento refratário. As dimensões externas das peças são, muitas vezes, definidas pelo usuário em virtude das limitações de espaço nos equipamentos. Uma regra básica é projetar a peça com a menor quantidade de metal possível. A estrutura metálica deve manter sua rigidez nas condições de utilização. Para isso, um sistema de reforços estruturais se faz necessário. A evolução da estrutura metálica e do sistema de ancoragem, na maioria das vezes, é fruto da observação *in loco* e de maneira empírica. Cada vez mais se utiliza também a análise por elementos finitos para a otimização da estrutura metálica.

- **Estrutura metálica:** no caso de *snorkel*, podem ser utilizadas chapas ou telas expandidas (Figura 6.3). No caso de lanças, os tubos são, geralmente, sem costura. Para lanças de oxigênio, pode-se utilizar um tubo ou dois tubos concêntricos. No segundo caso, o oxigênio é injetado pelo tubo interno e o nitrogênio é injetado entre os dois tubos concêntricos. Isso tem dois propósitos – o de tornar o jato de oxigênio o mais coerente possível e o de se resfriar o tubo interno, aumentando a vida útil da lança.

A espessura da parede dos tubos é calculada a partir do *momentum* no qual a lança será submetida. Isso varia, caso a caso, em função do comprimento da lança, do tipo de injeção e da turbulência na região de saída. Fazem parte, da estrutura metálica, os reforços, que podem ser cantoneiras ou barras soldadas a ela. Os reforços são distribuídos de maneira a criar menos tensões; em lanças, utilizam-se três ou quatro reforços, distribuídos radialmente a 120º ou 90º, respectivamente. O reforço, às vezes, é mais vantajoso que a adoção de uma estrutura mais robusta e deve ser analisada a relação custo-benefício, caso a caso.

Figura 6.3 Estrutura metálica do *snorkel* inferior IR-UT.
Fonte: Acervo da RHI Magnesita.

- **Ancoragem:** são diversos os tipos de ancoragem utilizados, os mais comuns são âncoras em V ou Y. A distribuição das âncoras se faz de maneira a não criar planos preferenciais, uma vez que a as âncoras se tornam pontos de tensões que se transformam em trincas no concreto refratário. O comprimento da âncora é definido pela espessura do concreto e varia de ½ a $^{2}/_{3}$ desta. Âncoras muito pequenas não sustentam a camada de concreto e âncoras muito longas provocam trincamento excessivo.
- **Balanceamento por espessura e por qualidade:** a espessura de concreto deve ser calculada a fim de proteger a estrutura metálica do aquecimento excessivo

e de suportar o desgaste por erosão e corrosão de modo a se obter um tempo de vida útil da peça. Além da qualidade em si do concreto refratário, sua interação com a estrutura é de vital importância para o desempenho da peça. O formato externo, como dito anteriormente, é, muitas vezes, imposto pelas restrições dos equipamentos. Nos projetos em que é possível trabalhar com espessuras diferentes por região, diz-se "balanceamento por espessura". Nesse caso, o concreto refratário utilizado tem a mesma composição em toda a peça. No caso em que não se pode trabalhar com mais de uma espessura, pode-se diferenciar as zonas de trabalho com materiais diferentes, diz-se "balanceamento por qualidade". Tanto o balanceamento por qualidade como o por espessura são mais comuns em lanças de argônio e de injeção de pós. Nestas, existe, na maioria dos casos, um reforço na região do bico e na linha de escória, que são as regiões submetidas às maiores solicitações termomecânicas e químicas.

6.4 CONCRETOS REFRATÁRIOS

Os refratários utilizados em *snorkel* e lanças são concretos refratários.

Concretos aluminosos são os mais difundidos para a aplicação em peças submetidas a ciclo térmico excessivo e são amplamente utilizados nos sistemas de aluminotermia. Devido às condições operacionais, de elevada temperatura e da presença de escória na panela de aço, os concretos refratários são de alto teor de alumina, acima de 85% de Al_2O_3. Nesses concretos, utilizam-se matérias-primas de elevada qualidade, com baixo teor de impurezas, como o bauxito calcinado, aluminas fundidas e/ou sinterizadas e mulitas fundidas e/ou sinterizadas. Com relação ao teor de cimento, os concretos utilizados são, na maioria dos casos, de baixo a ultrabaixo teor de cimento. A Tabela 6.1 mostra a classificação dos concretos aluminosos quanto ao teor contido de cimento. Os concretos de baixo teor de cimento se caracterizam pela quantidade de CaO entre 1% e 3%. Isso equivale a uma adição de 3% a 10% de cimento aluminoso. Concretos de ultrabaixo teor de cimento são aqueles nos quais a adição de cimento aluminoso é inferior a 3%, ou seja, o teor de CaO é menor que 1%. A quantidade de cimento está diretamente relacionada à quantidade de água necessária para a moldagem do concreto. Os concretos de baixo teor de cimento têm um bom balanço entre as propriedades físicas e a resistência ao choque térmico. Além disso, apresentam maior refratariedade uma vez que as fases ternárias gelenita ($2CaO.Al_2O_3.SiO_2$) e anortita ($CaO.Al_2O_3.2SiO_2$) são minimizadas.

Tabela 6.1 Classificação dos concretos refratários quanto ao teor de cimento.

Concretos aluminosos	% CaO		% Cimento	Porosidade
	Mínima	Máxima		
Médio teor de cimento	2,5	-	10 a 20	Elevada
Baixo teor de cimento	1,0	2,5	3 a 10	Média
Ultrabaixo teor de cimento	0,2	1,0	1 a 3	Muito Baixa
Sem cimento		0,2	<1	Baixa

Fonte: Norma européia EN 1402-1:2003 Unshaped refractory products – Part 1: Introduction and classification.

Um parâmetro importante na concepção dos concretos refratários é o tamanho do grão máximo utilizado. O grão máximo deve ser compatível com a espessura refratária do revestimento. Grãos mais grosseiros tendem também a aumentar a resistência ao dano por choque térmico, e grãos mais finos tendem a aumentar a resistência à erosão. No caso de *snorkel* e lanças, por serem refratários de grandes dimensões e de espessuras relativamente grandes, os grãos de 19mm e de 10mm são os mais utilizados. A Tabela 6.2 apresenta alguns concretos aluminosos utilizados em lanças e *snorkel*.

Tabela 6.2 Concretos aluminosos utilizados em *snorkel* e lança.

	Lança argônio	Lança oxigênio	Lança região fora banho	*Snorkel* inferior
Al_2O_3	89	94	62	88
SiO_2	6	3	30	7
$Fe_2O_3 + TiO_2$	1	1	3,5	0,8
Cr_2O_3	3			3
CaO	1	0,6	4	1
Fibras metálicas	3%	3%	-	3%
Diâmetro máximo grão	19mm	8mm	10mm	19mm
Densidade (g/cm^3)	3,2	3,2	2,35	3,1
Porosidade aberta (%)	15	13	18	14
RCTA (MPa)	40	35	60	45

Fonte: Desenvolvida pela autoria do capítulo.

Outro aspecto muito importante é a capacidade do concreto de suportar os ciclos de choque térmico, evitando a propagação catastrófica provocada pela propagação de trincas. Cada vez mais a engenharia de microestrutura é importante. Alguns mecanismos para aumento da resistência à fratura são utilizados, por exemplo, introduzindo-se pequenos defeitos, como microtrincas. A utilização de matéria-prima de diferente expansão térmica em relação à matriz do concreto é ilustrada na Figura 6.4. No primeiro caso, um grão de elevada expansão, por exemplo, quartzo ou zircônia, provoca tensões na matriz, originando microtrincas.

Essas microtrincas agem como defeitos relaxadores de tensões, impedindo a fratura de se propagar. O inverso também é utilizado, ou seja, matéria-prima de baixa expansão térmica, por exemplo, sílica fundida ou mulita, na qual se forma um vazio entre essa matéria-prima e a matriz. Esse vazio também age na supressão da propagação da trinca oriunda da fratura do material. Também muito utilizada para aumentar a resistência à fratura dos materiais é a adoção de uma curva granulométrica com *gaps*. Esse conceito é muito utilizado em construção civil, com a adoção de um grão grosseiro de elevada resistência (brita) seguido de um material fino (areia) e um ligante (cimento Portland).

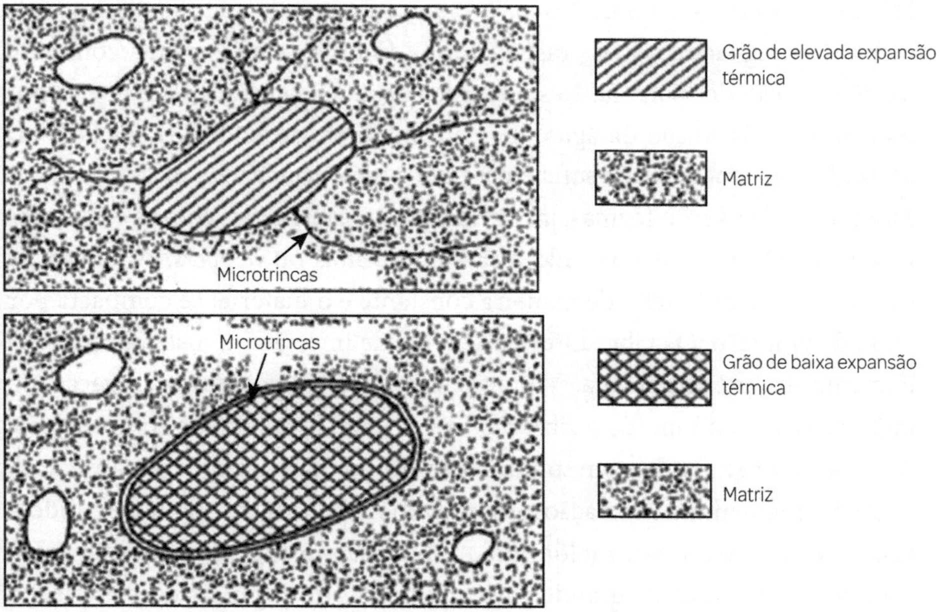

Figura 6.4 Mecanismos de aumento da tenacidade à fratura via engenharia de microestrutura.
Fonte: Adaptada de (1).

Por último, a adição de fibras metálicas também aumenta a tenacidade dos concretos de maneira significativa. A melhoria de dá com adição de apenas 1% dessas fibras, o teor ideal fica entre 2% e 4%. Uma quantidade maior de fibras (acima de 6%) dificulta a moldagem das peças e o efeito desejado não é obtido. Existem várias qualidades de fibras metálicas no mercado e estas devem ser selecionadas em relação à composição química, resistência à oxidação, formato, comprimento e aspecto de forma. Cada situação tem de ser analisada em função também da relação custo-benefício que se deseja.

Apesar de não muito difundidos para a aplicação em lanças e *snorkel*, concretos básicos têm sido analisados e, em casos específicos, têm resultados superiores aos aluminosos.

6.5 FABRICAÇÃO DOS REFRATÁRIOS PARA ALUMINOTERMIA

A fabricação dos refratários de aluminotermia é similar à produção de peças pré-moldadas. O processo inclui o premix seco dos constituintes, seguidos da mistura a úmido, da moldagem, da desmoldagem, da cura ao ar e da secagem. Um detalhamento dessas etapas é dado a seguir:

- **Mistura a seco:** nessa etapa, os constituintes devem ser pesados individualmente e transportados para um misturador. A mistura se faz absolutamente a seco e o material, após homogeneização, é descarregado para *big bags* de diferentes capacidades.
- **Mistura a úmido:** são utilizados misturadores de elevada intensidade, normalmente com agitadores e pás raspadeiras, a fim de promover uma constante movimentação do material. Nessa etapa, a água é adicionada de maneira homogênea. Após adição da água, de 4 a 5 minutos, dependendo dos aditivos utilizados no concreto, são suficientes para a reologia ideal da massa.
- **Moldagem:** faz-se em formas, já previamente posicionadas com as estruturas metálicas. O material é vertido através de calhas ou *hoppers*. A adição de material na forma é feita de maneira constante e o material se compacta por meio de vibração. Os vibradores podem ser de imersão ou instalados, externamente, na própria forma. Vibração excessiva pode gerar segregação do material dentro do molde e vibração insuficiente gera falta de compactação. A vibração deve resultar em um movimento do material apenas na vertical. Desbalanceamento da vibração gera movimentos na horizontal, perdendo a eficiência do processo de moldagem. Ao final da moldagem, a vibração suave garante a eliminação de grande parte das bolhas de ar presas no material. A desmoldagem se faz, no mínimo, após 24 horas, esse tempo depende do tamanho da peça, da qualidade do concreto refratário e das condições climáticas. Por serem peças de grandes dimensões, é importante que a desmoldagem se faça após o material ter atingido uma resistência suficiente para permitir o manuseio e o transporte da peça verde.
- **Secagem:** um tratamento térmico se faz necessário para a eliminação da água livre e da água combinada. Isso é importante uma vez que esses refratários iniciam a operação quase sempre sem nenhum aquecimento prévio. Curvas de secagem até 350ºC são adotadas para essa etapa. O tempo e patamares são ajustados de acordo com o tamanho da peça e o tipo de concreto. Termopares são instalados nas primeiras peças a fim de se conhecer o perfil térmico obtido. A eficiência de secagem pode ser facilmente monitorada pelo peso inicial e final das peças nessa etapa.

- **Embalagem:** por último, as peças são embaladas com filme plástico e dispostas em engradados de madeira de maneira a evitar danos mecânicos durante o transporte (Figura 6.5).

Figura 6.5 Lanças prontas para transporte.
Fonte: Acervo da RHI Magnesita.

6.6 MECANISMOS DE DESGASTE

É de suma importância o conhecimento dos mecanismos de desgaste para que se possa trabalhar no aprimoramento dos materiais e das estruturas metálicas. Esse conhecimento se faz mediante estudos *post mortem*, mas também em análise *in loco*. A Figura 6.6 ilustra mecanismos de desgaste típicos em uma lança de injeção de pós. Nem sempre é possível testar os refratários, em laboratório, em que os mecanismos de desgaste estejam atuando de maneira conjunta. Além dos mecanismos de desgaste usuais de concretos refratários, *snorkels* e lanças, por terem estrutura metálica, são expostos também às interações decorrentes de dilatações diferentes desses constituintes.

- **Trincas:** na maioria das aplicações, é inevitável o trincamento dos concretos decorrentes dos ciclos de choque térmico. No caso específico, as trincas também são formadas consequentemente à expansão dos metais presentes na estrutura, como reforços e âncoras. Trincas horizontais em lanças se formam pela ação da gravidade, das âncoras e de empeno; enquanto trincas longitudinais ou verticais se formam pela dilatação do tubo. Devido ao ciclo operacional de sucessivos aquecimentos e resfriamento, as trincas tendem a abrir, criando espaços para a infiltração de metal e escória. Essa infiltração, pode, em casos extremos, atingir a tubulação, o que determina o fim da vida do material.
- **Empeno:** também é frequente o empeno da estrutura em razão de seu sobreaquecimento e de sua vibração excessiva. A Figura 6.7 ilustra o aquecimento

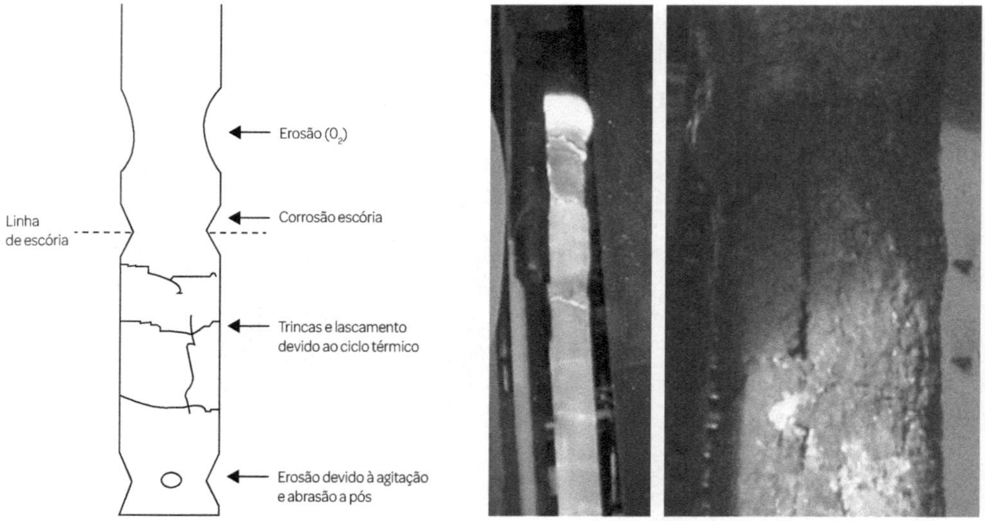

Figura 6.6 Principais mecanismos de desgaste de lanças.
Fonte: Adaptada de (1).

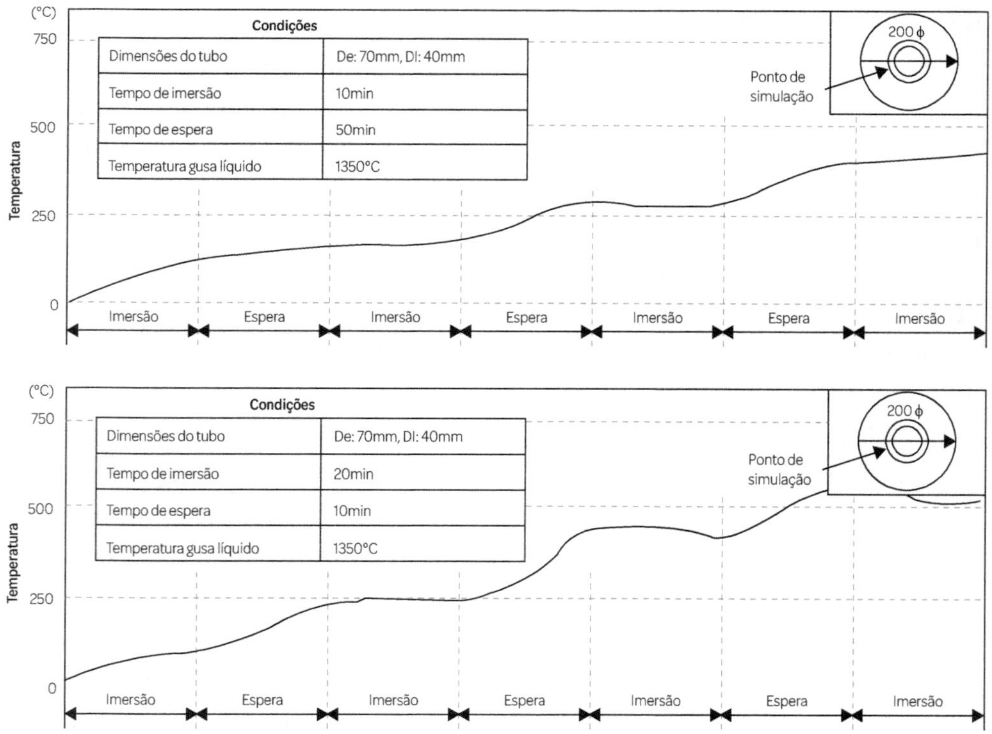

Figura 6.7 Temperatura do tubo em função do número de imersões.
Fonte: Adaptada de (2).

progressivo da estrutura metálica à medida que o número de imersões aumenta. Uma contramedida a esse fenômeno é o resfriamento forçado do tubo, na fase de espera, por meio da injeção de nitrogênio ou mesmo de ar comprimido.

- **Corrosão/erosão:** pode ocorrer na região em contato com a escória, mas também sob efeito da lança de oxigênio. Desgaste observado na ponta da lança devido à agitação do banho na saída ou mesmo à ação do pó dessulfurante no corpo da lança.

6.7 CONSIDERAÇÕES FINAIS

Refratários para sistemas de aluminotermia são produtos funcionais, como *snorkels* e lanças. São fabricados por pré-moldagem de concretos aluminosos e contêm estrutura metálica, disposta de um sistema de ancoragem. A interação da estrutura metálica com o refratário é fator crucial e o aprimoramento se dá, na maioria das vezes, de maneira empírica ou por observação *in loco*.

A vida/performance depende de vários fatores intrínsecos e extrínsecos ao refratário. A Figura 6.8 mostra o efeito das condições operacionais na vida de lanças.

Um balanço por qualidade e por espessura se faz necessário a fim de se otimizarem a performance e o custo-benefício desses materiais.

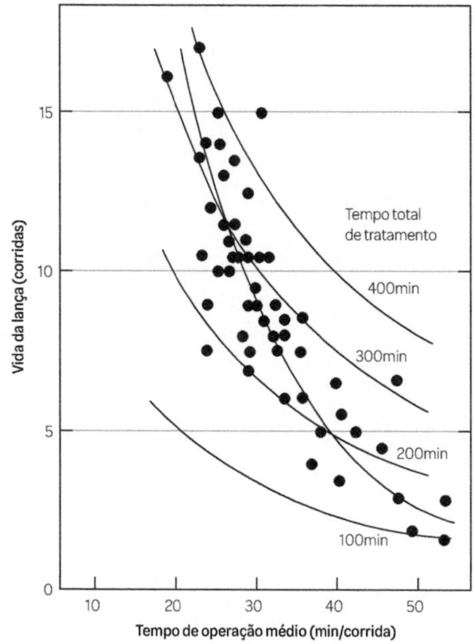

Figura 6.8 Vida da lança em função do tempo médio de operação.
Fonte: Adaptada de (1).

Acesse as imagens coloridas do capítulo.

REFERÊNCIAS

(1) KANESHIGE, T. Operational conditions and wear mechanisms of lance pipes for iron and steel treatments. *Journal of the Technical Association of Refractories*, Japan, 2001.

(2) MATSUNAGA, T. *et al. Effect of core pipe and castable on spalling resistance of lance pipe*. Communication from Krosaki-Harima Corporation, Japan, 1994.

Capítulo 7

REFRATÁRIOS PARA O DISTRIBUIDOR DE AÇO

Adriana Mendes Corrêa
Alessandro Prenazzi

7.1 INTRODUÇÃO

No processo de lingotamento contínuo, o distribuidor de aço é um recipiente intermediário que serve como reservatório para possibilitar o sequenciamento de corridas, tornando o processo contínuo. Além de conter, distribuir e controlar a velocidade de transferência de aço líquido para os veios da máquina de lingotamento contínuo, o distribuidor é o último equipamento em contato com o aço líquido antes do molde. Por isso, esse equipamento tem uma função importante para a limpidez do aço removendo inclusões não metálicas e evitando a geração de novas inclusões. As inclusões que podem ser formadas no distribuidor são geralmente provenientes de reoxidação, arraste de escória e interação com os materiais refratários.

O revestimento refratário do distribuidor possui três camadas de materiais (revestimento isolante, revestimento de segurança e revestimento de trabalho) (Figura 7.1), podendo conter peças refratárias especiais, denominadas "mobiliário" (barragens, diques e inibidores de turbulência), que visam modificar o fluxo de aço líquido dentro do distribuidor.

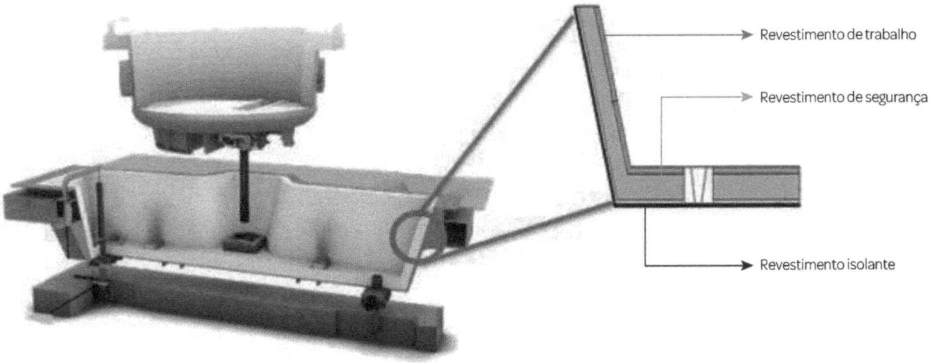

Figura 7.1 Revestimento refratário para distribuidor de aço.
Fonte: Acervo da Vesuvius.

O material de trabalho tem uma espessura que pode variar entre 30 e 100mm aproximadamente e é trocado após cada sequencial de produção de aço determinado por cada usuário, podendo ter uma vida útil de 1 a 48 horas de operação. Já o material de segurança tem espessuras maiores, que podem variar de 100 a 300mm e uma vida útil de até 3.000 corridas. O material isolante tem espessuras de 10 a 32mm e é trocado a cada nova campanha do revestimento de segurança.

O distribuidor de aço passa por um ciclo de preparação (Figura 7.2) que vai desde a preparação da carcaça até a remoção do material de trabalho conhecido como "ciclo longo do distribuidor". O processo de remoção do material de trabalho que ocorre no final do sequencial é conhecido como "cambagem". No processo de cambagem, o distribuidor é virado de cabeça para baixo, objetivando-se eliminar o cascão e o resto de aço que ficaram no seu interior. Durante esse processo, o revestimento de trabalho deve cair juntamente com esse cascão, permitindo a limpeza do equipamento e deixando-o pronto para ser preparado novamente.

Após a cambagem, não é necessário que o distribuidor retorne ao início do processo de preparação de carcaça. O ciclo agora passa a ser curto, ao qual só é necessário aplicar novamente o revestimento de trabalho. Esse ciclo curto continua a ocorrer até que o revestimento de segurança esteja no fim de vida e o distribuidor tenha de ser afastado para se iniciar novamente o ciclo longo. Durante o processo de ciclo curto, faz-se necessária a realização de reparos no revestimento de segurança antes de aplicar novamente o material de trabalho.

A seguir, serão apresentados os tipos e funções de cada um desses revestimentos refratários presentes no distribuidor de aço bem como suas propriedades desejadas, condições de aplicação e parâmetros de escolha de melhor produto para diferentes condições operacionais.

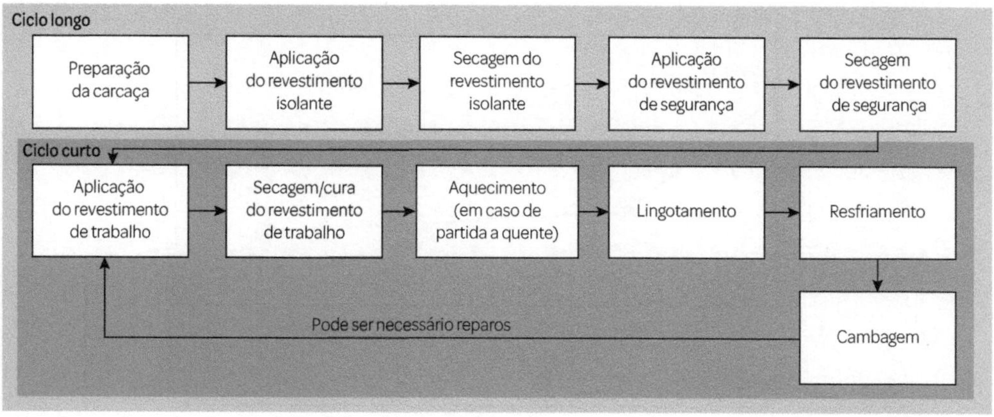

Figura 7.2 Ciclo do distribuidor de aço.
Fonte: Adaptada de Vesuvius.

7.2 REVESTIMENTO ISOLANTE

Os materiais refratários utilizados em revestimentos isolantes são basicamente compostos por materiais sílico-aluminosos (SIAL) cuja proporção varia entre 45% e 55% de Al_2O_3. A composição química tem pouca ou nenhuma influência na capacidade de isolamento térmico (condutividade térmica) e a definição final da composição química desse revestimento, geralmente, vem da otimização de custos.

Existem basicamente dois tipos de materiais isolantes: os concretos; e as placas isolantes. Esses materiais se caracterizam principalmente por sua densidade volumétrica. Quanto menor a densidade, melhor o isolamento térmico. A resistência mecânica é outra característica importante e deve ser adequada de modo a suportar a tensão de compressão gerada pelo peso e pela expansão térmica do revestimento de segurança.

7.2.1 Função

O revestimento isolante auxilia na manutenção da temperatura de carcaça dentro dos valores especificados de acordo com o tipo de aço utilizado na fabricação da carcaça. O aumento de temperatura além do especificado pelo fornecedor da carcaça metálica faz com que ocorra deformação plástica na carcaça do distribuidor, o que afeta de maneira importante o processo.

A Figura 7.3 mostra um exemplo de perfil térmico de um distribuidor de aço em duas condições diferentes: com e sem revestimento isolante. O eixo X apresenta a espessura de cada revestimento e o eixo Y, a temperatura ao longo da espessura do revestimento. Os pontos de temperatura mostrados no gráfico são correspondentes à temperatura da face quente (em contato com o aço líquido); temperaturas de interface dos revestimentos refratários e temperatura de face fria (em contato com a carcaça metálica). Nota-se que a remoção do material isolante aumenta a temperatura da face fria em 23% (de 154°C para 190°C).

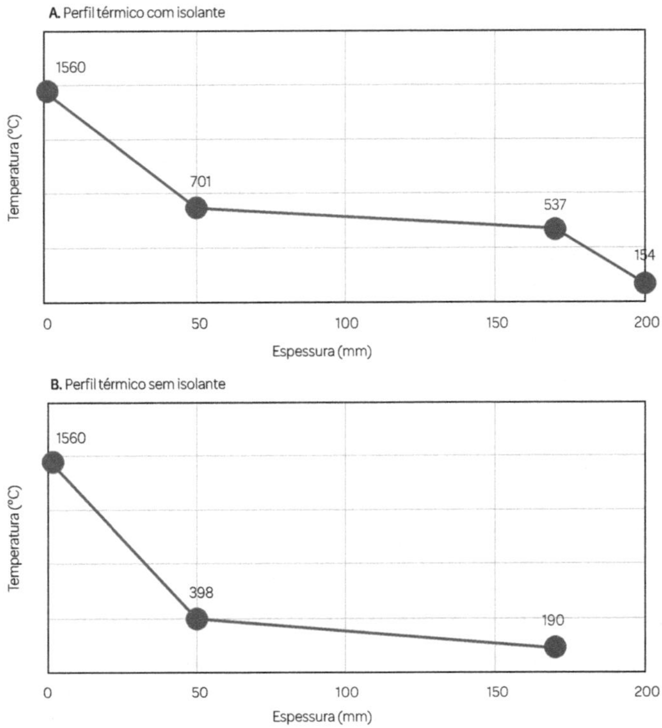

Figura 7.3 Revestimento refratário para distribuidor de aço.
Fonte: Adaptada de Vesuvius.

7.2.2 Aplicação

Antes da aplicação do revestimento isolante, é importante fazer a correta preparação da carcaça para receber esse revestimento.

Primeiramente, deve-se soldar os anéis de fixação da âncora metálica nas posições indicadas no projeto e, posteriormente, soldar as âncoras nos anéis fixados na carcaça metálica usando-se um ponto de solda. Normalmente, são adicionadas duas fiadas de âncoras na região da linha de escória para suportar o revestimento de segurança e evitar quedas. A fixação das âncoras nos anéis deve ser feita apenas para garantir o posicionamento destas durante o enchimento com concreto. Essa fixação deve ser suave para permitir o deslocamento das âncoras durante os ciclos térmicos do *tundish* no decurso de seu uso.

Após o posicionamento das âncoras, deve-se fazer uma limpeza na superfície interna para aumentar a aderência do material refratário à superfície metálica. É importante também fazer a desobstrução dos suspiros da carcaça metálica e promover sua proteção, o que pode ser feito com papel ou parafina. Esse papel ou parafina vai queimar ou fundir durante o processo de secagem do revestimento de segurança, garantindo a desobstrução dos furos de saída de água do distribuidor.

7.2.2.1 Aplicação de placas isolantes

As placas isolantes são montadas diretamente em contato com a carcaça metálica do distribuidor com a utilização de uma argamassa de teor similar de Al_2O_3 entre as placas (Figura 7.4). Em alguns casos, é necessária a furação ou a quebra parcial das plaquetas para a passagem das âncoras.

Figura 7.4 Montagem de placas isolantes.
Fonte: Acervo da Brochure Unifrax.

7.2.2.2 Aplicação de concreto isolante

O concreto isolante pode ser aplicado utilizando-se colher de pedreiro e, posteriormente, fazendo-se o alisamento com um sarrafo (Figura 7.5) ou máquina de pulverização apropriada.

Figura 7.5 Aplicação manual de concreto isolantes.
Fonte: Acervo da Vesuvius.

Na aplicação por *spray* dessa classe de materiais refratários, a principal característica é a quantidade de água utilizada que pode variar de acordo com o fabricante. A aplicação deve ser realizada em movimentos circulares, de cima para baixo, em painéis de aproximadamente 1m^2. Após a aplicação, o distribuidor necessita de um tempo de cura ao ar, em temperatura ambiente, que deve ser definido pelo fabricante. Não é necessária a secagem do material. É importante também que as âncoras metálicas sejam protegidas para evitar que a sua superfície se contamine com o material, o que pode comprometer a ancoragem com o material de segurança. Essa proteção deverá ser eliminada ao fim da aplicação.

7.2.3 Aspectos técnicos

Os isolantes, tanto as placas como os concretos, são compostos por materiais sílico-aluminosos variando entre 45% e 55% de SiO_2. Normalmente, a temperatura máxima de uso desses materiais é em torno de 1200 a 1300°C, temperatura suficiente para o local onde serão utilizados. A principal característica desses materiais é a baixa densidade volumétrica que faz com que o material tenha baixa condutividade térmica.

Os concretos isolantes, normalmente, são compostos de fontes de Al_2O_3 de baixa pureza como os chamotes; um ligante para gerar resistência mecânica a baixas temperaturas; aditivos plastificantes para propiciar a aplicação com colher caso não se tenha disponível a máquina de aplicação por *spray*; e um aditivo regular de densidade. Esses concretos são desenhados para ter baixa densidade e alta área superficial e, por isso, demandam muito mais água para aplicação do que os concretos refratários convencionais.

As placas isolantes, tradicionalmente, também são materiais sílico-aluminosos e apresentam espessura de 25 a 32mm. Entretanto, muitos avanços estão sendo feitos nessas áreas de placas isolantes e já se tem no mercado placas de espessura menores, 16 e até 10mm, com alto poder de isolamento, sendo possível aumentar o volume útil do distribuidor de aço e manter a temperatura da carcaça. As principais características das placas são baixa condutividade térmica, excelente resistência à compressão e estabilidade volumétrica.

7.2.4 Seleção de produtos

Como o revestimento isolante não entra em contato direto com o aço e é montado junto à face fria do distribuidor, a refratariedade alta não é uma característica importante na escolha dos materiais; por isso, se pode ter um teor de SiO_2 maior na composição para otimização de custos. As plaquetas isolantes apresentam maior resistência mecânica quando comparadas ao concreto, mantendo, assim, maior estabilidade volumétrica durante a campanha do distribuidor e suportando a tensão de compressão gerada pelo peso e expansão térmica do revestimento de segurança durante os ciclos térmicos do equipamento. Além disso, com os avanços tecnológicos nessa área, atualmente, existem placas isolantes de espessura reduzida (até 10mm), com baixa densidade, o que pode proporcionar um aumento do volume útil do distribuidor de aço, que sempre é um fator desejável no lingotamento contínuo.

Os concretos isolantes têm maior facilidade de aplicação por meio da máquina de pulverização e um custo bastante inferior (na ordem de cinco vezes menor).

Com o exposto até aqui, pode-se afirmar que, se o interesse é reduzir a deformação da carcaça metálica e/ou aumentar o volume útil do distribuidor, o uso das plaquetas isolantes é a melhor opção; enquanto se o objetivo é reduzir mão de obra e custos, o concreto isolante é a melhor opção.

7.3 REVESTIMENTO DE SEGURANÇA

De acordo com a classificação estabelecida pela norma ABNT (Associação Brasileira de Normas Técnicas) 10237, os materiais refratários podem pertencer a dois grandes grupos: materiais refratários conformados, que são submetidos a processos de tratamento térmico com definições de forma e dimensões controladas como os tijolos, válvula, placas e peças em geral; e os materiais refratários monolíticos, que são produzidos por mistura de agregados e aditivos secos como os concretos, materiais plásticos, argamassas e materiais projetáveis (29). Para revestimento de segurança, podemos utilizar os dois tipos de materiais refratários. A Figura 7.6 mostra um projeto de distribuidor utilizando um material monolítico (concreto refratários) e a Figura 7.7 utilizando um material conformado (tijolos prensados).

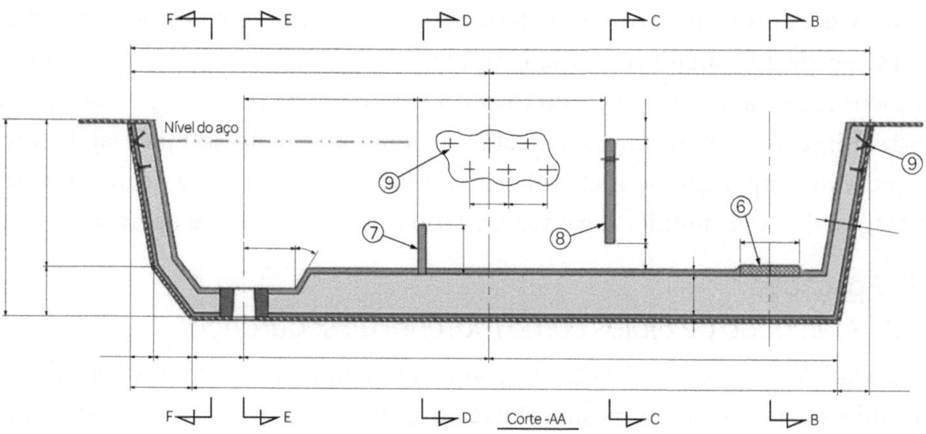

Figura 7.6 Projeto de um distribuidor com revestimento de segurança monolítico.
Fonte: Acervo da Vesuvius.

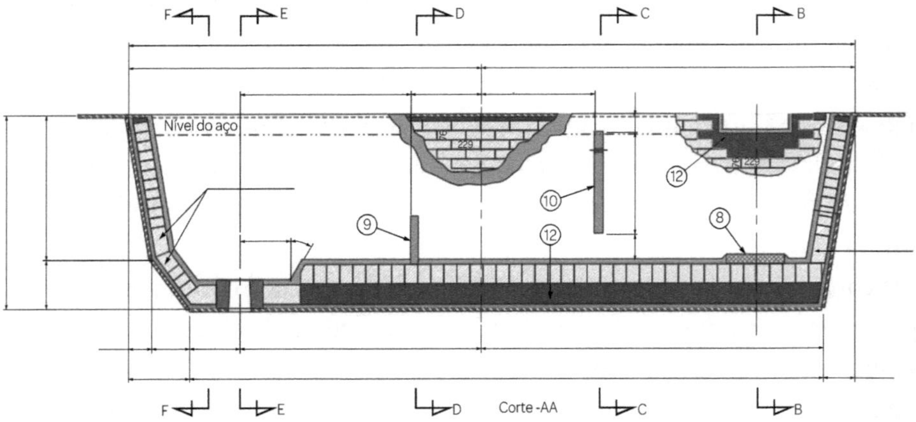

Figura 7.7 Projeto de um distribuidor com revestimento de segurança com tijolos.
Fonte: Acervo da Vesuvius.

Os materiais monolíticos, por sua vez, são divididos em duas classes principais: fluência livre; e material vibrado.

Em sua maioria, os materiais utilizados na confecção dos revestimentos permanentes são materiais sílico-aluminosos da classe 70% Al_2O_3. A escolha dessa composição química decorre de um balaço entre as duas propriedades mais importantes do revestimento permanente: resistência mecânica; e choque térmico.

7.3.1 Função

O revestimento de segurança tem como principal função garantir a segurança operacional em caso de falha do revestimento de trabalho e, assim como todos os revestimentos, contribuir para o isolamento térmico do distribuidor. O revestimento de segurança também contribui para a integridade estrutural do distribuidor, já que é o revestimento de maior resistência mecânica e maior espessura dentro do distribuidor.

Em caso de problemas com o material de trabalho, esse revestimento apresenta boa resistência ao contato com o aço, mas tem baixa resistência ao ataque químico pela escória, portanto uma falha do revestimento de trabalho na região de linha de escória (LE) é mais crítica. Ao se detectar qualquer problema no material de trabalho, que leve à exposição do material de segurança (seja por queda de material, seja por desgaste), o distribuidor deve ser afastado imediatamente de operação.

7.3.2 Aplicação

7.3.2.1 Aplicação de tijolos como material de segurança

A aplicação dos tijolos é realizada de acordo com o projeto, sendo os tijolos fixados utilizando-se argamassa da mesma classe ou similar à do material utilizado nos tijolos (teor similar de Al_2O_3). A montagem inicia-se pelo fundo. O mais importante é a utilização de um bom travamento da última fiada de tijolos, o que evita queda de parede durante a cambagem. A sub-borda metálica pode ser utilizada para auxiliar esse travamento das paredes e, assim, também evitar quedas.

7.3.2.2 Aplicação de concreto como material de segurança

A aplicação do material monolítico inicia-se pelo posicionamento da forma, o que garante a espessura em cada uma das paredes. O concreto refratário é preparado no momento da aplicação com um misturador de alta intensidade em cargas de 500 a 1.000kg, dependendo das características do misturador utilizado. O misturador de alta intensidade é muito importante para se conseguir a energia de mistura suficiente para ativação dos aditivos responsáveis pela fluidez do material.

O tempo de mistura deve ser especificado pelo fabricante do material, assim como a quantidade de água a ser utilizada. É muito importante que se utilize a quantidade de água indicada pelo fabricante. A utilização de uma quantidade de água maior do que o necessário reduz significativamente a resistência mecânica do material após cura e durante o uso, o que pode reduzir de forma significativa a vida útil do revestimento.

Somente como ilustração, a Figura 7.8 mostra a influência da quantidade de líquido adicionada na resistência mecânica de concretos refratários a 110 e 1250°C (19). Ao se comparar, por exemplo, a resistência mecânica a 110°C, que é obtida com 9 litros de água, com o valor quando utilizados 14 litros de água, é observada uma queda de 50% considerando-se a resistência à compressão em temperatura ambiente (RCTA) e 37% considerando-se o módulo de resistência à flexão em temperatura ambiente (RFTA). A comparação para materiais queimados a 1250°C mostra resultados similares. Esse é bom exemplo de como as propriedades dos concretos refratários se reduzem com o uso de água em excesso.

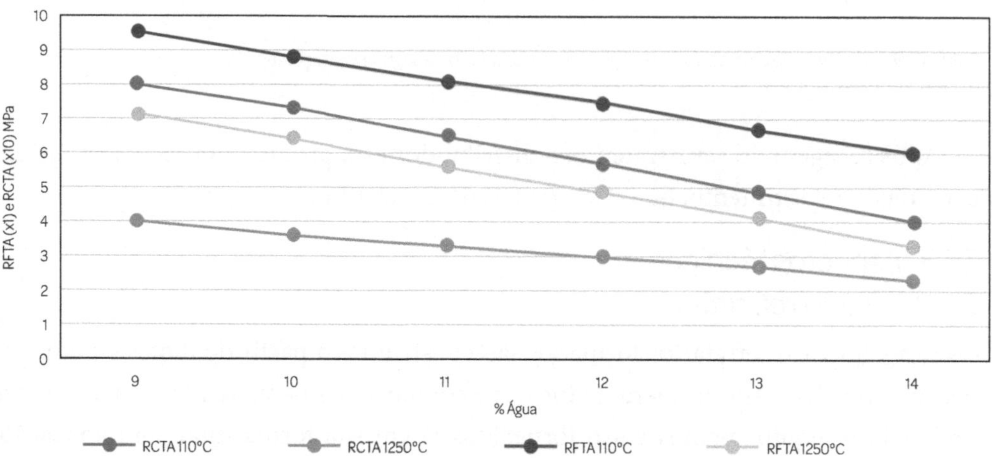

Figura 7.8 Influência da quantidade de líquido da mistura na resistência mecânica de concretos refratários.
Fonte: Adaptada de (19).

Iniciada a aplicação do material, esta não deve ser interrompida devido à possibilidade de formação de interface. Pode-se optar pela adição de material em dois pontos distintos (recomendável), o que reduzirá o tempo de preparação.

Após a finalização do enchimento da forma, o distribuidor deve ficar em repouso para cura ao ar por 24 horas antes da retirada da forma. Esse tempo é muito importante para garantir a formação de fases hidratadas do cimento de aluminato de cálcio (ligante).

Após a retirada da forma, o processo de secagem pode ser iniciado. É muito importante observar a curva especificada pelo fabricante do material.

A Figura 7.9 mostra um exemplo de curva de secagem indicada para revestimento monolítico de distribuidor contendo cimento como ligante (ligante mais comum para esse tipo de aplicação). Pode-se notar que é uma curva muito longa e deve ser muito bem controlada, principalmente até que ela atinja o patamar de 200°C, já que o maior volume de água é eliminado nessa etapa.

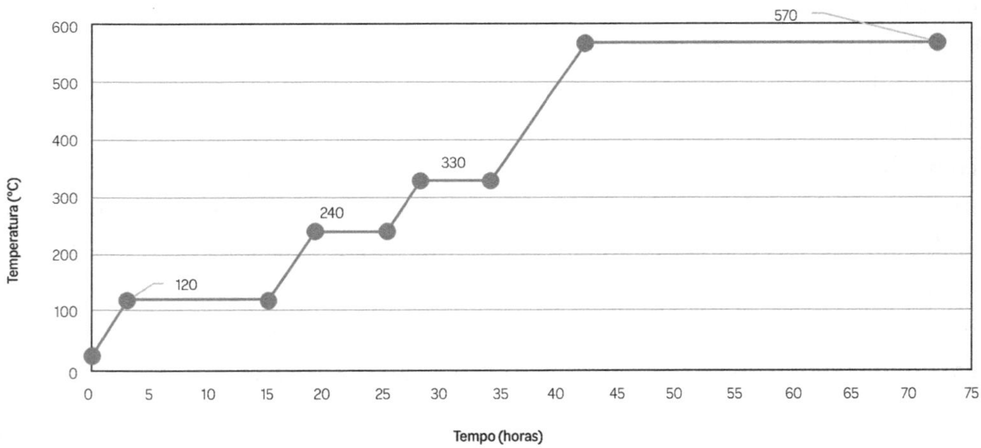

Figura 7.9 Exemplo de uma curva de secagem de revestimento de segurança monolítico.
Fonte: Acervo da Vesuvius.

Após secagem do revestimento, o distribuidor está pronto para receber a última camada de revestimento, que o é o material de trabalho.

7.3.3 Aspectos técnicos

7.3.3.1 Tijolo refratário

Os revestimentos refratários formados são construídos a partir de tijolos e peças especiais, com um vasto número de formas e composições para atender aos diferentes projetos dos equipamentos e são fornecidos já em sua forma final para aplicação. Tijolos e peças especiais são a espinha dorsal da indústria de refratários, podendo ser queimados, quimicamente ligados ou resinados e curados (32).

Entre os processos de moldagem, destacam-se os de prensagem, socagem e vibração. Os tijolos-padrão de formato retangular são adequados para a construção de paredes retas. Outros formatos são necessários para a montagem de fornos com projetos em curva ou arcos. Com essa finalidade, também são padronizados tijolos denominados "arcos", "cunhas", "radiais" e "circulares" (32).

7.3.3.2 Concreto refratário

Os concretos refratários são constituídos de um agregado refratário e uma matriz formada por partículas finas refratárias, os ligantes e os aditivos. Todas as partículas finas que compõem a matriz quanto os agregados refratários podem ser escolhidas dentro de uma variedade de matérias primas naturais ou sintéticas. A escolha das matérias primas, sua pureza e as respectivas frações volumétricas de agregado constituem um aspecto crítico a ser considerado para o bom desempenho do concreto. A distribuição granulométrica escolhida apresenta influência direta sobre as propriedades reológicas e termomecânicas dos concretos (12).

O cimento de aluminato de cálcio (CAC) é o ligante hidráulico mais utilizado nessa classe de produtos por conferir propriedades especiais a esses materiais como: 1) rápido desenvolvimento de resistência mecânica a verde; e 2) alta resistência a agentes corrosivos, quando em uso. Esses ligantes hidráulicos são constituídos, basicamente, de compostos óxidos capazes de se reidratarem formando estruturas interligadas responsáveis pela coesão do corpo formado (13).

A pega ou endurecimento dos concretos hidráulicos relaciona-se à hidratação das partículas de cimento em meio aquoso. O processo de hidratação do cimento é um fenômeno que envolve a dissolução de íons e a subsequente precipitação na forma de fases hidratadas (hidratos). Apesar de favorecida, a precipitação dos hidratos envolve um processo lento de nucleação, durante o qual não ocorre precipitação. Esses núcleos crescem rapidamente, fazendo com que a dissolução das partículas de cimento seja retomada. Isso possibilita um contínuo crescimento dos grãos de hidrato e consequente precipitação. Esse mecanismo é ilustrado pela Figura 7.10 e representa o princípio de Le Chatelier.

Os hidratos têm densidade menor que as fases precursoras e, por isso, sua formação é acompanhada de expansão que leva a uma diminuição da porosidade do concreto. Essa redução de porosidade aumenta a resistência mecânica a verde, porém dificulta a saída de água da estrutura durante a secagem, aumentando o risco de explosão. Além da diminuição da porosidade, outro fator que potencializa o risco de explosão é a eliminação da água quimicamente ligada à estrutura, a qual é liberada a temperaturas entre 200 e 300°C, destruindo o hidrato e gerando forte pressurização na matriz (21). Por esse motivo, a curva de secagem do revestimento de segurança monolítico deve ser bastante controlada e amena, conforme mostrada

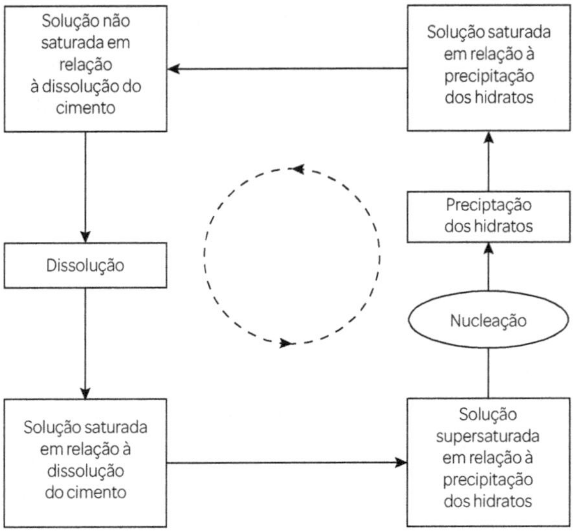

Figura 7.10 Reação de hidratação do CAC, apoiada no princípio de equilíbrio químico de Le Chatelier.
Fonte: Adaptada de (13).

anteriormente na Figura 7.9, para evitar que a pressão de vapor gere riscos de explosão do revestimento, principalmente durante o lingotamento.

A necessidade de curvas de secagem muito controladas e o alto tempo de preparo aliados a um grande consumo de gás e liberação de CO_2 ao meio ambiente vêm impulsionando o mercado a migrar para sistemas ligantes sem cimento.

Um sistema de ligantes desenvolvido é com o uso da sílica coloidal que apresenta potencial para utilização como ligante, especialmente para concretos contendo Al_2O_3 juntamente com SiO_2, pois esse ligante pode facilitar a etapa de secagem, diminuindo a porosidade após queima e aprimorando as propriedades mecânicas a quente. Especial cuidado tem de ser observado no armazenamento e na estocagem da sílica coloidal. A concentração máxima em que a sílica coloidal pode ser estocada sem que ocorra gelificação é entre 30% e 40% em peso, sendo possível, em casos especiais, obter concentrações de até 50% em peso de SiO_2 estáveis por longos períodos, se forem respeitadas as condições de armazenamento (21).

Nanopartículas de sílica, quando em suspensão, têm a capacidade de se agregarem formando um gel em que as partículas permanecem unidas por ligações primárias fortes. Com a secagem desse gel, forma-se um sólido de estrutura porosa. A resistência mecânica em concretos com sílica coloidal provém inicialmente da formação desse gel que mantém as partículas da matriz unidas umas às outras. Após a secagem, um filme sólido é formado ao redor das partículas, mantendo-as unidas. Como resultado, forma-se uma estrutura em forma de "corrente ramificada" (Figura 7.11) que ocupa todo o espaço disponível da solução (21). Por ser uma estrutura mais permeável, é possível utilizar curvas de secagem mais rápidas para esse tipo de tecnologia.

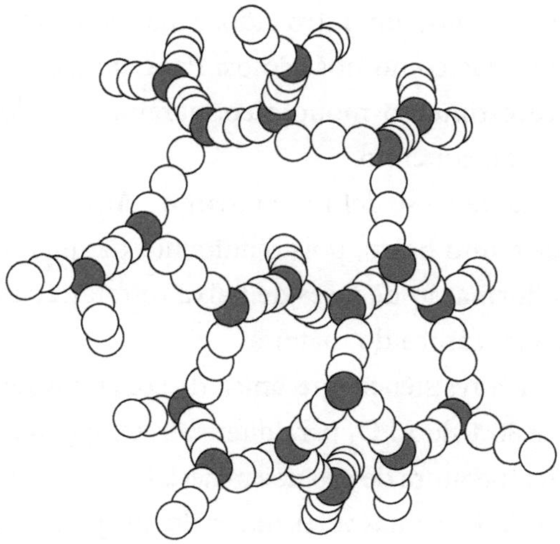

Figura 7.11 Estrutura de corrente ramificada formada pela geleificação da sílica coloidal.
Fonte: Adaptada de (21).

7.3.3.3 Seleção de produtos

Historicamente, tijolos e peças pré-formadas eram os principais materiais utilizados na produção de aço e de outros processos industriais que exigem exposição a alta temperatura; primeiramente em virtude da alta resistência mecânica e da menor dilatação térmica global, visto que a presença das juntas entre os tijolos funciona como junta de dilatação, evitando a ocorrência de trincas. Com o aprimoramento da logística de fabricação do aço, desenvolveram-se processos mais produtivos que necessitavam de equipamentos com geometrias mais complexas e menores tempos de paradas dos equipamentos (21). Tendo em vista a limitação de geometria dos tijolos e a necessidade de otimizar o volume do distribuidor, e o fato de necessitar de longo tempo para montagem, os concretos tornaram-se atrativos tanto do ponto de vista técnico como do ponto de vista econômico. Outro ponto importante dos tijolos é o maior consumo de material em reparos parciais visto que a queda de algum tijolo do revestimento ou a infiltração nas juntas pode ocasionar a queda de toda uma parede durante a cambagem.

A necessidade industrial motivou pesquisas no campo dos concretos refratários e desenvolveu cimentos de maior refratariedade e poder ligante. Um grande marco na indústria de refratários foi o desenvolvimento dos concretos de baixo teor de cimento que motivou a substituição dos tijolos pelos concretos (21).

As principais vantagens desses materiais são a possibilidade de moldar formas complexas; o menor tempo de instalação; a maior facilidade de automação; o menor custo de produção; a ausência de juntas que podem criar caminhos preferenciais para penetração do aço. Além disso, os concretos refratários, por se tratar de um material de corpo único (monolítico), contribuem para o aumento da rigidez estrutural do distribuidor, mas, por outro lado, é mais susceptível ao choque térmico já que não tem as juntas como nos tijolos. Para atenuar a maior tendência ao choque térmico do revestimento monolítico, geralmente são adicionadas fibras metálicas à formulação do concreto.

Outro ponto importante de se definir é o teor de Al_2O_3 no revestimento. O teor de Al_2O_3 não pode ser muito baixo, pois o aumento da quantidade de SiO_2 do revestimento propicia a formação de fases de baixa refratariedade e, em consequência, reduz a resistência mecânica do material.

A Figura 7.12 mostra a resistência mecânica de concretos refratários ligados a cimento com 40%, 50% e 80% de Al_2O_3 para diferentes temperaturas de uso. A 1000°C, que normalmente é a temperatura de uso dos materiais de segurança, a resistência mecânica do concreto 80% Al_2O_3 é duas vezes maior do que para o concreto 40% Al_2O_3.

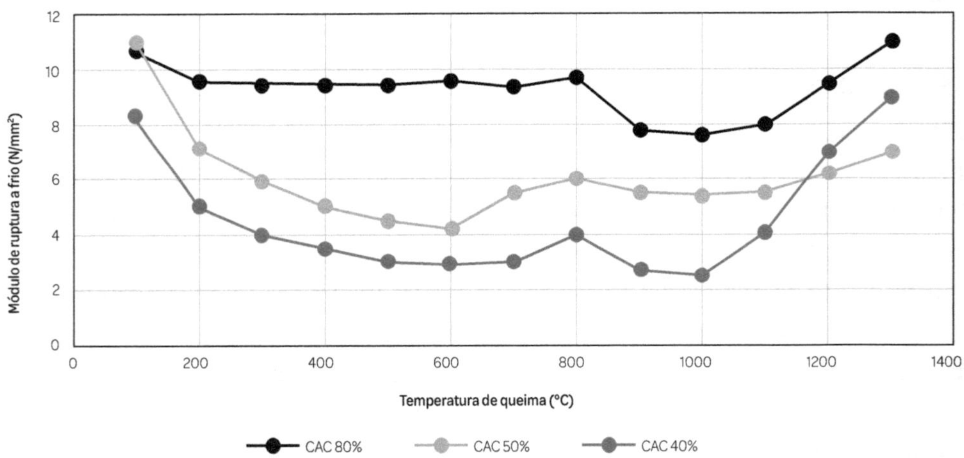

Figura 7.12 Resistência mecânica em função da temperatura de diferentes tipos de concretos aluminosos ligados a cimento.
Fonte: Adaptada de (19).

Entretanto, teores muito altos de Al_2O_3 também não são interessantes pelo aumento significativo do dano por choque térmico, principalmente quando se fala em revestimento monolítico. Basicamente, o choque térmico é a submissão de um material à brusca mudança de temperatura (seja aquecimento, seja resfriamento), de modo a gerar tensões internas no material, originadas pela diferença entre elementos de expansão e contração (24). A primeira trinca nucleia quando o estresse térmico (σ_t) gerado é maior que a resistência mecânica do material de acordo com a Equação 7.1 (28), onde E é o módulo de elasticidade; α é o coeficiente de expansão linear; μ é o coeficiente de Poisson e ΔT é a variação de temperatura entre o interior do material e sua superfície. E quanto maior o estresse térmico, menor a resistência ao dano por choque térmico (R'''), conforme descrito na Equação 7.2.

$$\sigma_t = \frac{E\,\Delta T.\alpha}{1-\mu} \quad \text{Eq. 7.1}$$

$$R''' = \frac{MOE}{\sigma_t^2.(1-\mu)} \quad \text{Eq. 7.2}$$

De acordo com essas equações, quanto maior a expansão térmica do material, maior é o estresse térmico gerado e, consequentemente, menor é a resistência ao dano por choque térmico. Uma vez que a variação dimensional dos materiais a determinada temperatura aumenta com o aumento do teor de alumina (Figura 7.13), quanto maior o teor de alumina de um material, menor é sua resistência ao choque térmico.

Dessa forma, o teor de Al_2O_3 mais utilizado em materiais refratários para revestimento de segurança é 70% Al_2O_3, pois se tem um balanço entre refratariedade e resistência a choque térmico.

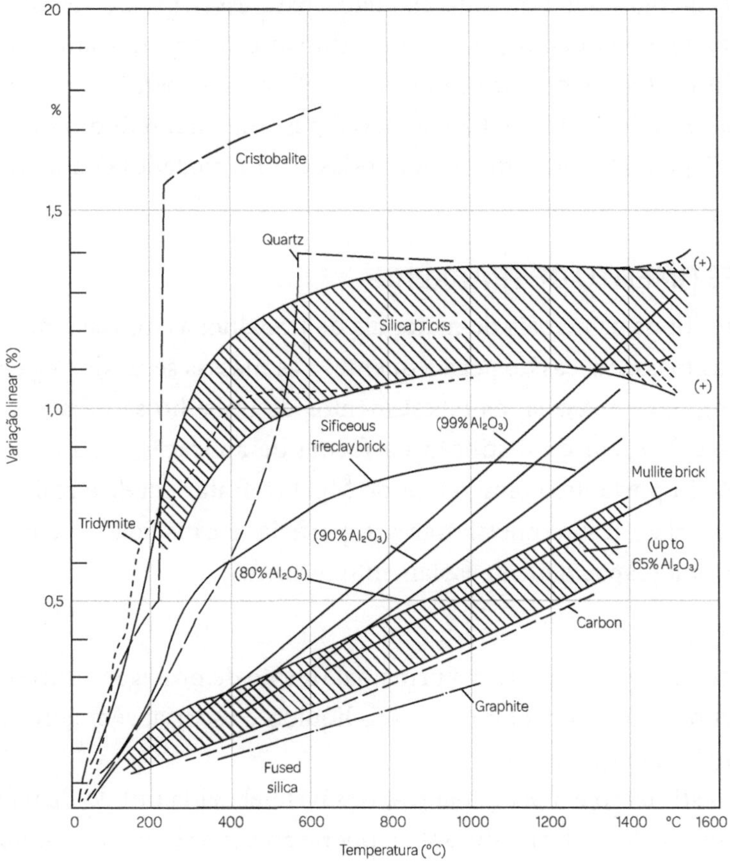

Figura 7.13 Variação dimensional de diferentes materiais aluminosos em função da temperatura.
Fonte: Adaptada de (31).

Disponibilidade de equipamento e consumo de gás também são parâmetros importantes no momento de se escolher o tipo de revestimento que será utilizado. Apesar de conferirem boa resistência mecânica a verde, os materiais contendo cimentos como ligantes criam dificuldades durante a secagem. Como visto na sessão anterior, os concretos com sílica coloidal são uma opção para se reduzir o tempo de secagem e a emissão de CO_2, porém sílicas coloidais mais reativas (menor tamanho de partícula) dificultam o processamento e reduzem o tempo de pega, a fluidez e a resistência mecânica, essa última devido ao aumento do teor de trincas durante a secagem do gel. Entretanto, a refratariedade do sistema é elevada, decorrente da formação de maiores quantidades de mulita. Por sua vez, sílicas coloidais menos reativas (maior tamanho de partícula) facilitam o processamento e diminuem a quantidade de trincas, aumentando a resistência mecânica. Entretanto, reduzem a mulitização e, consequentemente, a refratariedade (21). Dessa forma, os concretos com sílica coloidal ainda não são amplamente utilizados como revestimento de segurança de distribuidor de aço.

Uma tecnologia que tem sido estudada para esse tipo de revestimento é um concreto contendo cimento, porém com aditivos especiais que atuam em temperaturas baixas (~100°C), criando caminhos preferenciais para saída da água e minimizando o risco de explosão. Esse material permite uma redução do tempo de secagem de 72 para 20 horas, mantendo todas as propriedades dos materiais ligados a cimento.

7.4 REVESTIMENTO DE TRABALHO

Existem três tipos principais de materiais de trabalho: as massas úmidas aplicadas por *spray*; as massas secas de pega a quente; e as massas secas de pega a frio.

Em sua grande maioria, os revestimentos de trabalho são materiais à base de MgO (básicos). Além da distinção na forma de aplicação, outras características também são importantes como o teor de MgO (refratariedade e resistência ao ataque pela escória), granulometria (área superficial e capacidade de escoamento) e densidade final (capacidade de isolamento térmico).

7.4.1 Função

O revestimento de trabalho tem a principal função de proteger o revestimento permanente, suportando o contato com aço líquido e escória, sem gerar impurezas e contaminações no aço líquido.

Esse revestimento é o principal responsável pela vida útil do distribuidor, portanto o desgaste do material durante a operação deve suportar o tempo de lingotamento estipulado (sequencial máximo), sem exposição do revestimento de segurança.

Após cada utilização, o distribuidor passa pelo processo de cambagem no qual o revestimento de trabalho deve se soltar facilmente, permitindo a limpeza do distribuidor sem afetar o material permanente.

Geralmente, o desempenho do material de trabalho é avaliado pelo índice de cambagem livre e a sua resistência ao desgaste pela escória.

7.4.2 Aplicação

Antes de se iniciar a aplicação, o distribuidor deve estar limpo, sem resíduos de material aderidos no revestimento de segurança. Não deve haver exposição de âncoras e áreas com baixa resistência mecânica (material friável) no revestimento de segurança.

A seguir, serão discutidos os fatores importantes na aplicação das três tecnologias de material utilizado no revestimento de trabalho do distribuidor.

7.4.2.1 Aplicação de massa úmida

As massas *spray* são vendidas em pó, normalmente em *big bags*. São armazenadas em silos conectados a um misturador de rosca onde é adicionado aproximadamente 25% a 35% de água (pode variar de acordo com o tipo de material e fornecedor) formando uma lama que é, então, misturada em uma moega e, posteriormente, bombeada por uma mangueira até o bico de projeção. O esquema da máquina utilizada para essa aplicação está mostrado na Figura 7.14. No bico de projeção, um jato de ar auxilia na formação do *spray* que é aplicado sobre a superfície do material de segurança.

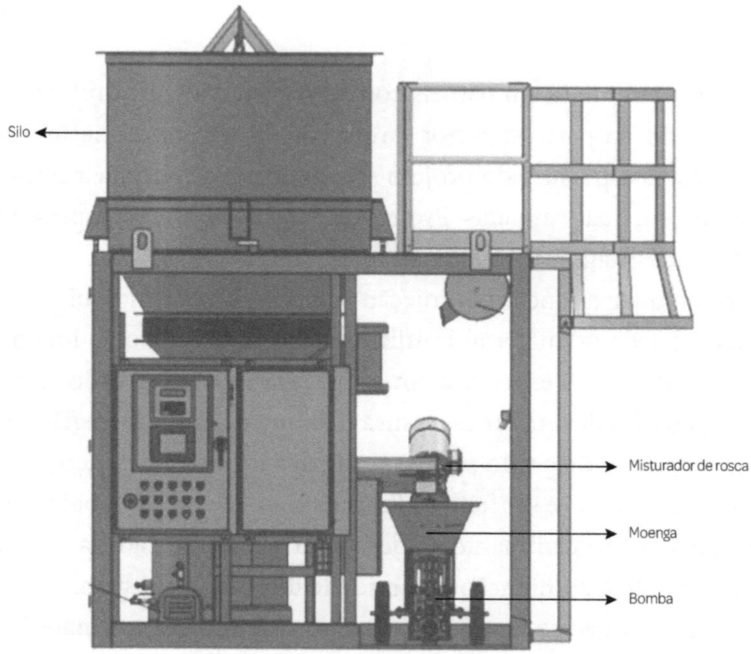

Figura 7.14 Esquema de uma máquina de aplicação de massa úmida.
Fonte: Acervo da Vesuvius.

A temperatura da superfície do revestimento de segurança deve estar abaixo de 70°C antes do início da projeção a fim de se permitir a entrada do operador no distribuidor com segurança e melhorar a aderência do material projetado nas paredes do distribuidor.

Após ligar a máquina de projeção, é importante verificar a consistência do material e realizar a regulagem da água conforme especificação do fornecedor. O local mais adequado para fazer essa verificação é no bico de projeção, uma vez que a massa pode perder consistência durante o trajeto pela mangueira.

É importante verificar alguns parâmetros como temperatura, vazão, pH e análise química da água antes de se iniciar a operação.

- **Temperatura:** temperatura da água acima de 35°C pode contribuir para a perda de consistência da massa dentro da mangueira, causando entupimento.
- **Vazão:** como a variação da vazão de água nas plantas costuma ser muito grande e interfere diretamente no rendimento do produto, é muito importante ter um tanque de água para aplicação.
- **pH:** o pH deve ser neutro ou levemente básico. Como a massa de trabalho é normalmente básica, se o pH da água for ácido, haverá uma reação ácido-básica e o material pode também endurecer dentro da mangueira.
- **Análise química:** normalmente, a água industrial pode conter componentes que interferem nas propriedades do material. Alcalis (Na_2O + K_2O), Fe_2O_3 e carbonatos são componentes que devemos evitar. A água potável seria ideal para a aplicação.

A projeção deve ser feita em painéis com aproximadamente 1m², em filetes horizontais, iniciando na parte superior da parede e finalizando na junção entre o piso e a sola. Caso a espessura do projeto seja maior que 30mm, é aconselhável realizar a aplicação em duas camadas. Projeção acima de 30mm de espessura em uma única camada pode resultar na queda do material.

Deve-se posicionar a lança de projeção sempre na perpendicular à parede de modo a evitar a queda de material E utilizar gabarito metálico ao longo de toda a projeção para conferir se a espessura em cada região está de acordo com o projeto corrente. Esse gabarito deverá ter espessura máxima de 4mm na região de penetração, evitando formação de ponto preferencial para infiltração de aço.

Após aplicação, não deve ser feito o alisamento da massa de trabalho com colher de pedreiro, pois tal procedimento pode causar a diminuição da porosidade do material, dificultando a eliminação da umidade durante a secagem.

Após a projeção, deve-se aguardar o tempo mínimo para o material adquirir resistência mecânica antes de movimentar o distribuidor ou iniciar sua secagem, evitando queda de material. Após esse tempo, o distribuidor deve ser submetido a uma etapa de secagem para eliminação completa da água antes de entrar em operação.

Durante o processo de cura ao ar ou após a secagem do distribuidor, pode ocorrer a formação de trincas no revestimento. Essas trincas são normais e devem-se à contração do material durante o processo de eliminação da água. Em caso de utilização de água em excesso, pode haver trincas mais espessas e profundas (Figura 7.15). Nesse caso, deve-se consultar o fornecedor do material refratário.

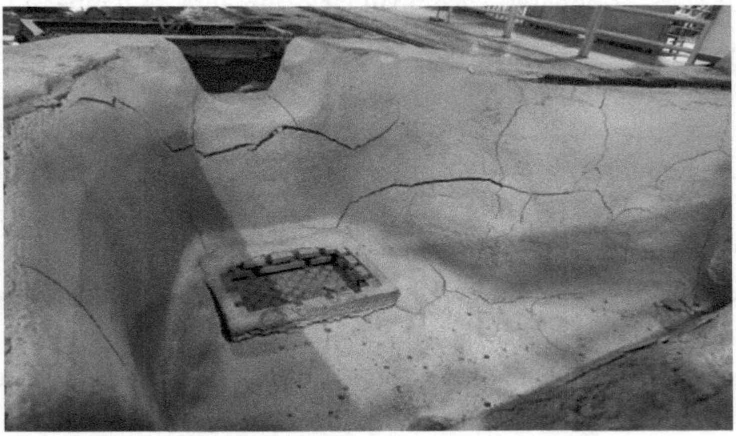

Figura 7.15 Exemplo de trincas profundas no distribuidor.
Fonte: Acervo da Vesuvius.

O processo de secagem é uma etapa crítica da aplicação desse tipo de material. Uma curva típica de secagem utilizada para massa úmida é mostrada na Figura 7.16, porém pode ser alterada de acordo com o produto utilizado, espessura de

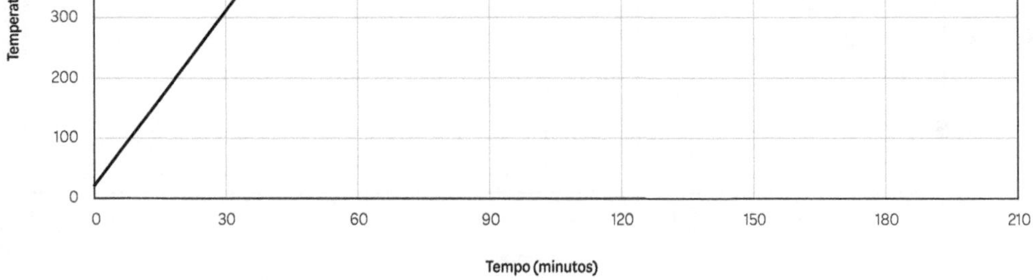

Figura 7.16 Curva típica de secagem de massa úmida.
Fonte: Adaptada de (19).

massa aplicada, condições de operação e características dos queimadores. Essa curva deverá ser determinada pelo fabricante do material.

O mais importante quando se determina a curva de secagem adequada para uma condição de processo é garantir que, após essa etapa, toda a água liquida seja eliminada do sistema. Em caso de secagem ineficaz, a água presente no material poderá causar reações durante o lingotamento e até explosões em casos críticos.

Para verificar se toda a água foi eliminada, pode-se fazer a instrumentação do distribuidor com termopares e acompanhar o aumento da temperatura. Os termopares são colocados na interface entre material de segurança e material de trabalho, em diferentes regiões do distribuidor, incluindo aquelas críticas como a interface entre parede e sola e zonas mais distantes dos queimadores como as cabeceiras. A temperatura medida nos termopares é, então, monitorada durante a curva de secagem. A Figura 7.17 mostra uma simulação do comportamento de aumento de temperatura nos termopares durante acompanhamento da curva de secagem do distribuidor. Pode-se notar três regiões muito bem definidas durante esse monitoramento.

Ao se iniciar o aquecimento do distribuidor, a água tende a ir para a face fria (próximo ao material de segurança) e os termopares começarão a medir o aumento da temperatura. Nesta fase (região 1), tem-se uma região de calor sensível onde todo o calor fornecido será responsável pelo aumento da temperatura. Quando a temperatura mostrada nos termopares alcançar 100°C, a água começará a se transformar em vapor. Nessa fase (região 2), todo o calor fornecido será utilizado para transformar a água líquida em vapor. Essa é a região de calor latente onde a temperatura permanece

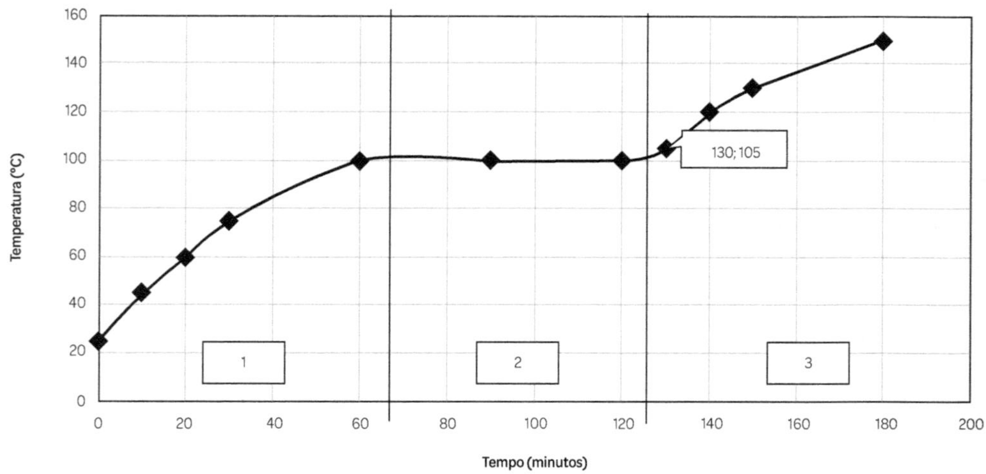

Figura 7.17 Simulação do comportamento de aumento de temperatura durante monitoramento com termopares.
Fonte: Adaptada de (19).

constante, mesmo com o contínuo fornecimento de energia. Uma vez que toda a água tenha passado para o estado de vapor, volta-se a uma fase de calor sensível (região 3) e a temperatura continuará aumentando. Assim, se os termopares medem temperaturas acima de 100°C, significa que toda a água se transformou em vapor e foi eliminada pelos poros do material. Dessa forma, garantem-se total secagem e segurança operacional. No exemplo mostrado na Figura 7.17, após 130 minutos de secagem, o termopar indicado já havia passado de 100°C e começava a região 3 no processo de secagem. É necessário comentar que a estabilidade do secador é de suma importância. Variáveis como o comprimento de chama, proporção de mistura gás/ar e posicionamento dos queimadores são extremamente importantes para se garantir o processo de secagem adequado do distribuidor. Como as variações nos equipamentos de secagem são uma realidade, sempre se estipula um tempo maior de secagem por segurança, já que a presença de água no material é de grande risco operacional e de segurança. Considerando-se isso, é recomendável que, periodicamente ou após grandes manutenções, se faça a instrumentação do distribuidor para que se verifique a integridade do sistema de secagem.

Após secagem, o distribuidor estará pronto para entrar em operação em caso de materiais que suportem o processo de partida a frio do distribuidor (consultar o fabricante) ou, então, poderá passar por uma etapa de aquecimento no caso de partida a quente. A Figura 7.18 mostra uma curva típica de aquecimento de massa úmida, podendo ser alterada de acordo com o produto utilizado e procedimentos operacionais de cada cliente. A curva a ser utilizada deverá ser especificada pelo fabricante do material.

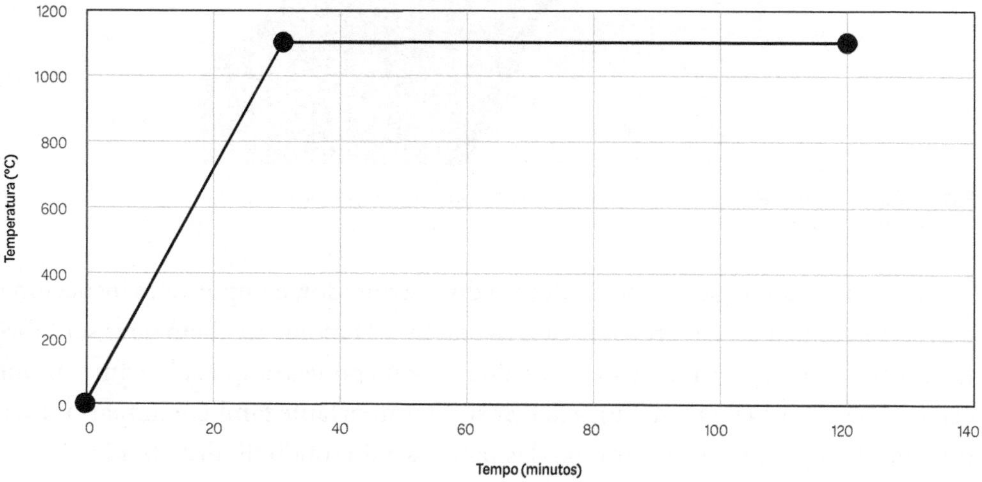

Figura 7.18 Curva típica de aquecimento de massa úmida.
Fonte: Acervo da Vesuvius.

Caso a partida da máquina seja abortada por algum motivo após a finalização do processo de aquecimento do distribuidor, e seja necessário realizar um novo aquecimento, deverá ser realizada uma inspeção visual no refratário a fim de se verificarem formação de trincas e queda de material.

7.4.2.2 Aplicação de massa seca de pega a quente

As massas secas de pega a quente são fornecidas prontas para uso. Para aplicação desse tipo de material, é necessária a introdução de um molde metálico (Figura 7.19) no interior do distribuidor formando um espaço entre esse molde e o material de segurança em que o material em pó granulado é diretamente vertido.

Figura 7.19 Molde metálico utilizado para aplicação de massa seca de pega a quente.
Fonte: Acervo da Vesuvius.

Antes da introdução do molde dentro do distribuidor, é importante inspecionar o molde quanto a danos e reparar caso necessário. O molde também deve ser lubrificado com uma fina camada de desmoldante, que pode ser aplicado com um pincel ou uma pistola (Figura 7.20), e deixar secar. Importante também limpar o revestimento de segurança e retirar o pó das paredes e do fundo do distribuidor.

A Figura 7.21 mostra as etapas de aplicação da massa seca de pega a quente. Primeiramente, o material refratário é vertido no fundo do distribuidor, podendo

Figura 7.20 Pistola utilizada para aplicação da tinta desmoldante.
Fonte: Acervo da Vesuvius.

Figura 7.21 Etapas de aplicação de massa seca de pega a quente: A) vertimento no fundo; B) nivelamento do fundo; C) introdução do molde metálico; D) enchimento do molde; E) distribuidor pronto.
Fonte: Acervo da Vesuvius.

ser utilizada a própria válvula do *big bag* (tromba de elefante) ou um funil de alimentação. Após aplicação, o material do fundo deve ser levemente compactado e nivelado até que esteja com a espessura do projeto. Nesse momento, o molde deve ser, então, inserido no interior do distribuidor, garantindo que o espaçamento entre a forma e o revestimento de segurança esteja uniforme em todas as paredes e de acordo com o projeto. Após inserir o molde, o material seco deve ser vertido no espaço entre o molde e o material de segurança de forma constante. O aplicador deve se mover ao longo de toda a extensão do distribuidor no momento do enchimento do molde a fim de se evitar acúmulo de material em uma só região e segregação dos grãos. No momento do enchimento, pode-se utilizar um tridente (Figura 7.22) para desaerar o material e auxiliar na acomodação, o que evita a formação de espaços vazios. Para essa melhor acomodação, pode-se também aplicar uma pequena vibração com o cuidado de não gerar segregação no material (3).

Figura 7.22 Tridente utilizado para auxiliar na acomodação do material no molde.
Fonte: Acervo da autoria do capítulo.

Após a aplicação, o material deverá passar por um processo de cura, que consiste no aquecimento para adquirir resistência mecânica suficiente para movimentação do distribuidor nos processos seguintes. O método mais comum é o aquecimento convectivo por meio de ar quente introduzido no interior da forma (3). Para isso, é necessária a instalação de uma tubulação de ar quente conectada ao molde conforme mostrado na Figura 7.23. É muito importante conhecer e controlar a temperatura dentro do molde para que se obtenha um correto e homogêneo endurecimento do produto; por isso, é sugerido o aquecimento convectivo com ar quente, já que o controle de temperatura é mais preciso. Na seção seguinte, serão discutidos os aspectos do processo de cura, bem como a faixa de temperaturas em que o ligante atua conferindo resistência mecânica ao material.

Para controlar a temperatura do ar quente dentro do molde e verificar se a temperatura será homogênea em toda a extensão, pode-se fazer uma simulação computacional conforme mostrado na Figura 7.24. É importante notar que as saídas de ar quente devem estar posicionadas para a lateral do molde e não para o fundo. Isso, para se ter uma maior homogeneização do calor e impedir que o jato de ar quente remova o material do fundo que ainda está sem resistência mecânica (em pó).

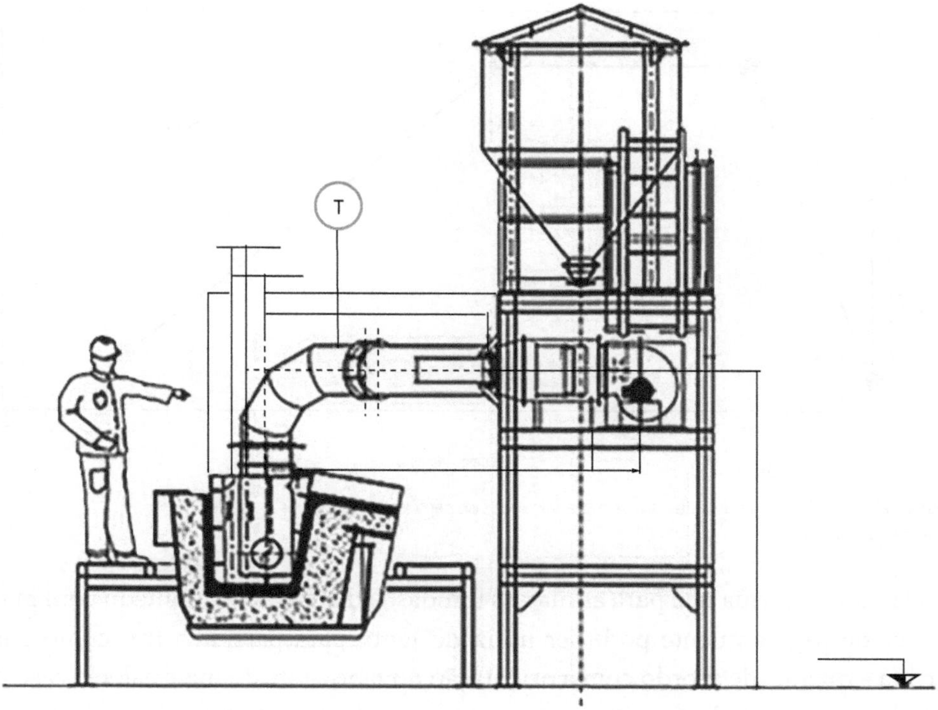

Figura 7.23 Esquema de sistema de aquecimento do molde para materiais secos de pega a quente.
Fonte: Acervo da Vesuvius.

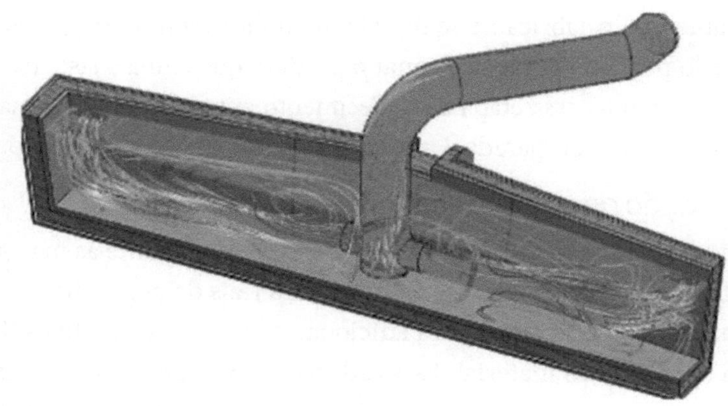

Figura 7.24 Simulação computacional das linhas de fluxo e temperatura do ar quente no interior do molde.
Fonte: Acervo da Vesuvius.

A Figura 7.25 mostra uma curva de cura sugerida para massas secas de pega a quente, mas que pode se alterar de acordo com o material utilizado e as condições operacionais de cada usuário. Após aproximadamente 1 hora a 300°C, para o sistema de ligante específico, o ar quente é, então, desligado e, após resfriamento da forma, pode ser retirado e o distribuidor está pronto para operação. O resfriamento da forma pode ser acelerado mantendo-se a injeção de ar frio.

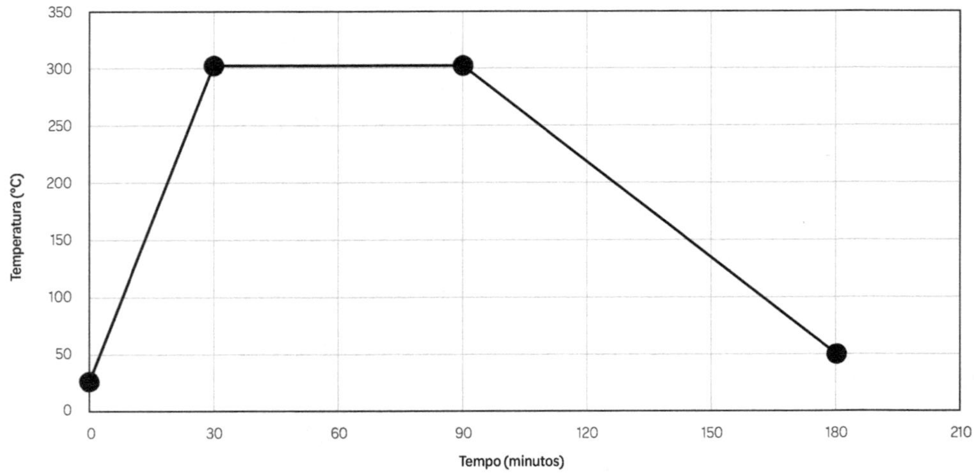

Figura 7.25 Exemplo de curva de cura de materiais secos de pega a quente.
Fonte: Adaptada de (19).

Da mesma forma que para as massas úmidas, o distribuidor montado com massa seca de pega a quente pode ser utilizado tanto para partida a frio como para partida a quente, de acordo com a orientação do fabricante do material. No caso de partida a quente, pode-se utilizar uma curva de aquecimento semelhante à mostrada na Figura 7.18. O processo de aquecimento tem de ser definido pelo fabricante do material.

É importante que o fabricante tenha pleno conhecimento do procedimento de partida desejado para que possa selecionar o produto que tenha o sistema de ligantes adequados. Geralmente, essa etapa de aquecimento antes da partida é mais sensível para as massas secas se comparada a mesma fase para o material aplicado por *spray*.

7.4.2.3 Aplicação de massa seca de pega a frio

As massas secas a pega a frio são aplicadas de forma semelhante às massas secas de pega a quente. A diferença é que, no caso dos materiais de pega a frio, é necessário o uso de equipamento específico para adicionar e misturar os aditivos líquidos no momento da aplicação do material. Esses aditivos são responsáveis pela resistência mecânica em temperatura ambiente mediante reações químicas. É importante ter especial cuidado quanto ao equipamento de adição de aditivos, já que, geralmente, trata-se de adições em pequenas quantidades que exigem grande precisão de vazão de aditivos e de material para obedecer às concentrações estipuladas pelo fabricante. Para esse produto, também é necessário utilizar o molde metálico, similar ao usado nas massas secas de pega a quente, e verter o material já com os aditivos no interior desse molde.

Conforme mencionado, o equipamento de aplicação (Figura 7.26) é diferenciado e necessita de grande precisão, sendo mais sensível do que o utilizado para massas úmidas. O equipamento tem um braço transportador acoplado ao silo e diretamente ligando a um misturador de rosca. A massa seca é transportada pelo braço mecânico até o misturador de rosca onde os aditivos líquidos necessários para endurecimento do material são adicionados; e, então, a mistura massa + aditivos é direcionada até o bico de aplicação e cai diretamente no distribuidor.

Figura 7.26 Equipamento utilizado para aplicar massa de pega a frio.
Fonte: Acervo da Magna.

Da mesma forma que na aplicação da massa seca de pega a quente, primeiramente se preenche o fundo do distribuidor, acomoda-se e nivela-se o material para, depois, inserir a forma metálica e preencher as paredes do distribuidor.

Após cerca de 45 a 60 minutos em temperatura ambiente, o material reage e adquire resistência mecânica suficiente para remoção do molde. Após remoção do molde, o distribuidor já está pronto para entrar em operação ou, então, passar pelo procedimento de aquecimento em caso de partida a quente.

Outra diferença importante em relação à massa seca de pega a quente é que, no caso desse produto, é importante que o material seja aplicado com a temperatura do revestimento de segurança baixa (geralmente < 50°C), uma vez que a temperatura vai acelerar a reação de endurecimento, podendo o material obstruir o canal de alimentação, o que causa vazios internos no revestimento. O fabricante do material terá de determinar esses parâmetros, pois podem variar de acordo com o sistema de ligantes utilizados.

Para esse tipo de material, o procedimento de partida a frio deve ser mais cauteloso uma vez que o material pode conter alguma água quimicamente ligada devido à reação com os ligantes líquidos adicionados durante aplicação do material. No caso de partida a frio, o fabricante do material deve ser consultado sobre o correto procedimento a ser seguido.

7.4.3 Aspectos técnicos

Em sua grande maioria, os materiais utilizados na confecção dos revestimentos de trabalho são a base de MgO (revestimento básico). A escolha de materiais básicos é decorrente de sua baixa reatividade com o aço, resistência ao ataque pela escória, aliado ao menor custo de produção.

O diagrama de Ellingham (Figura 7.27) é a representação gráfica da relação de ΔG com a temperatura para reações de redução de metais a óxido (41). Nesse diagrama, pode-se verificar que o MgO realmente apresenta estabilidade alta como óxido (ΔG de formação do óxido muito negativo), porém existem outros óxidos mais estáveis que o MgO como o CaO e a Al_2O_3 (em temperaturas acima de 1550°C). O CaO, apesar de muito estável, é um óxido extremamente higroscópico e que pode reagir com Al_2O_3 durante o processo de lingotamento contínuo, formando fases de baixa refratariedade e, por isso, não é indicado para utilização como revestimento de trabalho. A alumina é um óxido muito estável em altas temperaturas e de alta pureza que poderia, sim, ser usada como revestimento de trabalho. O inconveniente é o alto custo dessa matéria prima que, de certa forma, inviabiliza seu uso uma vez que o material de trabalho é trocado regularmente. Porém, já existem, no mercado, produtos à base de Al_2O_3 que podem ser usados como uma tinta fina por cima do material de trabalho convencional para reduzir a reatividade do revestimento com componentes metalúrgicos do aço e minimizar a porosidade aberta (o que reduz a entrada de oxigênio e aumenta a resistência à erosão). Normalmente, esse tipo de material é utilizado em aços com altíssima exigência de limpidez.

O teor de MgO dos materiais de trabalho variam entre 60% e 90%, de acordo com tipo de aço produzido e tempo requerido de lingotamento por sequencial. Os materiais mais comuns são à base de olivina fosterítica (MgFeSiO4) e periclásio (MgO), mas também podem ser utilizados produtos com somente MgO. Quanto maior o teor de MgO, mais nobre é considerado o material e melhor é a resistência a corrosão. Por outro lado, estudos mostram que produtos contendo apenas periclásio apresentam uma condutividade térmica maior (Figura 7.28). A presença de múltiplas fases no material periclásio-olivina interrompe o fluxo de calor em maior extensão em virtude de diferentes coeficientes de expansão térmica, resultando em uma menor condutividade térmica do que o material com somente periclásio (26).

De modo geral, os materiais de trabalho são projetados para ter baixa resistência mecânica, baixa densidade, alta porosidade e baixa condutividade térmica. Essas propriedades são importantes para um bom isolamento térmico e boa colapsividade na cambagem.

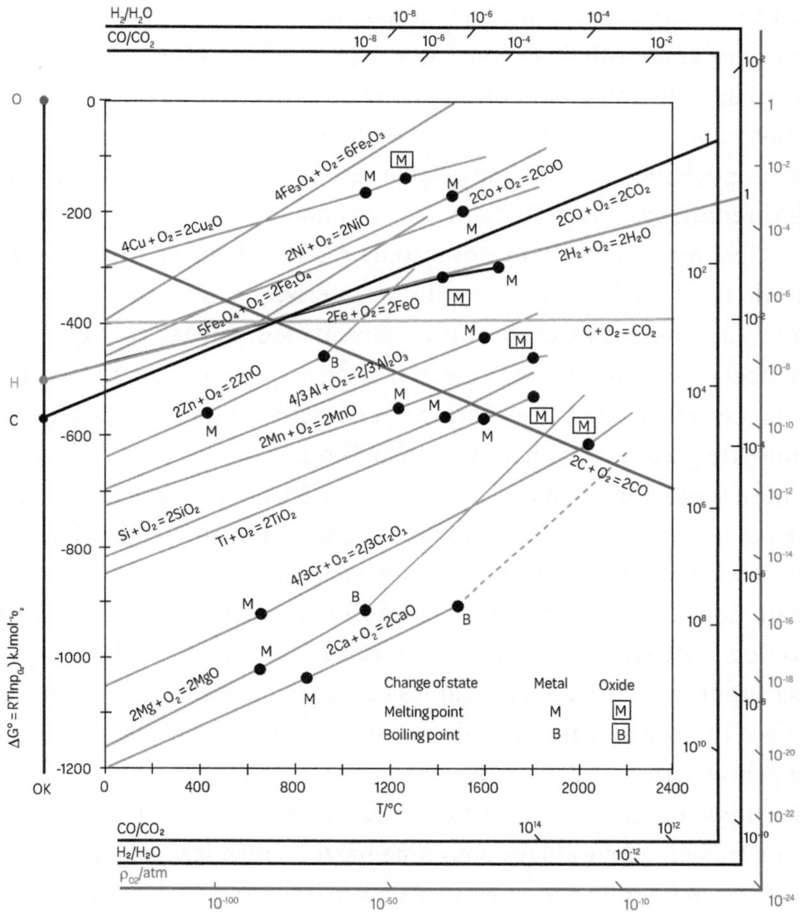

Figura 7.27 Diagrama de Ellingham.
Fonte: Adaptada de Wikipedia, 2022.

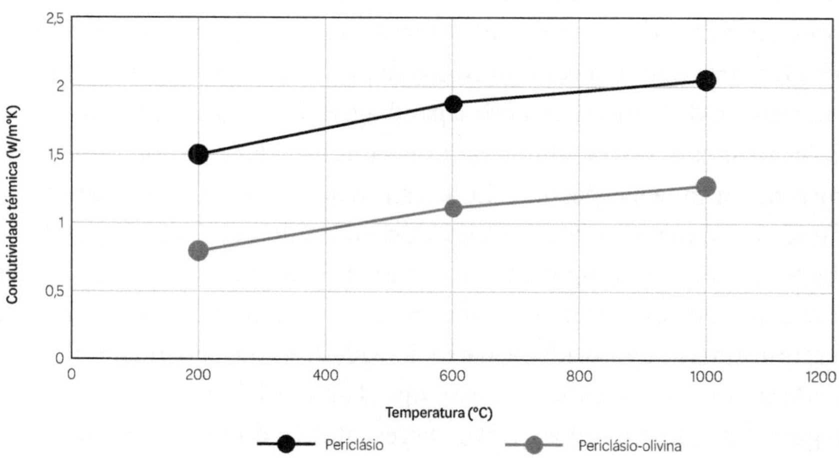

Figura 7.28 Condutividade térmica de misturas periclásio e periclásio-olivina em diferentes temperaturas.
Fonte: Adaptada de (26).

Em baixas temperaturas, após aplicação, os materiais de trabalho precisam ter resistência mecânica suficiente para que seja possível transportar o distribuidor sem haver queda de material. Porém, durante processo de aquecimento e lingotamento contínuo, o mecanismo de desenvolvimento de resistência mecânica é extremamente importante uma vez que a baixa resistência em operação é uma das causas de desprendimento de grão da matriz, levando ao processo de erosão (26).

O principal mecanismo para elevação da resistência mecânica e das propriedades finais do produto durante operação é a sinterização. Sinterização pode ser definida como um processo físico, termicamente ativado, que faz com que um conjunto de partículas de determinado material, a princípio em contato mútuo, adquira resistência mecânica. Sua força motora é o decréscimo da energia superficial livre do conjunto de partículas, conseguido pela diminuição da superfície total do sistema. Em muitas ocasiões, isso traz como consequência a eliminação do espaço vazio existente entre as partículas, resultando em um corpo rígido completa ou parcialmente denso (36). Esse processo de sinterização na face quente do material (face em contato com aço líquido), no início do lingotamento contínuo, promove um aumento de resistência mecânica do material e é imprescindível para que o material possa suportar as tensões cisalhantes causadas pelo fluxo de aço durante o lingotamento e reduzir a quantidade de poros abertos (densificação) que aceleram o desgaste pela escória.

A condutividade térmica do material de trabalho é outro ponto de atenção. O material de trabalho deve atuar como uma barreira térmica, protegendo o material de segurança e mantendo a temperatura do aço líquido. Como o material tem baixa condutividade térmica, a camada sinterizada que se forma no início do processo de lingotamento contínuo avança lentamente e de forma não linear. A espessura de material de trabalho para cada tipo de aplicação deve ser, então, determinada de forma que, no fim do processo, ainda se tenha uma camada de material não sinterizado na face fria (face em contato com o material de segurança), com baixa resistência mecânica, de forma a garantir a cambagem livre do distribuidor.

Se o revestimento de trabalho tiver uma condutividade térmica alta, a sinterização ocorrerá em toda a espessura do revestimento de trabalho causando uma reação e fusão com o material de segurança. Como resultado, a cambagem do material de trabalho ficará comprometida e o material de segurança poderá se desgastar nesse processo. Por esse motivo, o design das formulações com aditivos especiais para garantir uma alta porosidade, baixa densidade e consequentemente baixa condutividade térmica é desejado para esse tipo de material refratário (26).

A Figura 7.29 mostra um esquema representativo do fenômeno de sinterização do revestimento de trabalho durante o processo de lingotamento contínuo. A Figura 7.29A representa o revestimento de trabalho após aplicação, com baixa resistência mecânica. A Figura 7.29B mostra o início do processo de lingotamento contínuo, com a formação de uma camada de material sinterizado (faixa preta), com alta resistência mecânica para suportar o contato com aço e escória. A Figura 7.29C mostra o fim do processo de lingotamento contínuo, em que a frente de sinterização já avançou devido ao contato prolongado com altas temperaturas, porém mantendo uma pequena faixa de material *in natura* (faixa branca em contato com material de segurança) que garante a cambagem livre do distribuidor. Em caso de se projetar uma espessura menor do que o recomendado ou de se ter um sequencial maior do que o estimado, a frente de sinterização poderá atingir o material de segurança, dificultando a cambagem e danificando o revestimento.

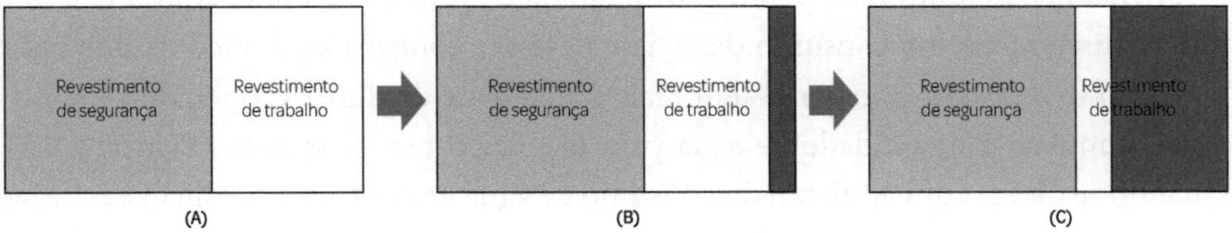

Figura 7.29 Esquema representativo do fenômeno de sinterização do revestimento de trabalho durante o processo de lingotamento contínuo.
Fonte: Acervo da Vesuvius.

7.4.3.1 Massa úmida

As massas úmidas (*spray*) contêm aditivos especiais que promovem uma baixa densidade e alta porosidade do material. Um dos aditivos age em contato com a água durante processo de aplicação e é responsável pela baixa densidade do material. Outro aditivo se degrada após a secagem do revestimento, promovendo uma porosidade extra e garantindo a baixa condutividade do material durante o uso. As massas *spray* não precisam ter um ligante químico típico para promover a resistência mecânica após a respectiva aplicação. A aderência desse material de trabalho no revestimento permanente se dá pela formação de uma fase de alta viscosidade quando seus componentes entram em contato com água. A resistência mecânica adquirida pela formação desse gel de alta viscosidade é suficiente para garantir também a movimentação do distribuidor para a área de secagem. Por não ter a presença de ligantes químicos, a massa *spray* apresenta uma flexibilidade maior para diferentes procedimentos de aquecimento para partida da máquina de lingotamento contínuo.

O parâmetro que mais interfere na resistência mecânica durante a aplicação é a quantidade de água utilizada. Quanto maior a quantidade de água, maior a densidade e, consequentemente, maior a resistência mecânica do material. Isso, a princípio, pode parecer positivo, mas, na verdade, a maior resistência mecânica do material a frio e, portanto, sua maior densidade pode resultar em queda de material após aplicação e/ou secagem. Além disso, a maior quantidade de água leva ao aumento da possibilidade de formação de trincas do revestimento e a uma sinterização mais rápida. A ocorrência de trincas após cura ao ar pode ser um sinal de uso de água em excesso.

Dessa forma, é muito importante controlar a quantidade de água durante aplicação para que se tenha uma consistência adequada para aderência e quantidade de água suficiente para ação dos aditivos reguladores de densidade. O ideal é verificar a consistência do material no bico de projeção, e não na moega, uma vez que, durante transporte na mangueira, pode haver perda de carga e perda de consistência do material.

A vida do conjunto estator-rotor da máquina de projeção é uma variável que interfere diretamente no consumo de água e deve ser controlada. À medida que esse conjunto se desgasta, o material tem mais dificuldade de fluir e o operador, muitas vezes, aumenta a quantidade de água para facilitar o bombeamento (Figura 7.30). Quando se detecta um aumento do consumo de água em relação à média histórica, a troca do estator rotor é uma medida que deve ser considerada. É importante que cada usuário controle e crie critérios de substituição do conjunto estator-rotor. Como mencionado, a etapa de secagem é uma etapa determinante no material *spray* e, caso a quantidade de água aplicada seja excessiva, pode afetar a efetividade da curva de secagem utilizada e causar sérios riscos operacionais e de segurança.

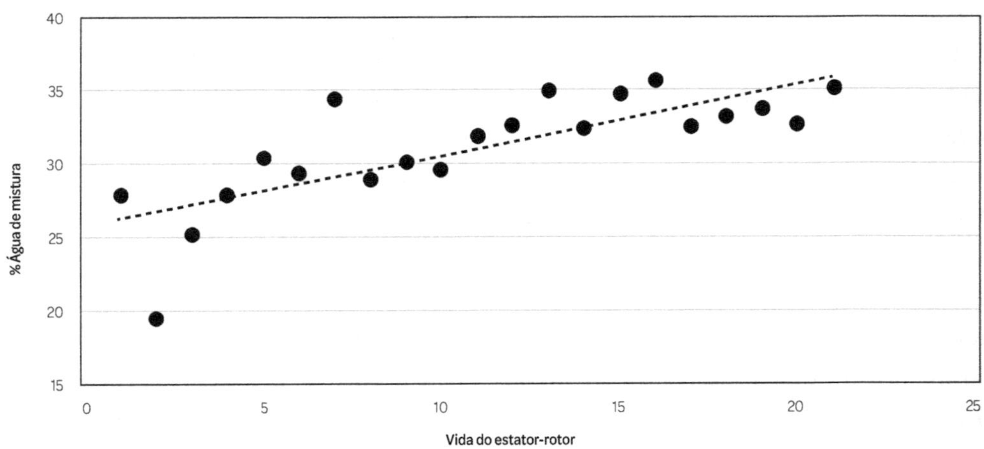

Figura 7.30 Dados reais de % água *versus* vida do conjunto estator-rotor.
Fonte: Adaptada de (26).

7.4.3.2 Massa seca de pega a quente

As massas secas de pega a quente são compostas basicamente de MgO na forma de periclásio e um ligante capaz de criar uma coesão das partículas e aumentar a resistência mecânica do material quando submetido a temperaturas em torno de 300°C.

A resina fenólica é o ligante original utilizado nesse tipo de tecnologia e é produto de reação de um fenol com metileno glicol. A reação, conduzida em diferentes condições, produz dois tipos de resinas: as do tipo Novolaca; e as do tipo Resois. As resinas Novolaca não são, por si só, reativas ao calor; para se tornarem reativas, deve-se adicionar a elas um gerador de formaldeído (por exemplo, hexametileno tetramina - HMTA). As resinas do tipo Resois são reativas ao calor, visto conterem um excesso de formaldeído. Esse excesso de formaldeído permite que grupos metilol e éter dibenzílico se mantenham reativos e prossigam com reações de polimerização e cura da resina, sem que seja necessária a adição de outras substâncias (por exemplo, de HMTA). Por serem sólidas em temperatura ambiente, as resinas tipo Novolaca são as mais utilizadas nas massas de distribuidor. Devido à extensa gama de ligantes disponíveis para uso, é imprescindível que o fabricante do material forneça os dados necessários para a realização do processo de cura e aquecimento do distribuidor.

Com o aumento da temperatura do produto, as resinas fenólicas novolacas passam por etapas de liberação de substâncias voláteis, decomposição do agente de cura até chegarem à etapa de reticulação da resina e de produção do arranjo polimérico tridimensional que ocorre a partir de 170°C e completa estabilização a 200°C. Caso atinjam-se temperaturas acima de 300°C, pode começar a ocorrer a degradação desse tipo específico de resina (Figura 7.31).

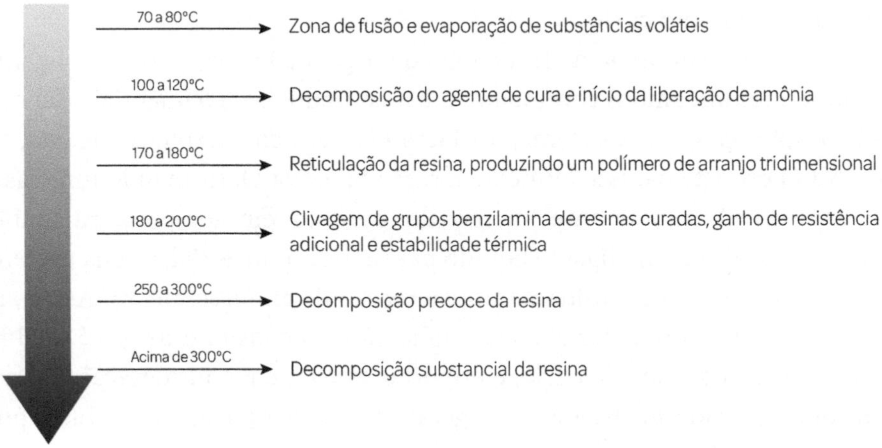

Figura 7.31 Etapas de cura de resinas fenólicas novolacas.
Fonte: Desenvolvida pela autoria do capítulo.

Em decorrência dessas etapas de cura da resina mostradas anteriormente, durante a etapa de endurecimento das massas de pega a quente, o controle da temperatura é extremamente importante para se obter a resistência mecânica adequada. Caso a temperatura na interface forma/material não atinja 170°C, a resina não começará o processo de reticulação e, dessa forma, o material não adquirirá a resistência necessária para retirada da forma. Por outro lado, se a temperatura na interface ficar acima da temperatura de degradação da resina, o material também não adquirirá resistência mecânica.

Apesar de as resinas fenólicas serem muito utilizadas e funcionarem muito bem nessa tecnologia, existem algumas desvantagens na utilização desse ligante, como o alto custo e as questões ambientais, uma vez que a cura das resinas fenólicas libera amônia para o meio ambiente. Uma alternativa é o uso da glucose que é muito mais barata, tem disponibilidade alta no mercado e não há problema com vapores tóxicos (3).

7.4.3.3 Massa seca de pega a frio

As massas de pega a frio são compostas basicamente de MgO e aditivos e ligantes que vão gerar uma resistência mecânica ao material em temperatura ambiente após 40 a 60 minutos.

A primeira versão desse tipo de material é composta por uma massa seca contendo o MgO e o acelerador das reações em temperatura ambiente. O ligante líquido é enviado separadamente e é adicionado ao material no momento antes da aplicação, misturado em uma misturador sem fim e descarregado diretamente no molde do distribuidor. Essa tecnologia funciona bem tecnicamente, porém o acelerador em pó, contido na mistura seca, quando em contato com o ar atmosférico, pode passivar e perder suas propriedades, fazendo com que o tempo de estocagem do produto seja muito curto.

Uma versão aprimorada da tecnologia de pega a frio é composta de ligante e o acelerador líquidos, ambos continuamente misturados com o material seco no momento da aplicação. Nesse sistema, o acelerador reage com a solução ligante, removendo Na_2O do sistema. Isso aumenta a razão SiO_2/Na_2O, formando uma fase viscosa responsável pelo endurecimento do produto em temperatura ambiente. Embora seja utilizado um ligante líquido para aplicar o material, a água presente na solução do ligante é consumida durante a reação de endurecimento. Assim, não é necessária secagem do material após a aplicação e o consumo de gás é totalmente abolido. Em caso de partida a frio, é importante levar em consideração que a água quimicamente ligada ao sistema pode gerar *pick up* de hidrogênio e causar porosidade no produto final.

Uma versão mais moderna da tecnologia de pega a frio conta com ligantes e aditivos especiais que já estão incorporados na mistura seca e a ativação da reação de endurecimento em temperatura ambiente se dá somente pela adição de uma pequena quantidade de água. O surgimento dessa tecnologia trouxe maior facilidade em termos de logística e otimização de espaço para armazenamento de materiais.

7.4.4 Seleção de produtos

Durante a década de 1980, o uso de massa *spray* foi um grande avanço no desenvolvimento de revestimento de trabalho para distribuidor de máquina de lingotamento contínuo (16). Essa tecnologia utiliza aditivos especiais que conduzem a um produto com densidade muito baixa (1,1g/cm^3) e de baixa condutividade térmica. Essas características adicionadas a uma fácil aplicação, boa flexibilidade para a instalação de mobiliários, bom desempenho e baixo custo tornaram essa tecnologia muito bem-sucedida.

Um estudo de mercado realizado em 2022, nas 47 principais siderúrgicas da América do Sul, incluindo usinas integradas e elétricas, revelou que 71,26% de 45.857 toneladas de material de trabalho consumido foram de massas *spray* (Figura 7.32).

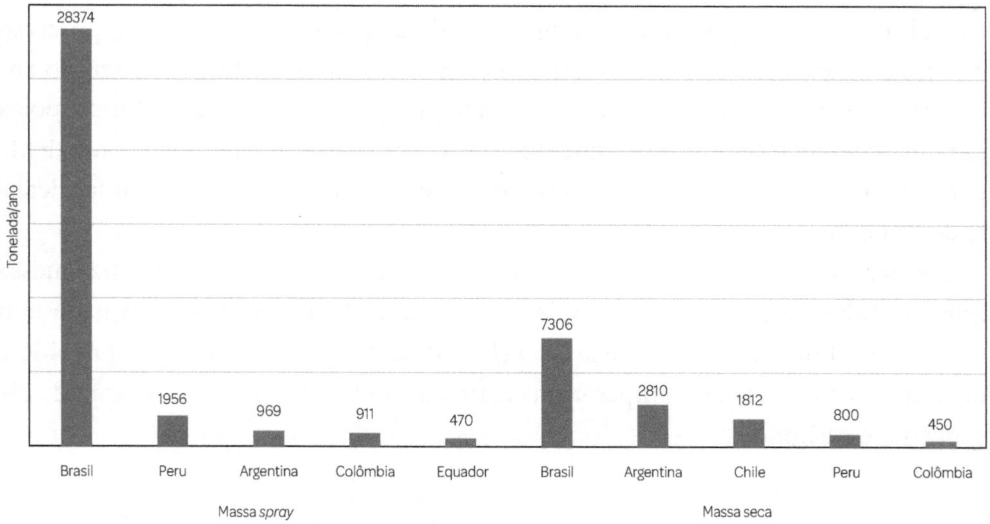

Figura 7.32 Mercado de massas de trabalho para distribuidor na América do Sul em 2022.
Fonte: Adaptada de Vesuvius.

Apesar do grande consumo de massa *spray*, o fato de aproximadamente 30% de água ser usada para aplicar esse material ainda é um ponto de preocupação.

O primeiro inconveniente relacionado à quantidade de água utilizada para aplicação de massa *spray* é a necessidade de secar o revestimento, o que leva a um consumo de gás elevado e a uma redução na disponibilidade do equipamento, uma vez que a etapa de secagem dura em torno de 3 horas (podendo variar com o tipo de secador utilizado, a espessura do revestimento e a tecnologia do material). Outro ponto de preocupação em relação à quantidade de água é a possibilidade de *pick up* de hidrogênio. A presença desse elemento no aço é considerada nociva e é uma causa comum de defeitos como trincas e fragilização (42).

Há numerosas fontes de hidrogênio durante o refino primário e secundário do aço e no lingotamento. Essas fontes incluem sucata, ferro-gusa, gases de agitação, carburantes, ligas úmidas, adições de material de cobertura de distribuidor e a atmosfera. Acredita-se que o revestimento de trabalho também pode ser uma fonte de hidrogênio (38). O vapor de água presente nos poros do material refratário pode dissociar-se quando em contato com o aço líquido, de acordo com a Equação 7.3, e o hidrogênio atômico formado pode ser facilmente incorporado no aço durante o seu processo de produção. Isso acontece por causa da grande mobilidade do hidrogênio na rede cristalina de ferro, já que seu raio atômico é aproximadamente oito vezes menor que o raio atômico do ferro (rH = 25pm; rFe = 140pm) (10).

$$H_2O \leftrightarrow 2[H] + [O] \quad \text{eq. 7.3}$$

Para minimizar/eliminar o problema do *pick up* de hidrogênio pela massa de trabalho, é muito importante garantir que toda a água seja eliminada no processo de secagem. Para isso, o monitoramento com termopares conforme mostrado anteriormente (Figura 7.17), é aconselhável sempre que uma nova curva for proposta para um cliente. É importante comentar que a curva de secagem é apenas suficiente para remover a água livre do sistema e deve obedecer a recomendação do fabricante do material.

Apesar da grande preocupação de *pick up* de hidrogênio quando se utiliza massa *spray*, estudos mostram que o uso de massa seca (DVM, em inglês) resinada tem um potencial maior de ocorrência de *pick up* de hidrogênio (Figura 7.33) devido à degradação da resina em temperaturas acima de 350°C, levando à liberação de hidrogênio e carbono.

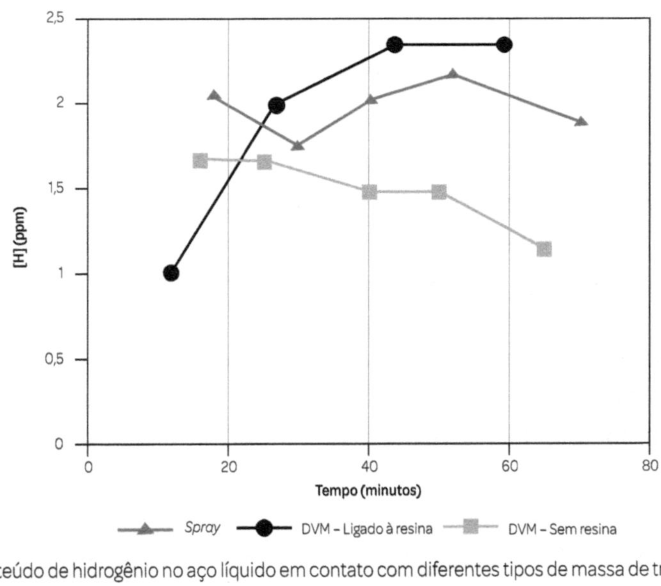

Figura 7.33 Conteúdo de hidrogênio no aço líquido em contato com diferentes tipos de massa de trabalho.
Fonte: Adaptada de (18).

Outra preocupação relacionada com a massa *spray* é a possibilidade de inclusões de alumina no aço devido à presença de sílica na sua composição. A Equação 7.4 mostra que, termodinamicamente, a sílica livre contida na massa de trabalho pode ser reduzida pelo alumínio dissolvido no metal, o que leva à formação de uma quantidade adicional de inclusões de alumina (Bross *et al.*, 2009). Essa equação ocorre espontaneamente uma vez que, de acordo com o diagrama de Ellingham (Figura 7.27), a energia livre para formar o óxido Al_2O_3 é menor do que para formar SiO_2.

$$3SiO_2 + 4[Al] \rightarrow 3[Si] + 2Al_2O_3 \qquad \text{eq. 7.4}$$

Porém, estudos mostram que se pode ajustar o teor de sílica livre no sistema a fim de garantir um menor teor de oxigênio no sistema, como demonstrado na Figura 7.34, e ainda garantir uma boa performance das massas *spray* uma vez que a sílica livre é responsável pela aderência do material na superfície do revestimento de segurança. O mecanismo proposto para efeito do teor de microssílica no teor total de oxigênio (TOC) no aço é que, primeiro, SiO_2 e MgO se dissolvem no aço líquido para aumentar o TOC. Com o aumento do teor de microssílica no refratário, o TOC do aço aumenta. Em segundo lugar, SiO_2, uma vez junto com MgO e as impurezas na magnésia e microssílica, forma um líquido a 1600°C. Essa camada líquida entre o aço líquido e o refratário dificulta a solução dos óxidos no aço. Assim, quanto maiores o teor de microssílica no refratário e o teor de líquido, menores a dissolução dos óxidos e o TOC.

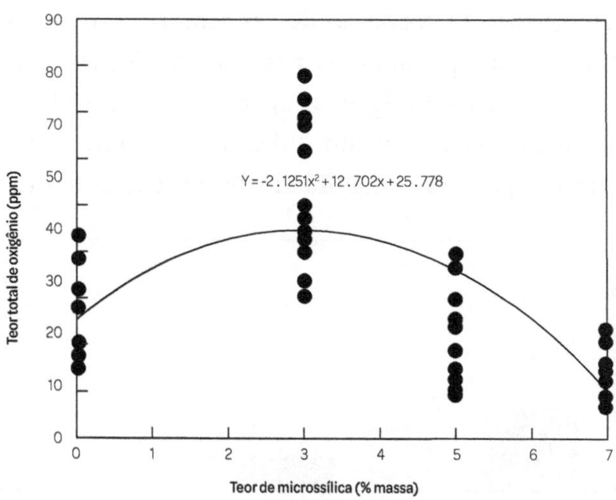

Figura 7.34 Conteúdo de hidrogênio no aço líquido em contato com diferentes tipos de massa de trabalho.
Fonte: Adaptada de (19).

Portanto, o hidrogênio captado pela presença de água e as inclusões de alumina pela presença de sílica não devem ser motivos para descartar as massas *spray*, quando se seleciona um adequado revestimento de trabalho de distribuidor.

As massas secas surgiram no mercado com o objetivo de reduzir ou mesmo eliminar a necessidade de água e de gás e aumentar a disponibilidade do distribuidor de aço. De fato, a utilização desse tipo de material reduz substancialmente o consumo de gás, uma vez que não há necessidade de secagem por tempo longo para eliminar a água como é o caso da massa *spray*. Além disso, o uso de massa seca pode aumentar substancialmente a disponibilidade de distribuidor.

As Figuras 7.35 e 7.36 mostram um comparativo do consumo de gás necessário e o tempo para o preparo do distribuidor de aço utilizando-se diferentes tecnologias de massa de trabalho. As massas de pega a quente têm tempo de preparo inferior às massas *spray* devido à eliminação da etapa de secagem (barra cinza) e, consequentemente, menor consumo de gás e emissões de CO_2. As massas de pega a frio requerem tempo de preparo ainda menor devido à não necessidade de resfriamento do distribuidor para retirada da forma (barra azul clara) uma vez que as reações de endurecimento ocorrem em temperatura ambiente sem a necessidade de aquecimento. Além disso, o consumo de gás é eliminado nesse tipo de tecnologia quando a partida da máquina é a frio. A última tecnologia mostrada nas Figuras 7.35 e 7.36 é de um novo tipo de massa *spray* que está sendo lançada no mercado e que permite aquecimento direto antes da partida da máquina de lingotamento sem a necessidade de secagem do revestimento. Isso reduz bastante o tempo de preparo do distribuidor utilizando massa *spray* convencional, preparo este que até passa a ser mais rápido do que aquele com a tecnologia de massa de pega a frio na modalidade de partida a quente. O consumo de gás também é reduzido em relação às massas *spray* convencionais, igualando-se à tecnologia de pega a frio para partida a quente. Essa nova tecnologia consegue agrupar os benefícios de facilidade de aplicação e baixa densidade (baixo consumo) das massas *spray* com os benefícios de redução de consumo de gás e disponibilidade de equipamento das massas secas.

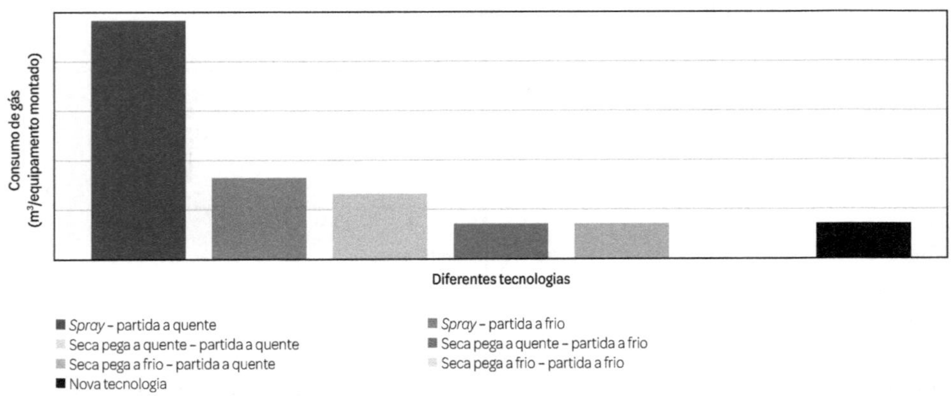

Figura 7.35 Comparativo do consumo de gás para preparo do distribuidor de aço com diferentes tecnologias de massa de trabalho.
Fonte: Adaptada de Vesuvius.

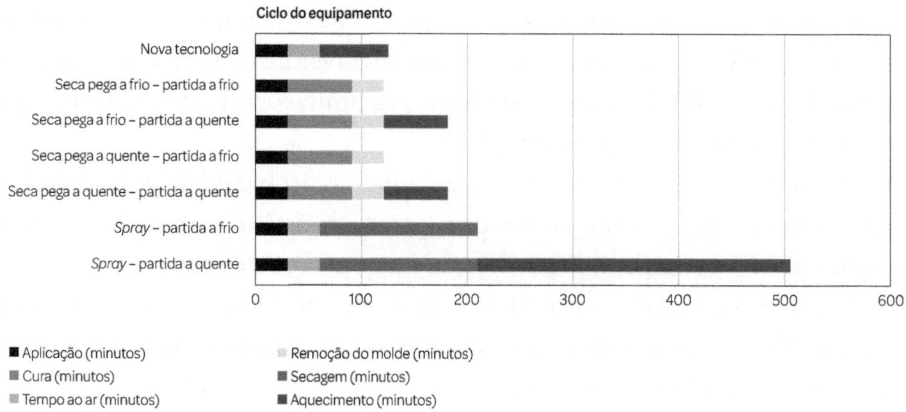

Figura 7.36 Comparativo do tempo de preparo do distribuidor de aço utilizando diferentes tecnologias de massa de trabalho.
Fonte: Adaptada de Vesuvius.

As figuras anteriores demostram que realmente as massas secas reduzem o consumo de gás e o tempo de preparação do distribuidor e, por isso, clientes com sequenciais curtos e necessidade de preparo de muitos distribuidores por dia optam por esse tipo de tecnologia (3). O alto custo de gás natural e a não disponibilidade de gás durante o inverno em alguns países como Argentina fazem com que os clientes também escolham as massas secas em detrimento das massas *spray*. Outra vantagem das massas secas é a melhor resistência à erosão, resultando em um potencial de aumento do sequencial (3). O maior grau de empacotamento das partículas que compõem a massa seca confere uma estrutura mais fechada e de maior densidade se comparada com a proporcionada pelas massas *spray*, e isso inibe infiltrações, principalmente de escória, acarretando menores taxas de desgaste do revestimento de trabalho. Dessa forma, clientes que necessitam de sequenciais muito longos também optam por esse tipo de tecnologia.

Apesar dessas vantagens, as massas secas ainda correspondem a uma baixa porcentagem de utilização e isso se deve a algumas desvantagens dessas tecnologias que as tornam pouco atraentes na maioria das condições de processo.

A primeira desvantagem das massas secas de pega a quente está relacionada com o sistema de ligante. Como já foi visto na sessão anterior, a resina fenólica, além do alto preço e da liberação de amoníaco durante a polimerização da resina, pode causar *pick up* de hidrogênio e *pick up* de carbono no aço por causa da degradação do ligante em temperaturas acima de 350°C. Sistemas alternativos de ligante ecológico foram desenvolvidos, no entanto o problema de captação de carbono persistiu. O aumento do teor de carbono no aço não é desejável no aço IF uma vez que afeta fortemente a qualidade do aço e as suas características de conformação mecânica (27).

Estudos compararam diferentes revestimentos de distribuidor e verificaram que a absorção de carbono de massa *spray* foi consideravelmente menor do que de massas secas (Figura 7.37). Esse resultado indica as limitações do material seco para o lingotamento de aço ULC, por exemplo.

As massas secas de pega a frio não apresentam o problema de *pick up* de C uma vez que utilizam ligantes inorgânicos para gerar a resistência mecânica em temperatura ambiente, porém necessitam de uma máquina mais complexa (em comparação com a massa de pega a quente), que deve incluir o sistema de bombeamento para os líquidos e uma unidade de mistura. Isso torna o investimento muito maior do que para as tecnologias anteriores.

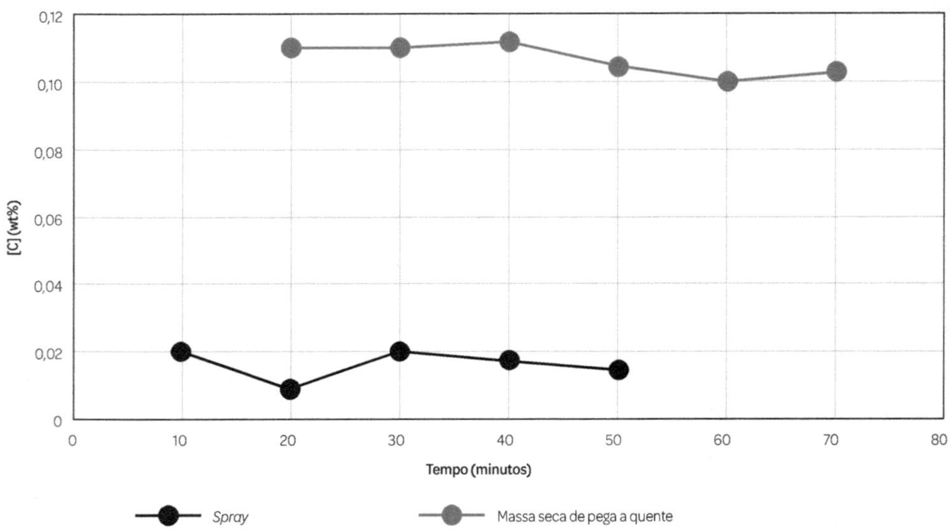

Figura 7.37 Teor de carbono no aço em função do tempo de amostragem para diferentes tipos de materiais refratários.
Fonte: Adaptada de (18).

Outra desvantagem das massas secas é a maior densidade (~1,7g/cm^3) em relação ao material *spray* (~1,1g/cm^3), o que eleva o consumo considerando-se a mesma espessura de aplicação. Os dados das usinas siderúrgicas no Brasil mostraram um aumento de aproximadamente 30% no consumo ao se substituírem as massas *spray* por massas secas.

Esse consumo já elevado aumenta ainda mais durante a campanha do revestimento de segurança. À medida que o revestimento de segurança se desgasta, o espaço a ser preenchido pelo material de trabalho cresce, aumentando também o consumo de massa (Figura 7.38). Mesmo o uso de um molde ajustável não é suficiente para manter o consumo constante durante a campanha. Outro ponto importante é a impossibilidade de se realizar balanceamento de material, como aumentar a espessura na linha de escória, devido ao uso das formas. Com isso, além da maior densidade, a espessura do distribuidor completo tem de ser determinada pela região crítica. Dados de siderúrgicas no Brasil revelaram que o consumo pode se duplicar no final da campanha de revestimento de segurança. Às vezes, é preferível encerrar prematuramente a campanha do revestimento de segurança do distribuidor do que ter esse aumento no consumo do revestimento de trabalho.

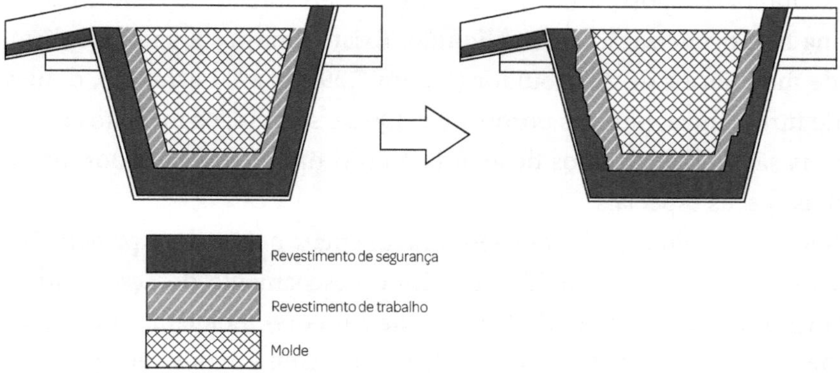

Figura 7.38 Perfil mostrando o aumento de consumo de massa seca em função do desgaste do revestimento de segurança.
Fonte: Adaptada de Vesuvius.

A Tabela 7.1 resume as características das três tecnologias mais utilizadas no revestimento de trabalho dos distribuidores. Cada tecnologia apresenta suas vantagens e desvantagens e a decisão de qual produto deve ser escolhido está diretamente associada às condições de processo de cada usuário.

Tabela 7.1 Comparação entre tecnologias de massa de trabalho.

Características	*Spray*	Massa seca de pega a quente	Massa seca de pega a frio
Aplicação	25% a 35% água	Completamente seca	Adição de aditivos líquidos
Balanço de espessura	Sim	Não	Não
Tempo de secagem	3,5h	-	-
Tempo de cura	-	1,5h/300°C	1h/ar
Tempo de resfriamento	-	1h	-
Disponibilidade do DT	Menor	Maior	Maior
Consumo de gás	Maior	Menor	Menor
Densidade	Menor	Maior	Maior
Consumo	Menor	Maior	Maior
Isolamento térmico	Maior	Menor	Menor
Custo	Menor	Maior	Maior
Sequencial	Menor	Maior	Maior

Fonte: Desenvolvida pela autoria do capítulo.

7.5 MOBILIÁRIO

7.5.1 Função

Sendo o distribuidor a última etapa de processamento em que o aço está totalmente líquido, é também a última oportunidade para a eliminação de impurezas (inclusões) e para a homogeneização do aço antes de este ser transferido para o molde. O uso dos mobiliários possibilita uma importante ferramenta na eliminação de inclusões e na homogeneização do aço líquido. Existe uma vasta gama de formatos de peças de mobiliários de distribuidor (Figura 7.39), como barragens, diques, inibidores de turbulência, plugues porosos etc. Quase sempre, os formatos dessas peças refratárias são personalizados de acordo com o tipo de distribuidor, por isso são chamadas "peças especiais".

Os mobiliários do distribuidor são fundamentais nessas duas principais funções do distribuidor e atuam na fluidodinâmica do escoamento do aço líquido desde a entrada (proveniente da panela) até sua saída para o(s) molde(s). Enquanto a eliminação de inclusões auxilia na obtenção de um aço com limpidez adequada, a homogeneização deste é uma etapa de fundamental importância para a operação e a estabilidade do lingotamento contínuo, evitando ocorrência de defeitos no produto sólido.

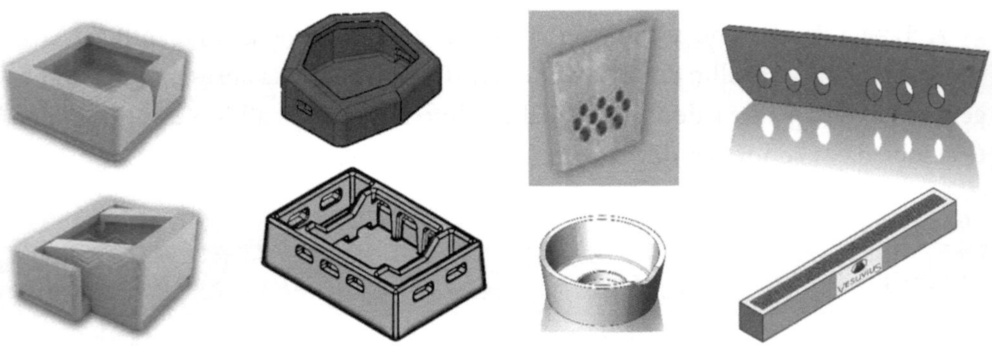

A) Inibidores de turbulência (PAD) B) Barragens, diques, barreira de argônio

Figura 7.39 Exemplos de peças especiais de mobiliários de distribuidor.
Fonte: Adaptada de (1) e de Vesuvius.

Outra função dos mobiliários que, na maioria das vezes, é tratada como efeito secundário, é o aumento da segurança operacional do distribuidor, reduzindo regiões preferenciais de desgaste dos refratários. Essa característica também é obtida pelo direcionamento das linhas de fluxo de aço líquido, reduzindo a tensão cisalhante causada pelo aço líquido nas paredes refratárias (Figura 7.40) e, com isso, o potencial de desgaste por erosão dos materiais refratários.

A seguir, são apresentados os pontos mais importantes associados às duas principais funções dos distribuidores no lingotamento contínuo influenciados pelo desempenho dos mobiliários.

A) Tensão cisalhante nas paredes do delta e frontal com inibior A

B) Tensão cisalhante nas paredes do delta e frontal com inibior B

Figura 7.40 Exemplo de alteração de tensão cisalhante nas paredes do distribuidor (mostrando as regiões com tendência de desgaste do refratário com coloração mais clara) com a alteração do formato do inibidor de turbulência.
Fonte: Acervo da Vesúvius.

7.5.1.1 Eliminação de impurezas (inclusões)

As impurezas presentes no aço líquido são basicamente inclusões não metálicas que podem ser oriundas do processo de refino (inclusões endógenas) ou provenientes de contaminações ocorridas no processo de fabricação do aço (inclusões exógenas). De maneira geral, as inclusões exógenas são maiores e mais deletérias às propriedades do produto lingotado (14).

De maneira geral, essas inclusões são eliminadas no distribuidor por meio da escória presente nesse reator, de maneira que a adequação da escória para receber essas inclusões também tem um papel importante na obtenção de um aço limpo (35; 25; 11).

O primeiro passo para a eliminação das impurezas é possibilitar que estas cheguem até a interface metal-escória onde fatores relacionados às características intrínsecas do aço e da escória (principalmente sua tensão interfacial) permitirão que as impurezas sejam absorvidas pela escória (30); (8). A chegada das impurezas na interface metal-escória pode ocorrer naturalmente ou de maneira forçada mediante a criação de linhas de correntes de fluxo direcionadas a essa interface (14).

Naturalmente, as impurezas (inclusões) tendem a ir para a interface metal-escória pela diferença de densidade dessas inclusões em relação ao meio (aço líquido) de maneira que sejam flotadas pela geração da força de empuxo. Portanto, por esse mecanismo, quanto maiores a diferença de densidade entre o aço líquido e a inclusão e seu diâmetro, maior o empuxo gerado e, portanto, maior a chance de a impureza chegar até a interface metal-escória.

Nesse mecanismo, os mobiliários do distribuidor atuam aumentando o tempo de residência médio do aço líquido no distribuidor, possibilitando que um número maior de inclusões chegue à interface metal-escória por flotação natural (37, 17). O aumento do tempo médio de residência do aço no distribuidor é alcançado principalmente por intermédio de eliminação ou de redução das regiões de estagnação de fluxo (zonas mortas) no seu interior. As zonas mortas são regiões de baixa velocidade e baixa temperatura que, na prática, atuam reduzindo o volume útil do distribuidor.

A maneira mais eficiente de fazer com que as impurezas cheguem até a interface metal-escória é s criação de linhas de corrente de fluxo direcionadas a esa região, acelerando o processo de eliminação dessas inclusões (5) principalmente para as inclusões menores, pois seu tempo de flotação natural é maior que o tempo de residência do aço líquido no distribuidor, não permitindo que essas inclusões atinjam a interface metal-escória. É nesse processo que os mobiliários do distribuidor têm um papel fundamental, já que permitem o direcionamento das linhas de fluxo de aço líquido (Figura 7.41), aumentando o tempo médio de residência do aço no distribuidor.

Figura 7.41 Exemplo do efeito de direcionamento de fluxo para a interface metal-escoria obtida mediante o uso de inibidor de turbulência.
Fonte: Adaptada de (15).

O efeito de direcionamento de linhas de fluxo por meio dos mobiliários decorre das características geométricas de cada peça, de acordo com as características de processo e dos equipamentos de cada processo de lingotamento contínuo, sendo as principais: as dimensões dos distribuidores; e as vazões de aço líquido durante o processo. Para lingotamento de Billets, em que existe uma diferença significativa de tempo de residência entre os veios internos e externos, o uso de inibidor de turbulência é de grande utilidade para a manutenção de parâmetros de qualidade mais constantes entre os diferentes veios. Isso faz com que, para cada condição de processo, a geometria e o posicionamento dos mobiliários sejam diferentes, tornando necessário que haja um projeto específico para cada lingotamento, explicando a grandes variedades de formatos desses mobiliários (32).

É importante ressaltar que a criação de linhas de fluxo de aço líquido direcionados à interface metal-escória tem de ser balanceada, evitando que esse fluxo cause perturbação excessiva dessa interface que pode causar tanto emulsificação de escória como a ruptura dessa interface (abertura de olho), causando reoxidação do aço líquido (8). Ambas as ocorrências geram inclusões grandes, que são mais deletérias às propriedades do produto lingotado.

Outra maneira para auxiliar a eliminação de inclusões no distribuidor é a injeção de gás inerte em diferentes posições dos distribuidores utilizando materiais refratários porosos (Figura 7.42). A injeção do gás inerte (geralmente o argônio) atua tanto aumentando a força de empuxo, devido à redução de densidade oriunda da presença de bolhas associadas às inclusões, como na criação de um direcionamento de linhas de fluxo para a interface metal-escória (Figura 7.43) (34; 9).

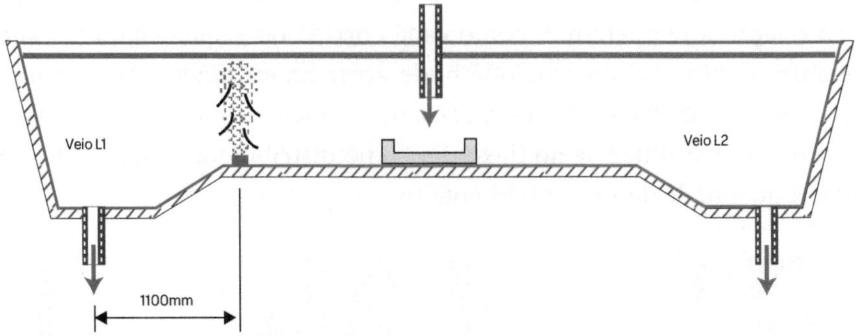

Figura 7.42 Exemplo de injeção de argônio no distribuidor.
Fonte: Adaptada de (9).

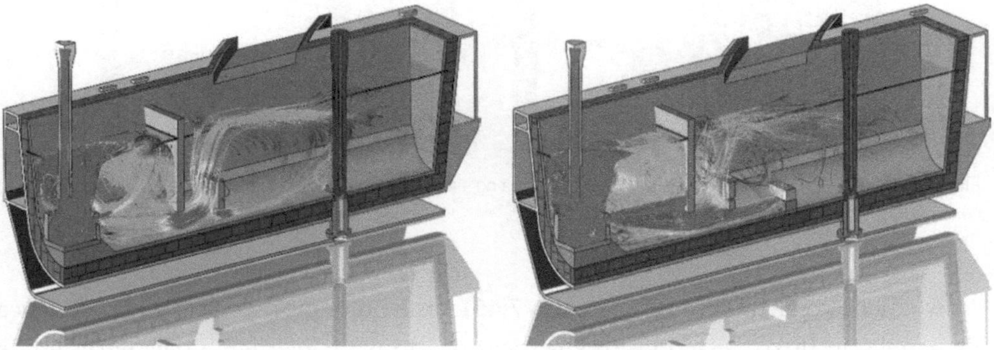

Fluxo de aço sem injeção de ar

Fluxo de aço com injeção de ar

Figura 7.43 Efeito da injeção de argônio nas linhas de corrente de fluxo de aço.
Fonte: Acervo da Vesuvius.

7.5.1.2 Homogeneização do aço líquido

Um dos principais pontos de atenção para obtenção de um produto de alta qualidade por intermédio do processo de lingotamento contínuo é a estabilidade das propriedades do aço líquido que chega ao molde. Nesse ponto, o distribuidor exerce uma importante função de minimizar as variações das corridas no decorrer do sequenciamento. As principais propriedades ligadas à qualidade do produto lingotado são composição química e temperatura.

Com relação às propriedades químicas, é importante que o distribuidor evite ocorrência de oxidação do aço líquido influenciando diretamente no rendimento de elementos de ligas e na limpidez do aço. Nesse ponto, especial atenção tem de ser dada na velocidade das linhas de fluxo do aço líquido na interface metal-escória, evitando-se o contato direto do aço com o oxigênio do ambiente (abertura de olho) e a emulsificação de inclusões, como discutido no item anterior. É de conhecimento que o uso de inibidores de turbulência na região de impacto do jato proveniente da panela reduz de maneira significativa a turbulência na região de vazamento (23; 40), reduzindo a exposição do aço líquido e o arraste de inclusões (32; 7; 8).

Com relação à temperatura, como cada corrida do sequenciamento apresenta temperatura distinta, o distribuidor pode atuar amenizando essas variações no molde. Existem trabalhos (23) que mostram, por meio de modelo físico, que a temperatura tem uma influência no fluxo de aço no distribuidor (Figura 7.44), podendo afetar a qualidade do produto lingotado.

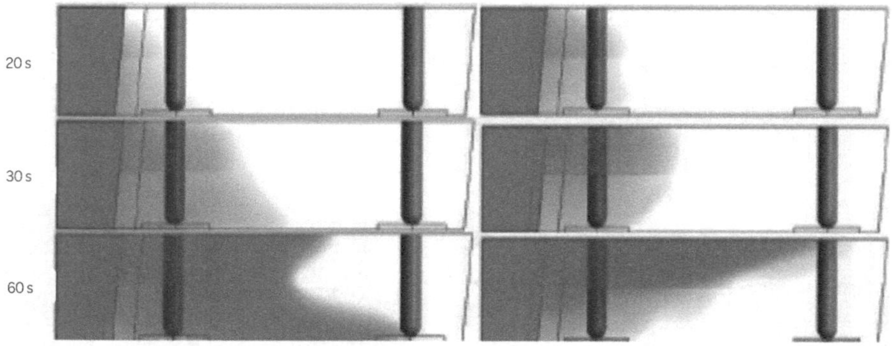

Figura 7.44 Influência da temperatura do aço na panela no escoamento dentro do distribuidor: à esquerda, simulação com modelo isotérmico; e à direita, modelo não isotérmico.
Fonte: Adaptada de (23).

Medições realizadas *in situ* (Figura 7.45) também demonstram o efeito da troca de panela no fluxo de aço no molde, ocasionado principalmente pela variação de temperatura entre as corridas. Nesse caso, o fluxo de aço no molde é totalmente desconfigurado, levando à ocorrência de defeitos no produto lingotado.

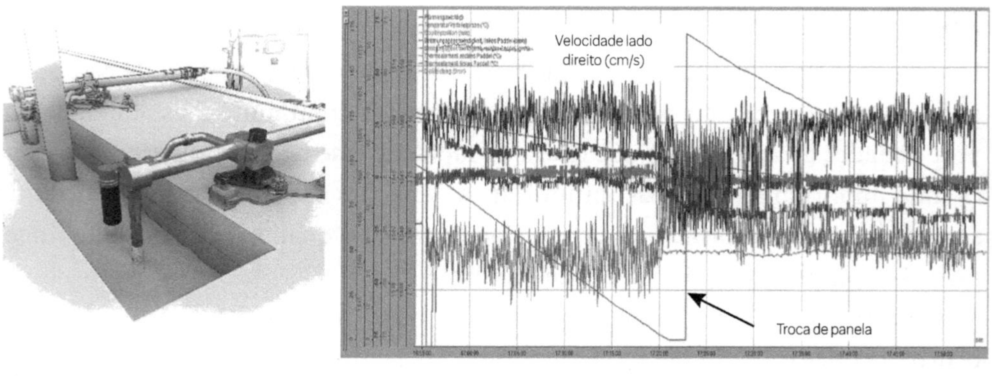

Figura 7.45 Equipamento X-MAT para medir velocidade do aço líquido no submenisco do molde e resultados de velocidade mostrando distúrbio no fluxo de aço no molde causado por variação de temperatura durante a troca de panela.
Fonte: Acervo da Vesuvius.

O uso correto de mobiliários de distribuidor pode reduzir significativamente a variação de temperatura no molde por intermédio da melhoria da homogeneização no distribuidor. Nesse sentido, o mobiliário mais efetivo são as cortinas de argônio, que promovem uma mistura mais uniforme do aço dentro do distribuidor (Figura 7.46).

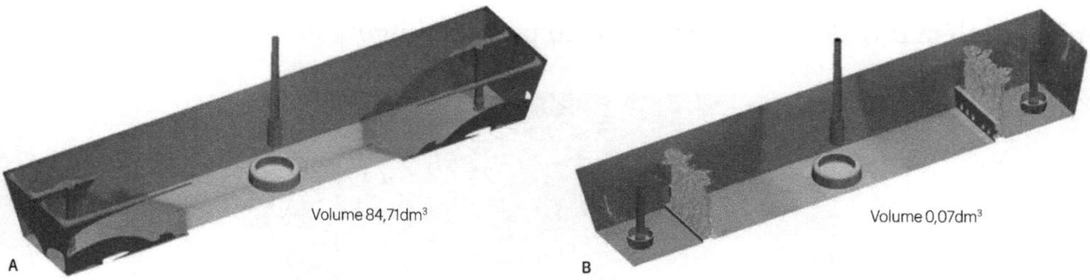

Figura 7.46 Volume estagnado no distribuidor. A) Projeto convencional com 84,7dm³; B) com uso de cortina de argônio com 0,07dm³.
Fonte: Acervo da Vesuvius.

7.5.1.3 Segurança operacional

Outra função dos mobiliários é aumentar a segurança operacional dos distribuidores, evitando desgaste de refratários e até perfuração dos distribuidores.

Os mobiliários mais simples são placas refratárias planas, geralmente de alto teor de alumina (> 80%), moldado ou prensado e instalado em regiões críticas do distribuidor, principalmente na região de impacto do aço proveniente da panela. Entretanto, o uso de peças de geometria especial é cada vez mais comum visto que também auxilia na obtenção de um fluxo de aço mais adequado à qualidade e à produtividade do processo, como já discutido anteriormente (15).

Entretanto, para desgastes presente nas paredes, peças especiais são necessárias (15), já que é uma indicação de fluxo preferencial de aço. Os casos mais críticos são de distribuidores de lingotamento de *billets* com região de impacto não alinhada aos veios.

7.5.2 Aplicação

A montagem dos mobiliários é realizada após a limpeza do revestimento de segurança, ou do revestimento permanente, e deve seguir rigorosamente o projeto do distribuidor utilizado. Especial cuidado com treinamento do pessoal e divulgação do projeto do distribuidor deve ser considerado. As principais atividades são o posicionamento correto, a fixação e o nivelamento.

7.5.2.1 Posicionamento

O posicionamento dos mobiliários tem de ser feito considerando-se os veios como o ponto de referência. Utilizar medidas na carcaça ou na parede dos distribuidores como referência pode levar a erros, já que, com o tempo, ocorre desgaste do refratário e a carcaça do distribuidor tende a se deformar, alterando sua posição em relação aos veios. Na Figura 7.47, é mostrado um inibidor montado utilizando-se a parede do distribuidor como referência. Com a deformação do distribuidor, o posicionamento do inibidor foi alterado, ficando deslocado em relação à região de impacto, o que pode causar risco de desgaste acentuado ou até perfuração do refratário em regiões concentradas em virtude da formação de direção de fluxo preferencial, além dos efeitos na qualidade do produto lingotado.

Figura 7.47 Inibidor montado utilizando-se a parede como referência, mostrando que o jato de aço incidirá na parede do inibidor durante operação.
Fonte: Acervo da autoria do capítulo.

Como o posicionamento do distribuidor para lingotamento obedece à posição dos veios (que é fixa), o uso desse parâmetro como referência garantirá que o posicionamento dos mobiliários tenha uma posição fixa relativamente à posição de lingotamento. A Figura 7.48 mostra um exemplo de gabarito utilizando o veio como referência para o posicionamento de um inibidor de turbulência.

Outra forma para se garantir o posicionamento adequado é a utilização de posição de encaixe dos mobiliários no revestimento permanente, que é definida na hora da preparação do revestimento permanente ou de segurança do distribuidor.

7.5.2.2 Fixação e nivelamento dos mobiliários

A fixação do mobiliário no permanente é uma etapa importante. Essa fixação pode ser feita com ou sem o uso de argamassa refratária, geralmente com composição

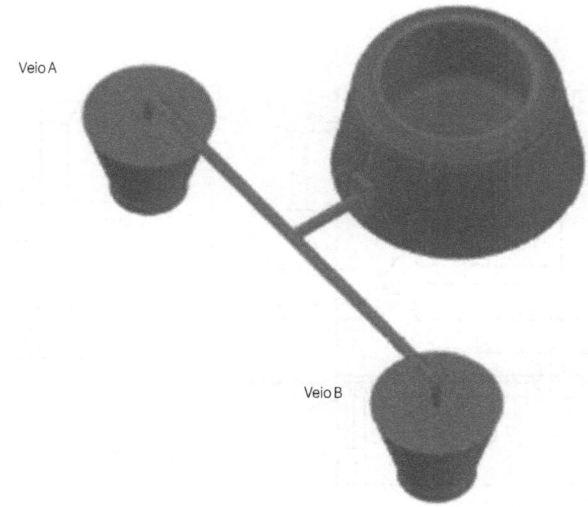

Figura 7.48 Exemplo de gabarito para posicionamento do inibidor utilizando os veios como referência.
Fonte: Acervo da Vesuvius

química semelhante à da peça que está sendo utilizada. O método de fixação melhor deve ser definido pelo fabricante do mobiliário. Para barragens e diques, geralmente utilizam-se cunhas entre a peça e as paredes laterais para fixação.

A fixação do mobiliário visa impedir que haja infiltração de aço na interface mobiliário/permanente. Isso porque a própria pressão ferrostática dentro do distribuidor contribui para a fixação da peça, desde que não ocorra a separação de interface. No caso de infiltração na interface com o permanente, o empuxo gerado pela diferença de densidade entre o refratário e o meio (aço líquido) fará com que a peça se desprenda e vá para a superfície do banho. Portanto, todo o perímetro da interface de qualquer mobiliário deverá ser vedado e protegido com a formação de uma rampa (talude), como mostrado na Figura 7.49, evitando ou minimizando a possibilidade.

Durante a fixação, é importante verificar se a peça está firme e totalmente apoiada na superfície do refratário permanente. Em caso de peças montadas no piso do distribuidor, é comum utilizar uma camada de cerca de 30mm de material seco abaixo da peça (geralmente, o próprio material de trabalho) para garantir o total apoio da peça no piso já que, com o tempo, o desgaste do refratário pode dificultar, por causa da falta de planicidade da superfície, o apoio total da peça no piso. Basta uma pequena movimentação da peça para que haja a infiltração de aço na interface permanente/mobiliário fazendo com que a peça se desprenda e flutue.

Como os mobiliários têm a função principal de regular as correntes de fluxo de aço líquido, além do posicionamento adequado, é importante que se respeite o projeto em relação a seu nivelamento. Mobiliários montados com inclinação ou

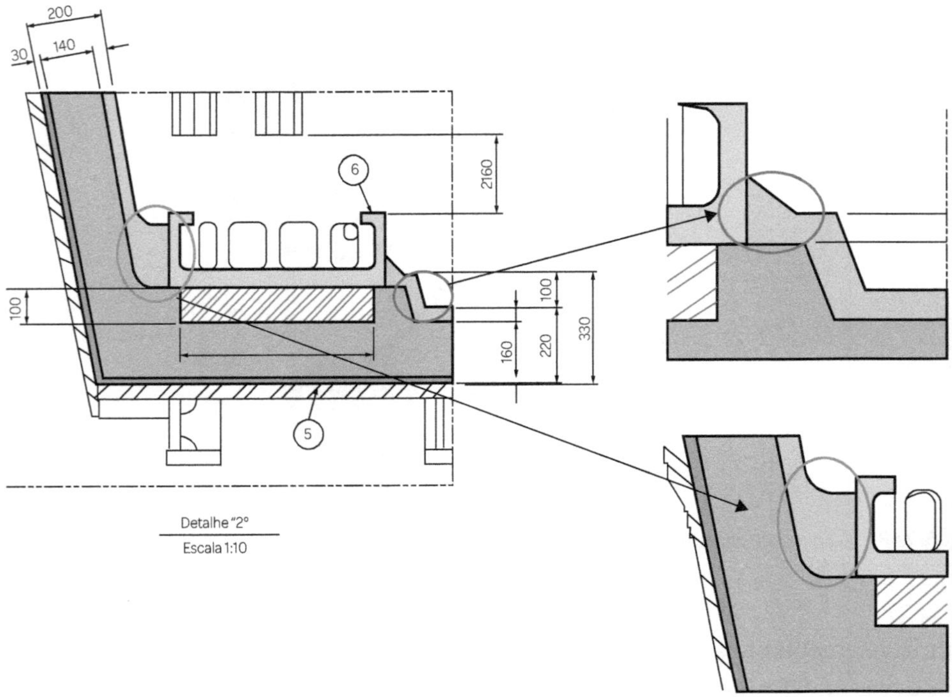

Figura 7.49 Proteção da interface mobiliário/permanente com material de trabalho.
Fonte: Acervo da Vesuvius.

desalinhamento tem efeito negativo na qualidade já que altera totalmente as correntes de fluxo dentro do distribuidor. É importante checar o nivelamento nas direções horizontal e vertical.

7.5.3 Aspectos técnicos

Os materiais refratários utilizados nos mobiliários podem ser aluminosos (Al_2O_3) ou básicos (MgO). Ambos necessitam de alto grau de pureza devido à solicitação quanto às propriedades mecânicas relativas à resistência à erosão e à abrasão.

Em virtude da maior resistência mecânica dos materiais aluminosos, geralmente as paredes de peças construídas com essa classe de material apresentam uma espessura menor, com tendência portanto de serem mais leves.

Ambos os materiais, aluminosos e básicos, podem ter ou não adição de fibra metálica para aumentar a sua resistência, principalmente aos ciclos térmicos (resistência ao choque térmico). O uso de fibra metálica é mais comum nas peças básicas em decorrência da menor resistência desses materiais ao choque térmico.

Em caso de mobiliários com contato direto com escória, os materiais básicos proporcionam maior resistência ao ataque químico já que as escórias tendem a ser projetadas para absorver alumina, o que causa um desgaste maior nos materiais aluminosos.

Um ponto importante a ser observado em um projeto de inibidor de turbulência é sua área útil, ou seja, a área disponível para receber o aço proveniente da panela. Essa área tem de ser suficiente, no mínimo, para que o jato de aço incida dentro da peça na posição da válvula-gaveta totalmente fechada e totalmente aberta. Maiores áreas internas dessas peças promovem um grau de liberdade maior de operação em caso de incidência de jato inclinado.

7.5.4 Seleção de produtos

Dependendo do objetivo visado, a seleção dos melhores mobiliários para um projeto de um determinado distribuidor é realizada em uma primeira etapa com auxílio de modelamento computacional e/ou modelamento físico, visto que sua função é definir os padrões de fluxo de aço líquido dentro do distribuidor.

O modelamento físico do distribuidor é realizado, geralmente, em modelos construídos em acrílico, geralmente em escala 1:3. Para se simular escória, quase sempre se utilizam óleos e, para simular inclusões, utilizam-se, em alguns casos, a ânfora. Essa escolha de materiais visa manter as similaridades de densidade e viscosidade com o processo real. Podem ser utilizados corantes para visualização das linhas de fluxo e injeção de traçadores para se medirem os números que caracterizam o escoamento. Os parâmetros típicos que caracterizam um escoamento são os seguintes:

- **Tempo mínimo de residência:** menor tempo decorrido entre a entrada do material (traçador) no *tundish* e a sua detecção na(s) saída(s).
- **Tempo de residência por veio:** tempo decorrido entre a entrada do traçador e sua presença em cada um dos veios.
- **Volume pistonado:** fluxo de baixa velocidade, direcionado e de característica mais laminar.
- **Volume de mistura:** fluxo de alta velocidade e de característica turbulenta.
- **Volume morto:** fluxo estagnado ou de baixíssima velocidade.

Entre os parâmetros listados, o tempo mínimo de residência é o único que se procura maximizar independentemente do objetivo final do desenvolvimento. Os demais, a depender do objetivo final, podem ser aumentados ou reduzidos.

A utilização de modelamento físico foi uma grande evolução no desenvolvimento dos processos siderúrgicos, principalmente para o surgimento dos mobiliários de distribuidor e o entendimento da influência significativa do fluxo de aço na qualidade final do produto lingotado. Na Figura 7.50, são mostrados um exemplo de modelo físico de distribuidor e alguns resultados obtidos.

Com o avanço das ferramentas computacionais, o modelamento matemático foi incorporado pelas universidades e empresas. Comparando-se as duas tecnologias

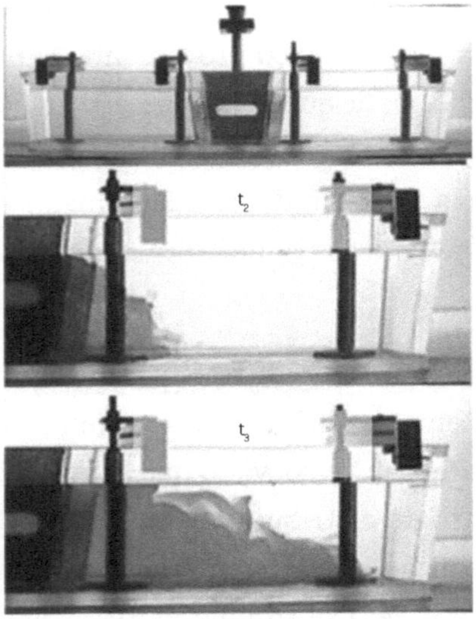

Utilização de traçador para visualização do fluxo

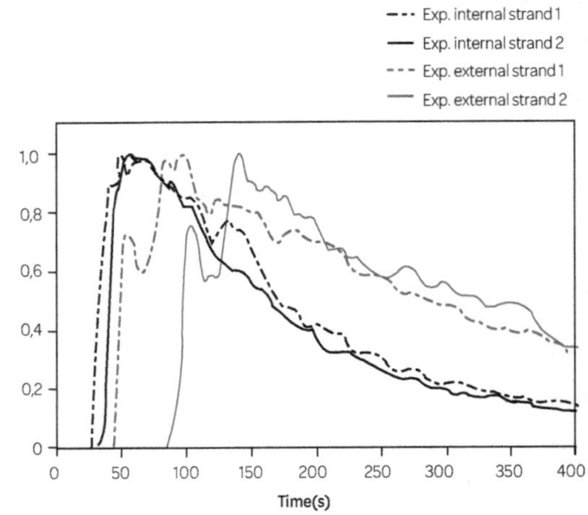

Concentração de traçador nas saídas com o passar do tempo de injeção

Figura 7.50 Exemplo de uso de modelo físico.
Fonte: Adaptada de (23).

de simulação de processo, vemos que atualmente o modelamento computacional é o mais utilizado devido à rapidez e à facilidade de alterar variáveis de processo. Com o desenvolvimento e a disponibilização de softwares específicos para simulações de fluidodinâmica, o modelamento computacional, hoje, é capaz de simular condições transientes de processo, como o enchimento do distribuidor, por exemplo, sendo os mesmos utilizados nas indústrias de alta tecnologia como a indústria aeroespacial, que têm alto grau de credibilidade. Com o uso do modelamento computacional, várias condições complexas de se simular a fluidodinâmica nos modelamentos físicos são, hoje, factíveis. Como exemplo, a simulação computacional utiliza as propriedades reais do aço líquido, além das características reais de escória e inclusões, podendo também considerar sistemas não exotérmicos, com variação de temperatura. Isso permite uma complexidade maior, o que melhor simula o processo real. Alguns fenômenos que ocorrem como formação de vórtex, entre outros, ainda demandam muito tempo de processamento computacional, sendo ainda utilizado com frequência o modelamento físico.

Para o desenvolvimento de mobiliários, geralmente, se utiliza o modelamento em estado estacionário, nas condições de processo mais comuns durante a produção (principalmente vazão de aço nos moldes). Em condições muito particulares, simulações em estados transientes são necessárias, mas esse tipo de simulação, além de exigir computadores especiais, demandam mais tempo de processamento, o que aumenta muito os custos de simulação. Nessas condições, ainda pode ser necessária a utilização de modelamento físico.

A análise dos resultados de simulação norteará a escolha do melhor projeto de distribuidor e dos mobiliários necessários. Entretanto, essa análise sempre tem de ser baseada no objetivo final do desenvolvimento, portanto a definição dos principais pontos a serem melhorados é central para a decisão do melhor projeto de distribuidor. Como exemplo, ao se aumentar o volume de mistura, existe a tendência de melhoria da homogeneidade do aço no distribuidor por um lado, mas por outro lado, em caso de mistura de qualidades de aços distintas durante o lingotamento, haverá a necessidade de um descarte maior de produto por contaminação. Portanto, ter definido o objetivo final a ser atingido é de suma importância.

A seguir, serão exemplificados alguns casos de desenvolvimento de mobiliário de distribuidores de acordo com o objetivo desejado.

7.5.4.1 Melhoria de limpidez interna

Esse é um assunto complexo, envolvendo o conhecimento da origem da inclusão. Em todos os casos, procura-se aumentar o tempo de residência mínimo, mas, dependendo de sua origem, alguns objetivos podem mudar. Por exemplo, se for uma macroinclusão complexa e esférica, o problema deve estar relacionado ao arraste de escória no distribuidor e, nesse caso, o objetivo principal da simulação seria a redução da velocidade do aço líquido na interface metal-escória, como mostrado na Figura 7.51.

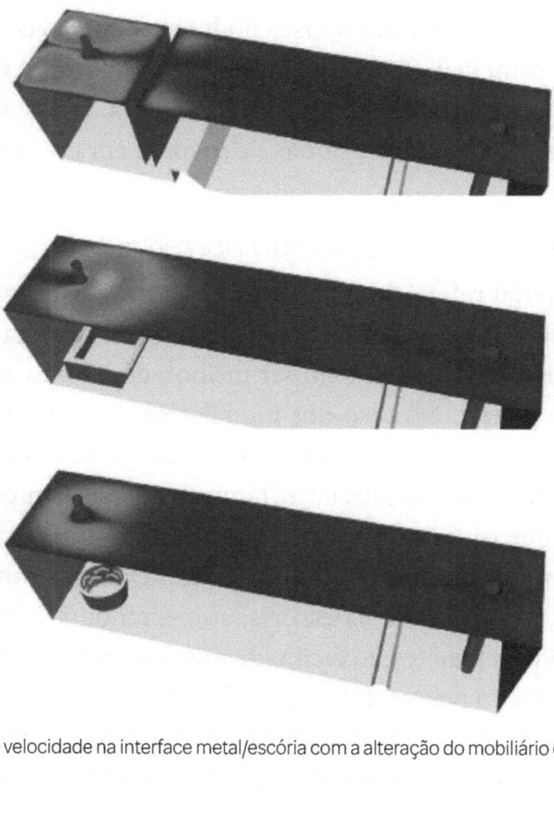

Figura 7.51 Redução de velocidade na interface metal/escória com a alteração do mobiliário do distribuidor.
Fonte: Adaptada de (32).

Se a origem da inclusão for proveniente da panela, mantemos o objetivo de aumento do tempo mínimo de residência; entretanto, nessa hipótese, o objetivo do mobiliário é aumentar a proporção de fluxo direcionado à interface metal-escória, aumentando a chance de essa inclusão ser eliminada no distribuidor. Com o modelamento computacional, é possível simular o caminho seguido por uma inclusão proveniente da panela (Figura 7.52) e saber o ponto crítico a ser trabalhado.

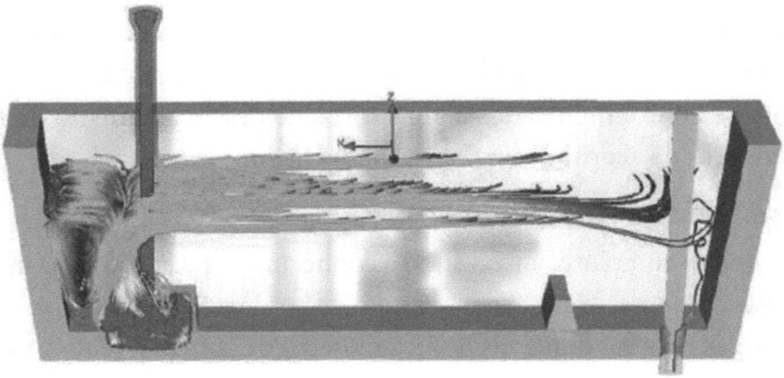

Figura 7.52 Trajetória de inclusões provenientes da panela.
Fonte: Adaptada de (15).

Portanto, para um mesmo objetivo de se melhorar a limpidez interna do aço lingotado, duas ações em sentido oposto podem ser tomadas. Esse exemplo ressalta que o ponto principal para se melhorar um processo é o conhecimento do defeito e sua(s) possível(is) origem(s). Isso demonstra, também, por que o projeto de mobiliário de distribuidor é único e depende, em grande parte, das condições de processo.

7.5.4.2 Redução de desgaste de material refratário

O desgaste do material refratário pode afetar a vida do distribuidor e a segurança operacional. Na maioria das vezes, o ataque mais agressivo ocorre na linha de escória e existem vários fatores que podem ser melhorados, como a redução da passagem de escória de panela. No caso dos mobiliários, pode-se obter configurações que reduzem a turbulência nas regiões de maior desgaste. A turbulência, além do aspecto mecânico de erosão do refratário, também atua na componente química do desgaste uma vez que causa uma renovação constante da escória na região, mantendo sua agressividade química; e, com a turbulência, há o aumento da temperatura, o que reduz a viscosidade da escória, aumentando seu poder de ataque ao material refratário pela penetração facilitada nos seus poros. Pelo aspecto químico do desgaste do refratário pela escória, a atuação dos mobiliários é limitada. A Figura 7.53 mostra a alteração de mobiliários para evitar o desgaste do material refratário na região de vazamento. A maior temperatura indica maior temperatura gerada por um fluxo de aço mais turbulento, mas o modelamento computacional pode fornecer diretamente os resultados de tensão cisalhante gerada nas paredes.

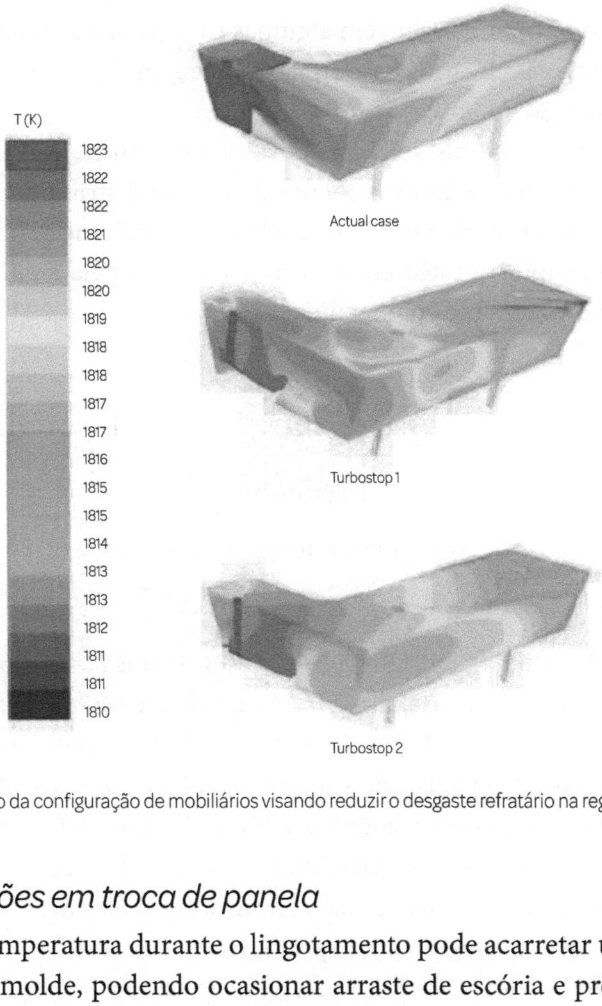

Figura 7.53 Alteração da configuração de mobiliários visando reduzir o desgaste refratário na região de vazamento.
Fonte: Adaptada de (15).

7.5.4.3 Inclusões em troca de panela

A variação de temperatura durante o lingotamento pode acarretar uma variação no nível de aço no molde, podendo ocasionar arraste de escória e presença de inclusões no produto lingotado. O fato de se ter localizado o momento em que o problema ocorre (troca de panela) possibilita associar o defeito à variação de característica do fluxo de aço no distribuidor durante a troca de panela. Nesse caso, foi identificado que em troca de panela existe uma alteração significativa do fluxo de aço no molde, passando de fluxo *double roll* para *single roll*, o que causa o arraste de inclusões. No modelamento computacional, detectou-se que havia uma variação de temperatura na saída do distribuidor provocada pela presença de zona morta no interior do distribuidor que era dragada para o veio durante a troca de panela. Nessa situação, o objetivo do mobiliário passou a ser reduzir o volume morto. A Figura 7.43 mostrada no item 7.5.1 apresenta resultados de redução de zona morta com a aplicação da barreira de argônio.

Os exemplos descritos mostram que um projeto adequado de mobiliários de distribuidor exige um conhecimento detalhado do processo. O único parâmetro comum desejável em um distribuidor é o maior tempo possível de residência do aço em seu interior. Mesmo assim, em algumas situações, pode ser que seja melhor sacrificar essa variável em prol de outras variáveis que possam ser críticas para determinada condição de processo.

O avanço tecnológico dos softwares de fluidodinâmica permite, hoje, que se faça uma análise detalhada do escoamento do aço no distribuidor, o que auxilia a tomada de decisões. Os parâmetros calculados como volume de mistura e volume pistonado, por exemplo, já estão em desuso justamente pela facilidade atual de se enxergar o fluxo diretamente com facilidade.

Acesse as imagens coloridas do capítulo.

REFERÊNCIAS

(1) ARTH, G.; MEURER, M.; PETRITZ P.; LOOP, B. Tundish technology and processes: ladle to mould systems and solutions (part II). *RHI Magnesita Bulletin*, 2018.

(2) BARNERJEE, N.; VADVI, U.; REDDY, B. B.; BASU, D. S. Tundish metallurgical practices for slab production in bokaro steel. *Metal*, 2003. Hradec nad Moravici.

(3) BRADLEY, M. J. Overview of tundish dry vibe technology. *MPT International*, 2008.

(4) BROSS, R.; FECHNER, R.; GOEDECKE, M.; PAWLIG, O.; RATTO, G; BRAB, H. G.; NIGGEMEIER, M. *Dry vibrating mixes versus wet gunning mixes*: new material concepts and lining technologies with respect to clean steel. 2009.

(5) CANCAREVIC, Z.; RUNSCHKE, E.; SHILIEPHAKE, H.; WUM, TH. *CFD optimization of a six-strand continuous casting tundish at Georgmarienhütte GmbH. In:* International Metallurgy Trade Fair - METEC 2015. Dusseldorf, 2015.

(6) CHAKRABORTY, S.; SAHAI, Y. Effect of variying ladle stream temperature on the melt flow and heat transfer in contnuous casting tundishes. *ISIJ International*, 1991, v. 31, n. 9, p. 960-967.

(7) CHATTERJEE, S.; CHATTOPADHYAY, K. *Modelling of the exposed slag "eye" during inert gas shrouding in a tundish. In:* International Metallurgy Trade Fair - METEC 2015. Dusseldorf, 2015.

(8) CHUNG, Y.; CRAMB, A. W. Dynamic and equilibrium interfacial phenomena in liquid stell-slag systems. *Metallurgical and Materials Transactions B*, v. 31B, p. 957; 2000.

(9) CICUTTI, C.; MARTIN, A.; MENDEZ, J.; ROMERO, M.; DI GRESSIA, G. *Influence of tundish operation on steel cleanliness. In:* METEC insteel, metallurgy an flow control in the tundish, session 2. Dursseldorf, 2011.

(10) CORREIA, C.Q. *Fragilização por hidrogênio em aço AISI 8740*. Volta Redonda, 2015.

(11) CRAMB, A.W.; M. BYRNE. *Chemical interactions in ladle, tundish and mold slags. In:* ISS 69th Stellmaking Conference, 1986. Washington DC, p. 27-36.

(12) DOMICIANO, V. G. *Concretos refratários contendo alto teor de carbono*. São Carlos, 2005.

(13) GARCIA, J. R.; OLIVEIRA, I. R. DE; PANDOLFELLI, E. V. C. Processo de hidratação e os mecanismos de atuação dos aditivos aceleradores e retardadores de pega do cimento de aluminato de cálcio. *Cerâmica*, p. 42-56; 2007.

(14) HANG, L.; THOMAS, B. State of the art in evaluation and control of clean steel. *ISIJ International*, 2003, v. 43, n. 3, p. 271-291.

(15) HASMUKHRAI, S.; SINHA, N.; KUMAR, A; BHANU, C.; GOSWAMI, P.; RICHAUD, J. *Tundish and SEN development for casting long sequences of wide slabs as TATA LD3 CSP – India. In:* International Metallurgy Trade Fair – METEC 2015. Dusseldorf, 2015.

(16) HELMUS, D.; BROSS, R.; FECHNER, R.; RATTO, J. G.; RATTO, J. C. *Tundish wear lining:* taylor made dry vibratable material concepts and lining instalation technologies. *In:* 2nd Refractory Material Seminar, IAS. Argentina, 2014.

(17) JAVUREK, M.; KAUFMANN, B.; ZUBA, G.; GITTLER, P. 2002. Inclusion separation in tundishes – some new general aspects. *Steel Research*, 73, 2002, n. 5.

(18) KRAUSZ, I.; TASSOT, P.; TURRELL, C. *Element pick up in liquid steel from tundish lining refractories. In*: The Unified International Technical Conference of Refractories – UNITECR 2009. Salvador, 2009.

(19) KREBS, R. Unshaped refractory materials. *Handbook of Refractory Materials*, 320. St. Augustin, 2012.

(20) LI, N.; LI, H. L; WEI, Y. W. Effect of microssilica in MgO based castables on oxugen contet of intertitial free steel. *British Ceramic Transactions*, 2003, p. 175-179.

(21) MAGLIANO, M. V. M. *Sílica coloidal como agente ligante e fonte mulitizadora em concretos refratários*. Dissertação (Mestrado em Ciência e Engenharia de Materiais). São Carlos, 2009.

(22) MAGNA. 2018. Youtube. Acesso em: 15 fev. 2022.

(23) MANGIN, L.; CARRÉ, A.; RUBY-MEYER, F.; LEJAL, R.; WAGNER, T.; RICHAUD, J. *Improvement of inclusion ceanliness by control of tundish steel flow* – experimental and numerical approaches. *In:* International Metallurgy Trade Fair – METEC 2015. Dusseldorf, 2015.

(24) MIYAJI, D. Y. *Concretos refratários contendo agregados eutéticos eletrofundidos:* energia de fratura e resistência ao dano por choque térmico. Tese (Doutorado em Ciência e Engenharia de Materiais). São Carlos, 2012.

(25) NAGAYASU, B.; YAMASAKI, H.; FUJII, T.; HIWASA, S. Removal of inclusion from molten stell in continuous casting tundish. *ISIJ International*, 1992, v. 32, n. 1. p. 157-163.

(26) PAL, A. R.; BHARATI, S.; KRISHNA, N. V. S.; DAS, G. C.; PAL, P. G. The effect of sintering behavior and phase transformations on strenght and thermal conductivity of disposal tundish linings with varying compositions. *Ceramics International 38*; 2012, p. 3383-3389.

(27) PALAI, P.; TRIPATHY, P. K.; RANJAN, R.; ROY, T. K.; MAHASHABDE, V. V. *Carbon pick-up reduction in IF steel en-route RH and continuous casting. In:* International Metallurgy Trade Fair - METEC 2015. Dusseldorf, 2015.

(28) PEITL, O.; ZANOTTO, E. D. 1999. Thermal shock properties of chemically toughened borosilicate. *Journal of Non-Crystalline Solids*, 1999, p. 39-49.

(29) RAAD, H. J. *Influência das condições de mistura e moldagem na permeabilidade de concretos refratários aluminosos*. Dissertação (Mestrado em Construção Civil da Universidade) - Universidade Federal de Minas Gerais. Belo Horizonte, 2008.

(30) RIBOUD, P. V.; GAYE, H.; LUCAS, L. D.; OLETTE, M. Metal-slag interfacial properties: equilibrium values and dynamic phenomena. *Canadian Metallurgical Quarterly*, 1984, v. 23, n. 2, p. 179-191, IRSID.

(31) ROUTSCHKA, G.; WUTHNOW, H. *Handbook of Rafractory Materials*. p. 219-297. Germany.

(32) SECKLEHNER, B.; CASADO, M.; VIERTAUER, A.; BROS, D.; WAPPLEL, B. *Tundish technology an processes:* a new roadmap. *Bulletin, RHI Bulletin*, 2015.

(33) SECKLEHNER, B. A.; TOMAS CASADO, M.; VIERLAUER, D.; WAPPEL, D.; BROSZ, B. *A modern refractory approach to tundish technology and processes. In:* International Metallurgy Trade Fair - METEC 2015. Dusseldorf, 2015.

(34) SEHADRI, V.; SILVA, C. A.; SILVA, I. A.; JUNIOR ARAÚJO, E. S. A physical modelling study of inclusion removal in tundish using inert gas curtain. *Tecnol. Metal. Mater. Miner*. São Paulo, 2012, v. 9, n. 1, p. 22-29.

(35) SHANNON, G.; WHITE, L.; SRIDHAR, E. S. Modeling inclusion approach to the steel;slag interface. *Materials Science and Engineering A 495*, 2008, 310-315.

(36) SILVA, A. G. P. DA; JÚNIOR, C. A A sinterização rápida: sua aplicação, análise e relação com as técnicas inovadoras de sinterização. *Cerâmica*, 1998.

(37) STRANDH, J.; NAKAJUMA, K.; ERIKSSON, R.; JÖNSSON, P. Solid inclusion transfer at a steel-slag interface with focus on tundish conditions. *ISIJ International*, 2005, v. 45, n. 11, p. 1597-1606.

(38) TASSOT, P.; REICHERT, N.; WILLOUGHBY, C.; TURREL, C. The tundish as a metallurgical reactor. *Stahl und Eisen*, 2012, 132.

(39) TOGNI S/A. Acesso em: 11 mar. 2022.

(40) WHAN, H. J.; YOON, U-SOK. A numerical simulation for mini-mill tundish design--effects of FC pad on tundish flow characteristics. *Metals and Materials*, 1998, v. 4, n. 2, p. 173-182.

(41) WIKIPEDIA. 4 de Janeiro 2022.

(42) ZORZATO, M. *Análise Termodinâmica da Incorporação de Hidrogênio pelo aço líquido através da escória de refino secundário*. Dissertação (Mestrado em Engenharia de Minas). Porto Alegre, 2013.

Capítulo 8

REFRATÁRIOS PARA VÁLVULA-GAVETA

Vinicius Franco do Nascimento

8.1 INTRODUÇÃO AO CONTROLE DE FLUXO EM PANELAS E DISTRIBUIDORES

O lingotamento contínuo de aços é uma das bases da tecnologia moderna. Um processo perigoso que garante a produção do produto mais importante da indústria mundial. O aço, em escala de prioridade, é o terceiro item mais importante ao homem – superado pelo ar e pela água – já que nossos talheres são feitos de aço.

O controle de fluxo do aço é uma etapa crítica e instável. O aço flui líquido entre os equipamentos acima de 1520°C e isso faz com que a tubulação que o controla seja especial. Essa condição torna o controle de fluxo na panela extremamente complexo. Controlar o aço líquido é ter magma dentro da tubulação.

No passado, o controle de fluxo em panelas de aço era feito com uso do tampão por intermédio de um equipamento refratário de grande tamanho, que controlava a passagem do aço com variação da distância entre o tampão e o furo de saída. Entretanto, com o aumento de capacidade das panelas, o uso do tampão se tornou inviável, abrindo assim espaço para tecnologias que cujo uso já estava em curso.

Além da panela, o controle de fluxo no distribuidor é fundamental para a qualidade e a produtividade. Mesmo sendo menores, os desafios de controlar o fluxo de aço que vai para o molde interferem diretamente na qualidade e na segurança da produção do aço. O distribuidor tem recursos diferentes, não obstante menos desafiadores que os da panela.

No distribuidor, existem situações distintas, de modernas e grandes máquinas que produzem aço-placa, às velozes máquinas de tarugos, que produzem vergalhões, arames e outros produtos longos. Essas duas modalidades básicas têm características que moldam a forma pela qual o controle de fluxo é realizado.

A fim de suprir essas necessidades, surgiu a tecnologia da válvula-gaveta com o princípio básico de placas de orifício segundo o qual, quando os furos se encontram, a passagem do aço é liberada. Um novo tipo de equipamento foi desenhado com componentes mecânicos e refratários.

No contato direto do aço, há o refratário. Este se assemelha às válvulas de controle em uma tubulação hidráulica. Essas peças são de altíssima resistência química e mecânica e têm força para suportar toneladas de aço líquido que, além do esforço mecânico, precisam suportar o ataque do aço e da escória em uma das aplicações tecnológicas próximas ao limite da aplicação.

O mecanismo de válvula-gaveta é desenhado para dar força ao refratário. Além de esse mecanismo movimentar as placas e realizar o controle de fluxo, seu projeto traz facilidades ao operador para instalação e troca dos componentes e outros recursos para garantir a segurança da operação. De acionamento majoritariamente hidráulico, o mecanismo é o equipamento mais perigoso e temido dentro de uma aciaria.

8.2 COMO O FLUXO É CONTROLADO PELA VÁLVULA-GAVETA

O sistema de válvula-gaveta de panelas é composto essencialmente de duas placas e, para distribuidores (em grande maioria), três placas. Como se pode observar na Figura 8.1, quando os orifícios estão no mesmo centro, há 100% de abertura, ou seja, usa-se seu diâmetro total. Quando os orifícios são deslocados pelo cilindro de acionamento, o processo é interrompido e o fluxo de aço é fechado.

Basicamente, há três posições de lingotamento, como já mencionado: a posição *full open*, em que as placas estão totalmente abertas e o fluxo de aço é o máximo que a coluna de metal líquido acima dela pode gerar; a posição *throttling*, na qual as placas estão estranguladas, ou seja, a abertura é parcial; e a posição *intercept*, em que o fluxo é cortado, como visto na Figura 8.2.

Essas três posições explicam o funcionamento básico da válvula-gaveta, no entanto o sistema não funciona assim. Aciarias modernas, tem velocidades de lingotamento diferentes de acordo com o tipo de aço, tamanho do produto (placa ou tarugo) fabricado ou mesmo temperatura do aço líquido. Portanto, as placas estão, na maior parte do tempo, na posição *throttling* ou, em bom português, "estranguladas". Nessa condição, as placas controlam o fluxo, mas também têm sua pior condição trabalho em virtude da erosão.

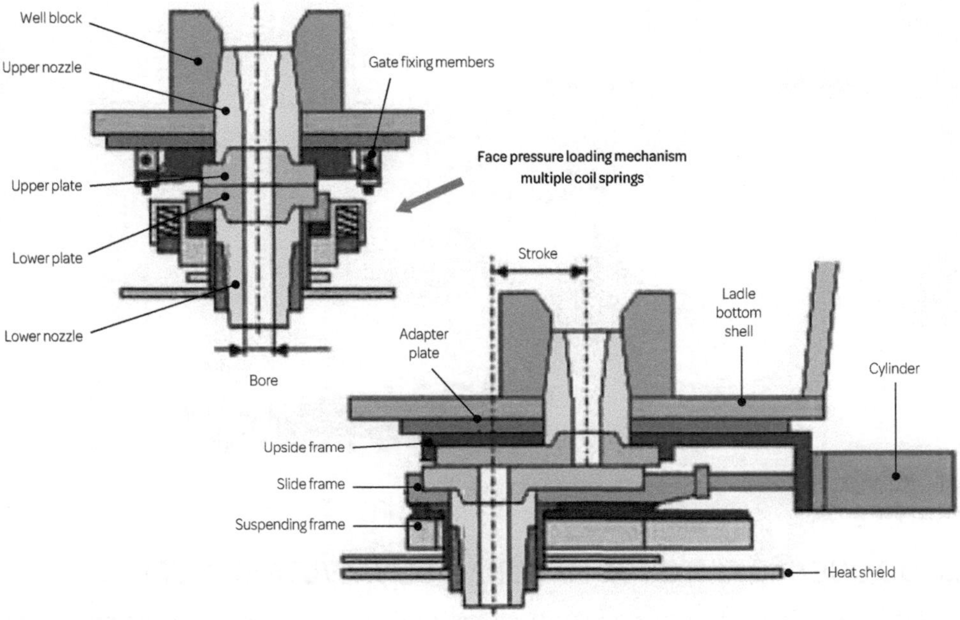

Figura 8.1 Desenho esquemático do refratário de válvula-gaveta.
Fonte: Adaptada de (6).

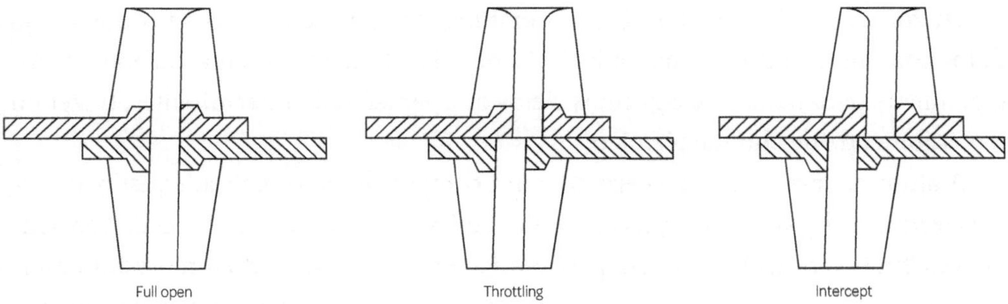

Figura 8.2 Posições de lingotamento das placas de válvula-gaveta.
Fonte: Adaptada de (7).

Durante o estrangulamento, a mudança de posição é definida pela quantidade de aço no distribuidor. Como observamos na Figura 8.3, a panela, o distribuidor (*tundish*) e o molde estão conectados. Esse é um sistema de vasos comunicantes que se abastecem. O distribuidor funciona como um pulmão e deve manter uma quantidade de aço para que o lingotamento possa se efetivar. Como a vazão de aço que sai da panela varia em função da quantidade de aço, já que a vazão muda com a equação de Bernoulli, o tamanho do orifício de passagem de aço precisa variar de acordo com a posição dos furos.

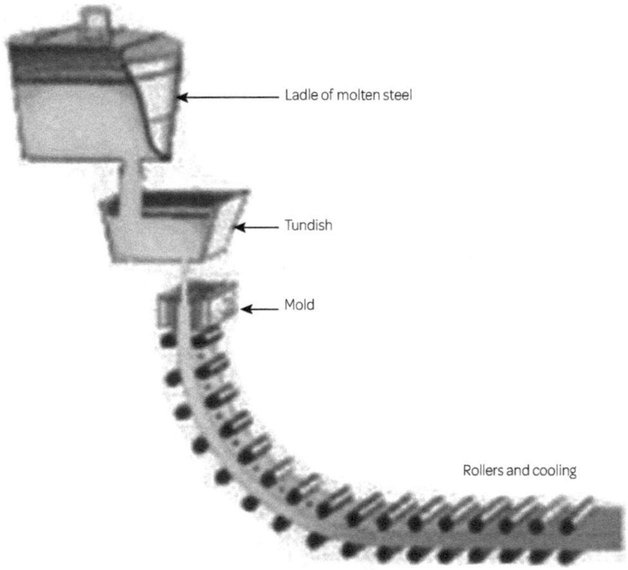

Figura 8.3 Desenho esquemático do lingotamento contínuo.
Fonte: Adaptada de (8).

8.3 DO QUE SÃO FEITOS OS MATERIAIS DE VÁLVULA-GAVETA

As placas de válvula-gaveta podem ser constituídas de duas matérias primas, compostas à base de alumina (Al_2O_3) e magnésia (MgO), de acordo com a tecnologia do fabricante do refratário e bem como de suas aplicações.

De forma geral, os materiais mais empregados para esse tipo de produto são feitos com um compósito chamado AZC, ou seja, alumina-zircônia-carbono. Principalmente para panela de aço cujos ciclos de operação são intermitentes, trazendo a possibilidade de choque térmico.

A alumina, um óxido anfótero, tem um comportamento mais adequado aos ciclos térmicos da panela de aço, com maior resistência ao choque térmico. Apresenta também boa resistência ao ataque químico das escórias, sendo um produto muito estável. Assim, ela é um componente essencial na composição das placas, responsável por mais 75% do peso de uma placa refratária.

A zircônia, um óxido que só pode ser utilizado se estabilizado com MgO ou Y_2O_3, é o que dá uma característica especial à placa de válvula-gaveta. Com seu alto ponto de fusão e sua baixa reatividade, ela aumenta em muito a resistência química do refratário. Entretanto, tanta vantagem vem com um problema que é a sua baixa resistência ao choque térmico. Uma mudança brusca de temperatura pode causar uma transformação martensítica, vindo a se romper. Portanto, usada com sabedoria e em quantidades menores, ela garante ao refratário resistência às escórias mais agressivas. Para casos mais extremos, como visto na Figura 8.4, há um inserto de alto teor de zircônia que garante a segurança do equipamento.

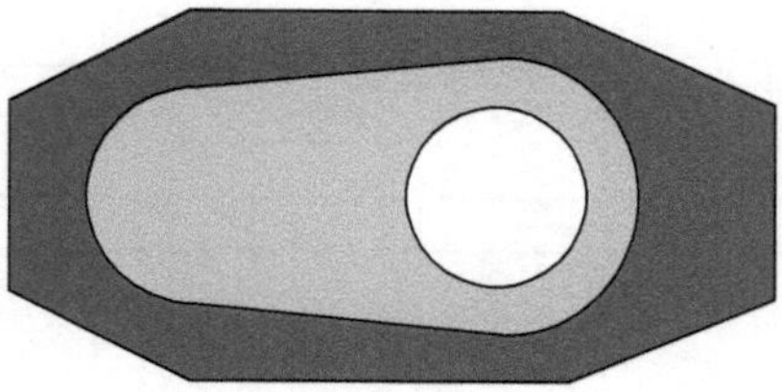

Figura 8.4 Placa com inserto de zircônia.
Fonte: Acervo da Vesuvius.

O carbono é um componente presente em muitos refratários e age de várias formas nessa aplicação. A primeira delas é diminuindo a molhabilidade do aço e da escória com a placa, atrasando, assim, a reação química. Também tem um forte papel na condução térmica. Ele é responsável por transportar o calor do centro, onde o aço está passando, para as extremidades que trabalham por resfriar o material. A impregnação com piche é um processo que reduz a porosidade aberta do material, reduzindo a cinética das reações químicas (Figura 8.5).

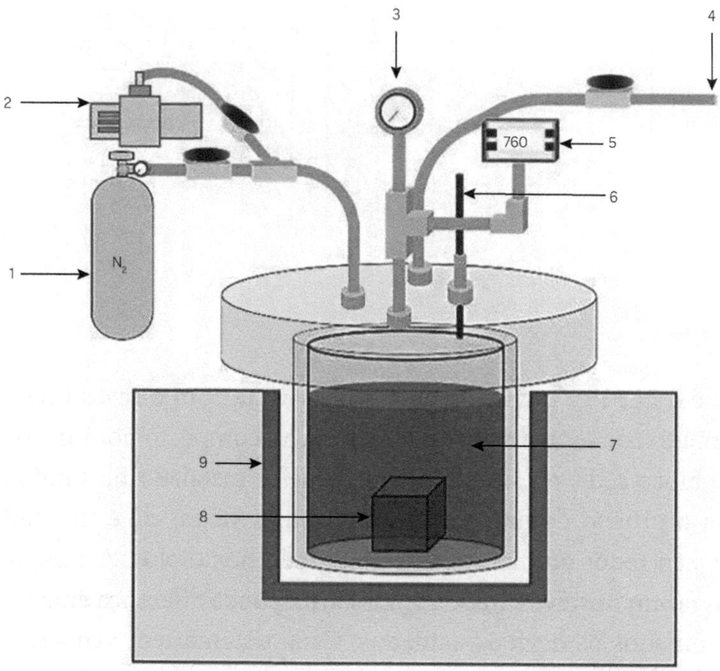

Figura 8.5 Esquema do processo de impregnação.
Fonte: Adaptada de (9).

8.3.1 Blocos, sede, válvulas e coletores

Além das placas, que são o primeiro item lembrado quando se fala em sistema de válvula-gaveta, outros componentes são parte fundamental do sistema. O refratário é basicamente divido em quatro componentes, como vemos na Figura 8.6.

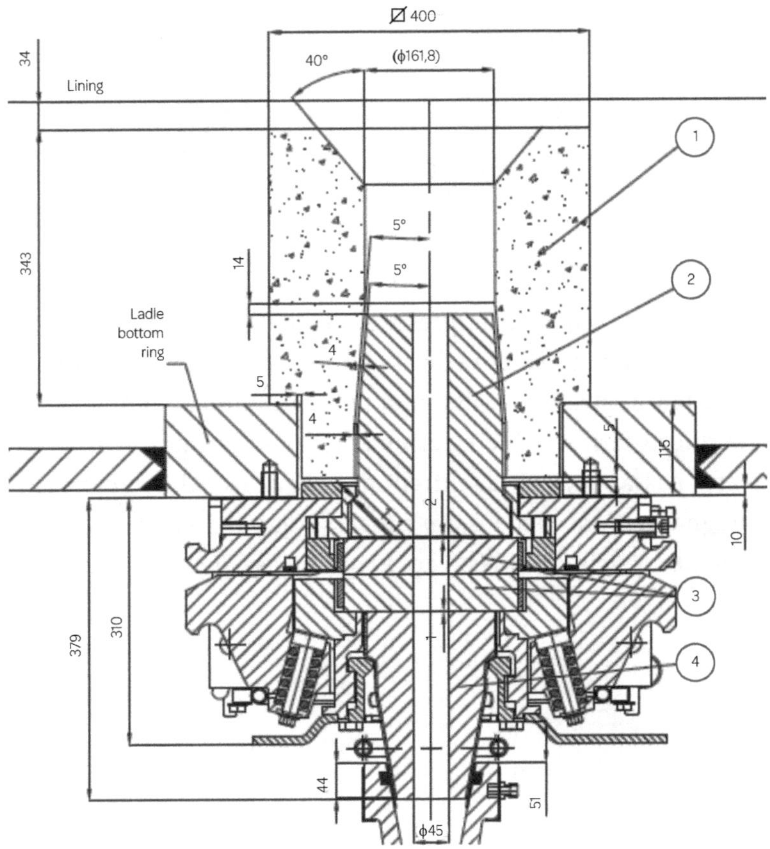

Figura 8.6 Empilhamento refratário da válvula-gaveta.
1) Bloco sede; 2) válvula interna; 3) placas; 4) coletor.
Fonte: Acervo da Vesuvius.

O bloco é o que liga o sistema de válvula-gaveta com o revestimento da panela. Ele é, geralmente, de seção transversal retangular, composto por um concreto de alta alumina. O bloco sede, ou simplesmente "sede", é instalado no fundo da panela de acordo com o projeto de lingotamento. Algumas vezes, ele é instalado usando-se concreto ao seu redor ou diretamente encostado nos tijolos. A essa última montagem, alguns fazem ressalvas, mas, na prática, há pouca diferença entre as montagens, desde que tomados os devidos cuidados. Cada sistema tem vantagem e desvantagem. Um ponto crucial da sede é o reparo que deve ser feito periodicamente e, de preferência, com concreto vertido. Há panelas que conseguem operar com sedes por mais de 200 corridas com a realização de reparos de boa qualidade.

A válvula interna é o componente que faz a condução do aço para o sistema. Ela é responsável por concentrar o fluxo diretamente nas placas, sendo a primeira linha de combate. Após a preparação do sistema, uma areia à base de cromita é colocada no canal desta válvula interna a fim de mantê-lo intacto para a passagem do aço.

Essa areia tem características especiais para não se fundir completamente e para se soltar quando as placas são abertas. A válvula é um componente extremamente importante cuja montagem requer muita atenção na sua montagem, pois sua instalação fora do plano do sistema mecânico pode acarretar um grave acidente. A válvula, geralmente, é fabricada com materiais da mesma família das placas, mas para fabricação da válvula utilizam-se refratários curados e não queimados. Ela é instalada com uma argamassa de alta alumina com carbono.

O coletor é responsável por entregar o aço para o tubo longo ou para a atmosfera. Usinas de tarugos, geralmente, trabalham com o chamado "jato aberto". Assim, o aço, após a passagem pelo coletor, é direcionado para o distribuidor sem proteção. Para usinas que produzem aços com aplicações mais refinadas, é essencial a proteção do jato; por isso, o coletor é conectado a um tubo. Dessa forma, o projeto da extremidade externa é feito em formato de cone para que possa se encaixar no tubo que tem o mesmo desenho em negativo, como visto na Figura 8.7.

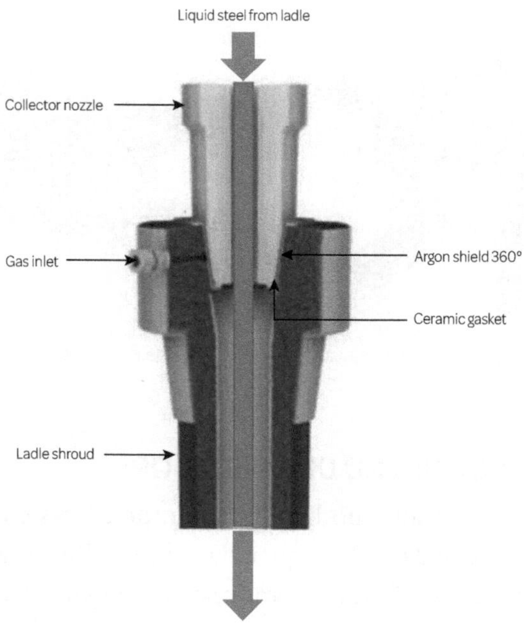

Figura 8.7 Conexão do coletor com tubo longo.
Fonte: Adaptada de (10).

8.4 CONTROLE DO FLUXO DO AÇO NO DISTRIBUIDOR

O distribuidor tem uma característica muito diferente da válvula-gaveta. O processo mantém o sistema sem contato com os operadores após o início da sequência. Além disso, a velocidade de passagem do aço pelo sistema é menor que na panela. Sendo assim, a operação no distribuidor é menos agressiva que na panela já foi discutido.

Entretanto, há um complicador, já que o sistema de válvula-gaveta neste caso está na fronteira do aço sólido. A válvula-gaveta do distribuidor pode interferir na qualidade do aço, portanto ela tem função de preservar e manter o sistema operando. Além disso, está sujeita à formação de *clogging*, uma deposição de alumina dispersa no aço que obstrui a sua passagem.

Assim, o sistema de válvula-gaveta pode gerar a necessidade de se injetar argônio no distribuidor para retardar esse processo de *clogging*. Isso acontece, geralmente, para aços acalmados com o uso de alumínio. Nas usinas que produzem placas (Figura 8.8A), o fenômeno é mais comum. Essas usinas têm sistema de controle mais complexos, com tecnologias mais avançadas tanto na precisão de controle como na injeção de gases.

Já usinas de jato aberto (Figura 8.8B) têm um sistema bem diferente, que, na verdade, não controlam o fluxo. São placas de diâmetro calibrado que controlam a passagem do aço. Quando existe a necessidade de maior vazão de aço, a placa inferior é trocada por outra de diâmetro maior, aumentando a área e, consequentemente, a vazão.

A B

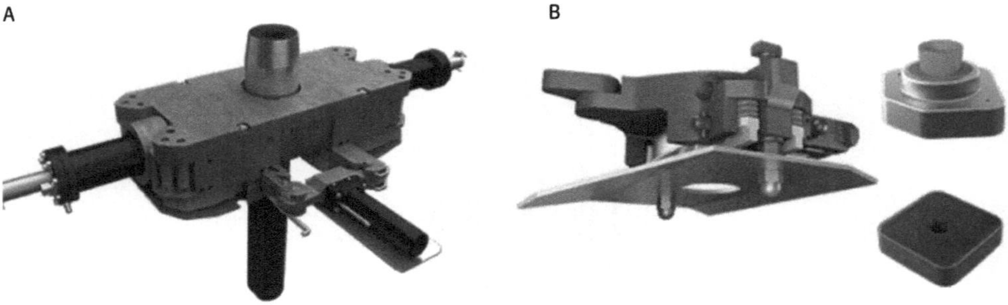

Figura 8.8 Sistemas de controle de fluxo para distribuidores. A) sistema para lingotamento de placas; B) sistema para lingotamento de tarugos com jato aberto.
Fonte: Acervo da Vesuvius.

8.5 INJEÇÃO DE ARGÔNIO NO DISTRIBUIDOR

Um tópico de suma importante no lingotamento de placas é o sopro de argônio, fundamental para a longevidade do sequencial e para a limpeza do aço. O argônio, que é soprado dentro do distribuidor, tem função também no molde, evitando zonas frias e congelamento, assim evitando o *breakout*.

Assim como todo remédio, o uso de argônio em excesso pode ser um veneno. Fluxos demasiados de argônio podem provocar turbulência demasiada ao molde, fazendo com que os primeiros sinais de solidificação do aço, capturem pequenas partículas do pó fluxante adicionado.

Mas esta prática de injeção de argônio é muito comum, não havendo dificuldade em sua aplicação, sendo usada na grande maioria das usinas de placas. A injeção de argônio pode ser feita em diferentes pontos, como nas placas, válvulas e monoblocos (placas com válvula embutida).

Os sistemas modernos de válvula-gaveta utilizam válvulas de grande porte, as quais faceiam o fundo do distribuidor. Assim, o fluxo de argônio dentro do molde direciona as partículas de alumina para a válvula submersa, que pode ser trocada, o que mantém o aço mais limpo.

Como visto na Figura 8.9, o gás é inserido dentro de um sistema que tem uma capa metálica, portanto impermeável, e, dentro dela, é construída uma região com refratário poroso e com alta permeabilidade ao gás, levando-o até o contato do aço. O corpo poroso é, geralmente, um composto de Al_2O_3-Cr_2O_3, com altas resistência e permeabilidade.

O controle do fluxo de gás dentro do distribuidor é fundamental para a qualidade do aço, é difícil e pode variar muito de acordo com o tamanho do distribuidor e a velocidade de lingotamento. Portanto, ao determinar os padrões de sopro de argônio, é fundamental fazer uma análise estatística com várias amostras.

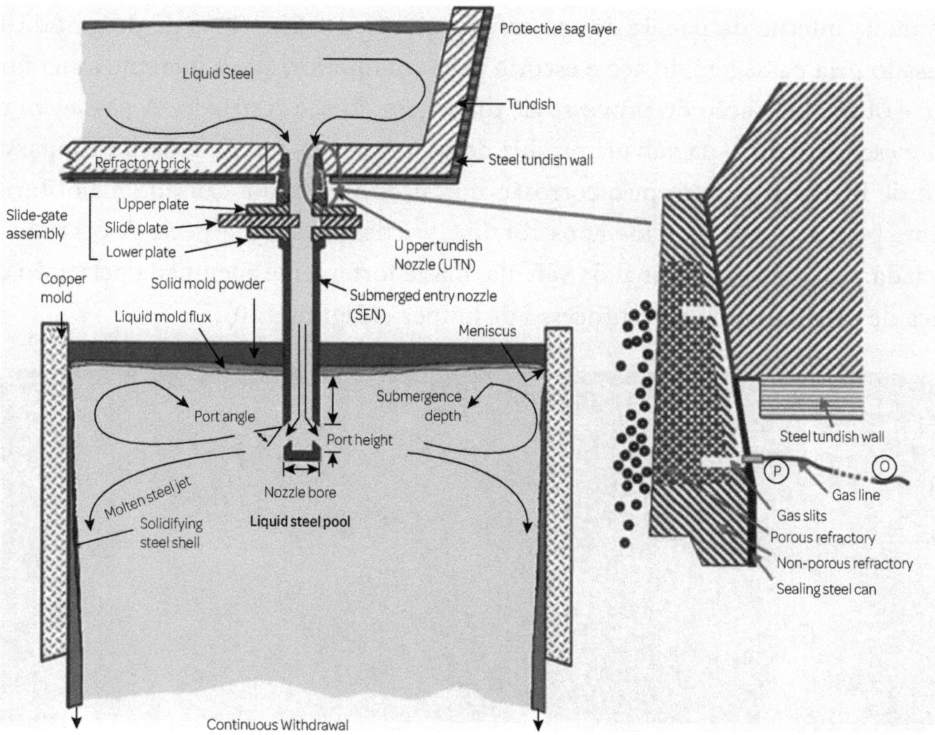

Figura 8.9 Injeção de gases no lingotamento contínuo de placas.
Fonte: Adaptada de (5).

8.6 MECANISMOS DE DESGASTE

O refratário de válvula-gaveta está sujeito a várias solicitações; desde o ataque com a lança de oxigênio a ciclos térmicos pela parada da aciaria. Os diferentes refratários usados na placa de válvula sofrem mecanismos de desgaste inevitáveis, mas devem ser conhecidos para que medidas de controle sejam tomadas.

8.6.1 Bloco sede

Começando pelo bloco sede, há dois fatores principais para o desgaste. O primeiro deles é a limpeza com um tubo de aço e com oxigênio. Esse processo forma partículas de FeO em altíssima temperatura. Estas reagem com o refratário, levando à formação de eutéticos. Nesse caso, é fundamental que os operadores o limpem o menor número de vezes possível e a limpeza deve ser controlada com pressões inferiores a 6 bar. Outro fator que afeta muito o bloco sede é o ciclo térmico da panela. A intermitência da operação ou mesmo paradas prolongadas da aciaria causam resfriamento no bloco sede e, consequentemente, trincas. Estas não só fragilizam a peça como propiciam a passagem de ar, o que reduz a vida em serviço e possibilita a infiltração de aço.

8.6.2 Válvula interna

A válvula interna da panela de aço sofre basicamente dois tipos de desgaste. Um causado pela passagem do aço e escória pelo seu interior, que é inerente a sua função; e outra, pela ação do processo de drenagem do aço resfriado. A passagem de aço e escória dentro da válvula produz dois fenômenos, um de erosão pela passagem de líquidos, e outro pela corrosão química. A erosão é causada majoritariamente pelo aço, que, corrida após corrida, vai desgastando a peça. A corrosão é iniciada pela escória no canal da válvula, mas é fortemente acentuada pela ação da lança de oxigênio durante o processo de limpeza (Figura 8.10).

Figura 8.10 Limpeza com oxigênio pelo coletor da válvula-gaveta.
Fonte: Acervo da Vesuvius.

8.6.3 Placas refratárias

Como componente mais importante do sistema de válvula-gaveta, é imperioso que os mecanismos de degaste das placas sejam vistos com mais detalhes. As placas sofrem diversos mecanismos e será comentado aqui cada um deles, para ilustrar o processo.

8.6.3.1 Corrosão e erosão

Nesse processo, as placas reagem com compostos dissolvidos no aço e formam eutéticos de baixo ponto de fusão. Como é um processo em que a passagem de líquidos é dinâmica, a erosão acelera o processo de desgaste na placa.

Há, por exemplo, ataque químico formado pelo Ca, usado em muitos tipos de aço. Como pode ser visto na Figura 8.11, a reação entre o CaO e a Al_2O_3 produz um eutético a 1416°C, muito abaixo da temperatura de lingotamento do aço. Assim, o desgaste pelo Ca se forma, causando erosão acentuada na placa.

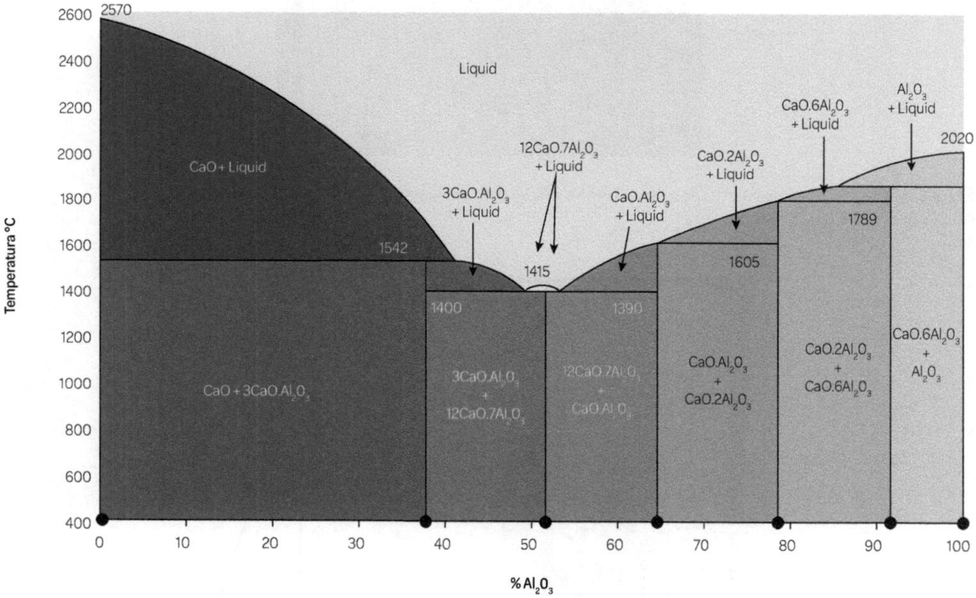

Figura 8.11 Diagrama de fases Al_2O_3 – CaO.
Fonte: Adaptada de (11).

Para melhor ilustrar esse mecanismo, observe-se, na Figura 8.12, o CaO se difundindo pela matriz do refratário. Assim, ele se infiltra e destrói o refratário, enfraquecendo não só os grãos de alumina, mas também a matriz, que é o que mantém a estrutura do refratário. O Ca, por ser um elemento mais pesado, tem tom de cinza mais claro e vemos, da direita para esquerda, sua difusão e contaminação do refratário. Vale lembrar que esse fenômeno é inevitável, mas a qualidade do refratário usado definirá o desempenho do refratário.

8.6.3.2 Aspiração

Durante o processo de lingotamento, na condição de estrangulamento, ocorre uma diferença de pressão em volta das placas. Essa condição, causada pela passagem do aço, transforma o sistema de válvula-gaveta em uma bomba de vácuo.

Na Figura 8.13, vemos um desenho esquemático ilustrando como o sistema funciona, com a grande diferença de pressão próxima ao furo.

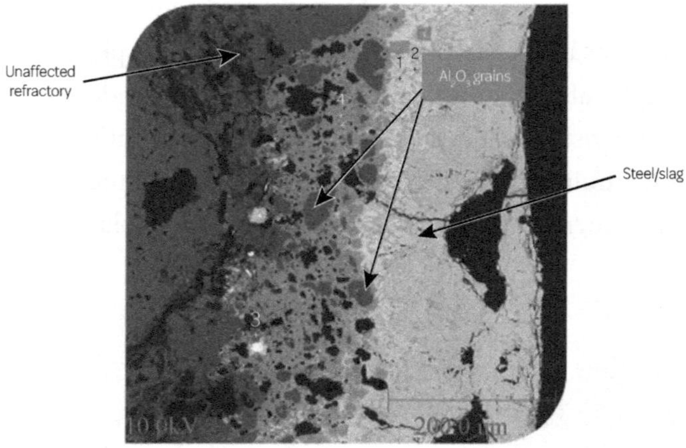

Figura 8.12 Microscopia eletrônica de varredura (MEV) de uma placa refratária atacada por escória.
Fonte: Acervo da Vesuvius.

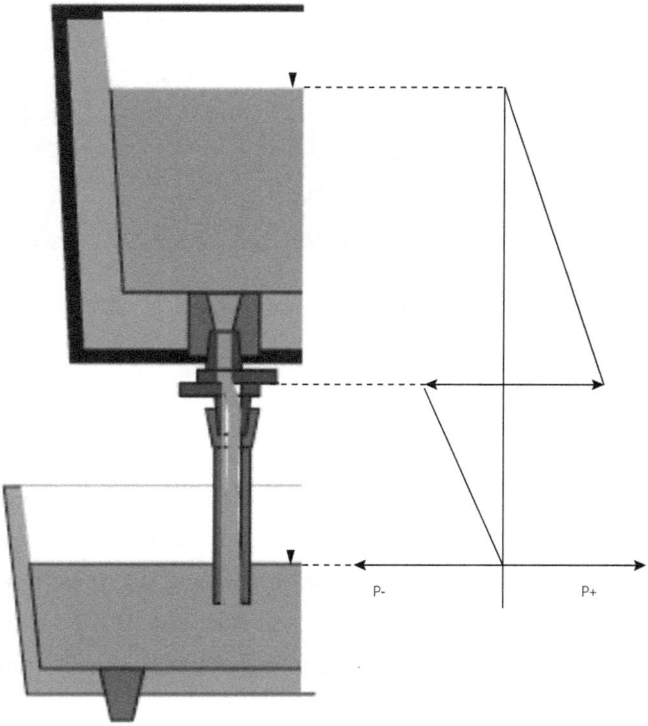

Figura 8.13 Desenho esquemático do processo de lingotamento.
Fonte: Acervo da Vesuvius.

Observa-se na Figura 8.14, a formação de zonas de pressão negativa em que o ar atmosférico é succionado dentro do sistema, causando oxidação das placas.

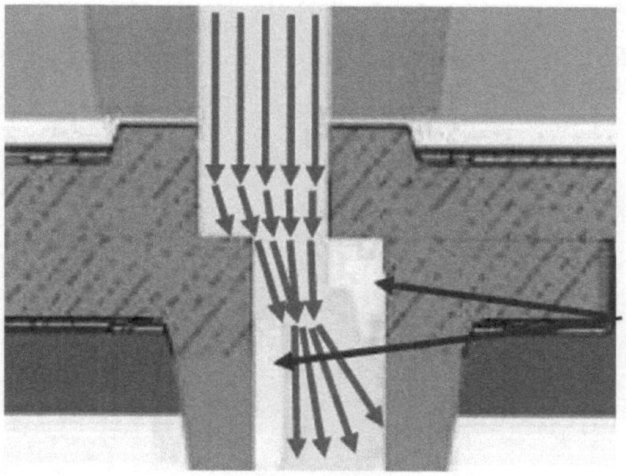

Figura 8.14 Zonas de pressão negativa dentro da válvula-gaveta.
Fonte: Acervo da Vesuvius.

O processo de aspiração presente é um agravante para os outros mecanismos de desgaste (Figura 8.15). A aspiração trás oxigênio que queima o carbono da placa, retirando uma das camadas de defesa do refratário. Além disso, esse ar aspirado pode corroer o aço pela formação do FeO. A combinação do FeO com a Al_2O_3 pode formar um eutético a 1310°C, praticamente criando uma condição semelhante à lança de oxigênio dentro do refratário.

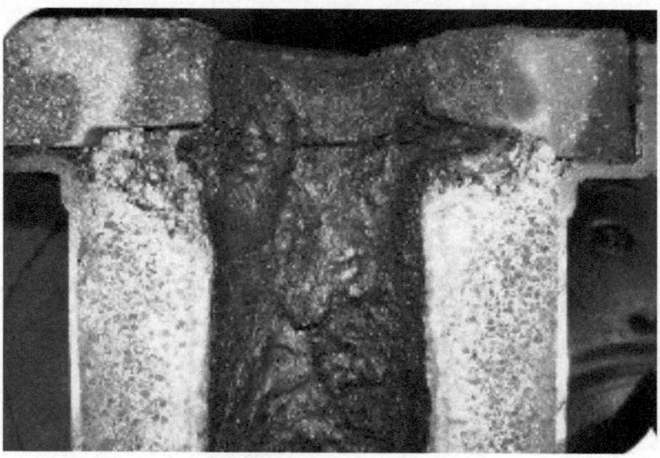

Figura 8.15 Refratário danificado pela aspiração de ar.
Fonte: Acervo da Vesuvius.

8.6.3.3 *Oxidação*

Não só pela aspiração o oxigênio chega à placa; o oxigênio dissolvido em aço e escória líquidos também contribui com esse processo. Na oxidação, ocorre a perda do carbono presente na placa (Figura 8.16). O carbono é o ligante principal da placa, portanto a oxidação ocasiona também a perda de material da superfície, causando risco para formação de lâminas.

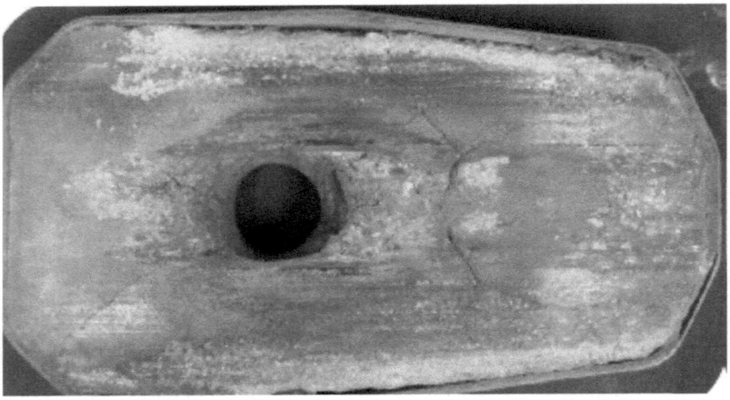

Figura 8.16 Placa oxidada.
Fonte: Acervo da Vesuvius.

8.6.3.4 Formação de trincas

As placas sofrem bastante com o choque térmico, processo percebido facilmente pela formação de trincas, como vemos na Figura 8.17, e é um efeito agravante no desgaste da válvula, pois ele acelera a aspiração de aço e cria caminho para infiltrações de aço e escória.

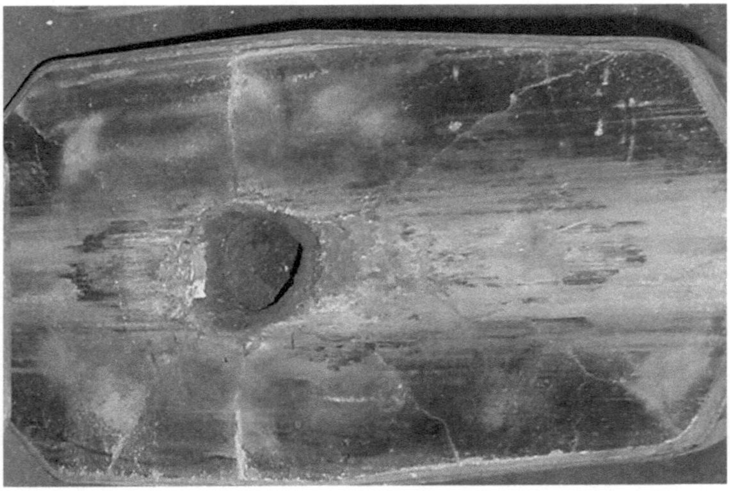

Figura 8.17 Placa de válvula-gaveta com trincas.
Fonte: Acervo da Vesuvius.

Não há como fugir da formação de trincas, pois este é um fenômeno inerente ao processo de expansão térmica do refratário. Entretanto, pode-se projetar para que as trincas saiam da região crítica da placa, a região do orifício. Nesse sentido, modelos matemáticos são aplicados buscando-se um formato para a placa em que as tensões térmicas são amenizadas e as trincas direcionadas, reduzindo o problema gerado por elas.

Outro fator importante no controle das trincas é a escolha do material. Produtos à base de alumina têm maior resistência ao choque térmico. Placas básicas (feitas com MgO) só devem ser utilizadas em situações em que o ciclo da panela é curto, e o sistema permaneça sempre aquecido.

8.6.3.5 Abrasão

A abrasão é um importante mecanismo de desgaste para as placas. Ela é agravada pela presença de aço e escória solidificados na sua região de desgaste. A válvula-gaveta, ao se movimentar diversas vezes durante o vazamento, causa atrito entre as placas (Figura 8.18), o que ainda pode ser um ponto crítico para infiltração.

Figura 8.18 Área de trabalho de placa atacada pela abrasão.
Fonte: Acervo da Vesuvius.

8.6.3.6 Lâminas

Temidas em toda aciaria, as lâminas de aço formadas entre placas são um risco altíssimo (Figura 8.19). Seu aparecimento pode causar uma falha grave, com vazamento de aço entre as placas, cortando o mecanismo e perdendo totalmente o controle de fluxo. Lâminas entre placas é uma condição de alto risco e seu aparecimento deve ser sumariamente investigado.

As lâminas podem ser formadas pelo desgaste no furo da placa. Quando há formação de uma rampa, no momento do fechamento, uma pequena quantidade de aço fica nessa região, sendo arrastada para a área de trabalho. Essa lâmina formada é bem fina e não costuma atrapalhar o desempenho da placa.

Outra causa provável de desgaste é a chamada lâmina oxidativa. Ela é formada pela redução de FeO pelo carbono da placa, tirando ligante desta. Esse tipo de

Figura 8.19 Lâminas na área de trabalho.
Fonte: Acervo da Vesuvius.

lâmina costuma ter um feito "bola de neve", pois o efeito aumenta com o passar do tempo; a lâmina cresce e, em determinado momento, será grande o suficiente para separar as placas.

De veloz estabelecimento, a formação de lâminas no espaço entre as placas é muito perigosa e instala-se quando há algum problema no sistema mecânico (por exemplo, molas, assento, placa de nível) ou quando há algo fora de dimensão no refratário e este foi mal instalado. Esse tipo de problema acontece logo nas primeiras etapas.

8.7 INSTALAÇÃO DOS REFRATÁRIOS E INSPEÇÃO

A instalação dos refratários de válvula-gaveta deve ser feita com atenção e por pessoas com habilidade e conhecimento. Apesar de ser um sistema simples, ele depende muito da interferência do homem (Figura 8.20).

A inspeção dos refratários, que deve ser feita entre cada corrida, é um ponto crucial para a segurança do processo de lingotamento do aço. Compara-se esta inspeção com a de um avião, que deve ser analisado e inspecionado antes de levantar voo, pois, após a entrada em sua operação, não há mais o que ser feito.

O processo de instalação é ligado a avaliações que devem ser feitas também na parte mecânica do sistema. A válvula-gaveta é um sistema que tem interdependência com o refratário. Ambos funcionam como um mecanismo só e, mais que isso, eles não toleram variações.

Por ser um sistema tão sensível, é fundamental que a manutenção desse equipamento seja bem-realizada. O mecanismo deve ser rigorosamente inspecionado e

Figura 8.20 Instalação de placa refratária.
Fonte: Acervo da Vesuvius.

suas peças trocadas dentro da recomendação do fabricante. Não é exagero dizer que esse é o equipamento mais perigoso da aciaria. Ele tem a capacidade de destruir toda uma máquina de lingotamento (Figura 8.21).

A inspeção no refratário tem pontos críticos, já que as placas não permitem discrepâncias superiores a 0,5mm. Com tolerância tão pequena, é fundamental que o refratário seja examinado com atenção e por mais de uma pessoa. Um mínimo erro de análise pode levar a um grave acidente.

Figura 8.21 Teste de fumaça para avaliar desgaste.
Fonte: Acervo da Vesuvius.

Por fim e para reflexão daqueles que são responsáveis pela área de preparação de panelas, é importante ter atenção na escolha das pessoas que operam esse equipamento e fazem a sua manutenção. Esse sistema pede, por si só, um livro à parte, e é fundamental que seja tratado como fundamental, pois toda a produção de aço da usina passa por ele.

Acesse as imagens coloridas do capítulo.

REFERÊNCIAS

(1) CHAUDHURI, JAYANTA *et al.* New generation ladle slide gate system for performance improvement. 2008.

(2) KEN MILLS, Chapter 1.9 – How mold fluxes work, Editor(s): Seshadri Seetharaman, Treatise on Process Metallurgy, Elsevier, 2014, p. 435-475.

(3) KIM, C.; KWON, W.; LEE, M.H.; WOO, J.S.; JEONG, E. Correlation between Pitch Impregnation Pressure and Pore Sizes of Graphite Block. Materials 2022, 15, 561. https://doi.org/10.3390/ma15020561.

(4) PRINCE SINGH, MACROSCOPIC MODELING OF ARGON-STEEL FLOWS INSIDE A LADLE SHROUD, Third Internation Conference on Science and Technology of Ironmaking & Steelmaking (STIS-2017).

(5) LIU, R., THOMAS, B.G. Model of Gas Flow Through Porous Refractory Applied to an Upper Tundish Nozzle. Metall Mater Trans B 46, 388-405 (2015). https://doi.org/10.1007/s11663-014-0198-5.

(6) Internet. Disponível em: https://www.semanticscholar.org/paper/New-generation-ladle-slide-gate-system-for-Chaudhuri-Choudhury/b716b768170d6d3f6300331171886b1f9825eb53.

(7) Internet. Disponível em: https://www.lmmgroupcn.com/the-mechanism-affecting-the-damage-of-the-ladle-slide-plate-and-the-advantages-and-disadvantages-of-several-commonly-used-materials/.

(8) Internet. Disponível em: https://www.sciencedirect.com/science/article/pii/B9780080969886000067.

(9) Internet. Disponível em: https://www.mdpi.com/1996-1944/15/2/561/htm.

(10) Internet – Disponível em: https://www.researchgate.net/publication/326059176_MACROSCOPIC_MODELING_OF_ARGON-STEEL_FLOWS_INSIDE_A_LADLE_SHROUD.

(11) Internet. Disponível em: https://commons.wikimedia.org/wiki/File:CaAluminatesPhaseDiagram.JPG.

Capítulo 9
REFRATÁRIOS ISOSTÁTICOS PARA O LINGOTAMENTO CONTÍNUO

Thiago Teixeira Soares Pereira

9.1 INTRODUÇÃO

Os refratários isostáticos são a última fronteira antes da solidificação; após o contato entre aço líquido e isostático, o próximo passo na fabricação de aço é voltado para a diminuição de temperatura e a formação da primeira pele solidificada do lingotamento contínuo (Figura 9.1).

Os refratários isostáticos fazem parte do grupo de refratários controladores de fluxo, são utilizados no lingotamento contínuo e também têm algumas aplicações na indústria de fundição.

A função básica dos refratários isostáticos é conter o fluxo de aço entre panela e distribuidor e também entre distribuidor e molde. Proteger o aço dos efeitos da reoxidação por exposição ao ar atmosférico. Controlar fluxo de aço entre distribuidor e molde e também na entrada do molde de lingotamento contínuo.

Os isostáticos evoluíram na siderurgia acompanhando a evolução das máquinas de lingotamento e são partes integrantes desde das mais simples máquinas de lingotamento de tarugo até as modernas máquinas de lingotamento de placas finas, sem abandonar nenhum formato – bloco, placa tradicional ou perfis (Figura 9.2).

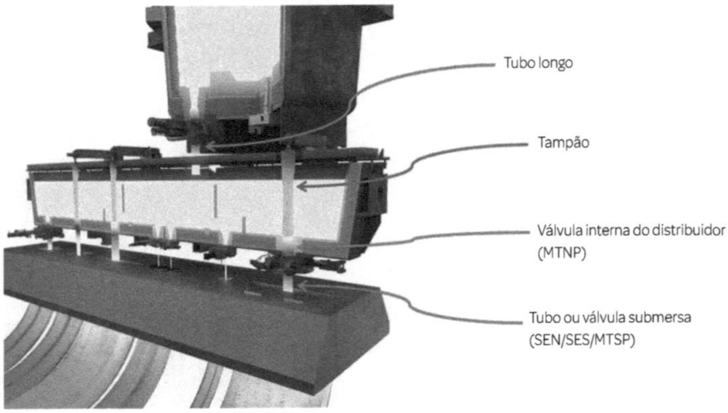

Figura 9.1 Esquema de refratários isostáticos em distribuidor de lingotamento contínuo.
Fonte: Acervo da Vesuvius.

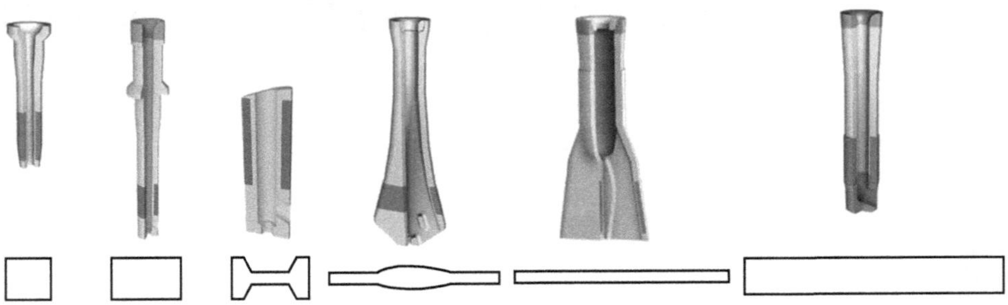

Figura 9.2 Variação no formato da válvula submersa em função do formato do molde.
Fonte: Acervo da Vesuvius.

Os refratários isostáticos são produzidos com base numa mistura de grafita e óxido refratário, os mais comuns são óxido de alumina, Al_2O_3, ou óxido de magnésio, MgO ou óxido de zircônia, ZrO_2.

A seleção do material a ser utilizado numa peça isostática é feita baseada numa série de fatores, os mais comuns são: o tipo de aço a ser produzido; a rota de fabricação do aço; o tamanho da sequência no distribuidor; os elementos de liga adicionados na metalurgia secundária; o uso ou não de cálcio-silício na metalurgia secundária; as condições de preaquecimento.

O *design* de uma peça isostática também é muito variado, e para melhor performance os seguintes fatores são relevantes: abertura mergulhada; tipo de manipulador; altura entre panela e distribuidor; tamanho do distribuidor; tipo de conexão e acionamento de tampão; formato do molde; e tamanho do molde.

Os refratários isostáticos são compósitos; no *mix*, não há fusão de materiais, isso quer dizer que cada elemento de sua formulação tem um propósito específico e necessário para atingir a performance da aplicação. Cada elemento de um *mix* isostático carrega propriedades específicas fundamentais para o atendimento da performance desejada. Em termos práticos, isso é traduzido na necessidade de ajustes finos e na escolha do material e *design* considerando-se as condições específicas de uso e as particularidades de cada máquina de lingotamento.

O processo de fabricação de *mix* para peças isostáticas apresenta um desafio que é evitar que uma porção de matéria-prima não seja completamente mesclada às outras, num fenômeno conhecido como *demixing* em que, numa mistura de sólidos, as densidades de cada um dos seus componentes são diferentes. Algumas técnicas são aplicadas no processo de fabricação de *mix* para evitar esse problema como velocidade de rotação, sentido de rotação, tipo de misturador. O conhecimento exato do comportamento de cada um dos elementos na fabricação de *mix*es isostáticos é fundamental para o sucesso da operação.

Cada um dos elementos da formulação de uma *mix* isostático tem uma função muito bem-definida.

A grafita, presente em todas as peças isostáticas, apresenta algumas características formidáveis que a tornam essencial ao processo.

Grafita é uma forma alotrópica do carbono; o formato de um cristal de grafita é hexagonal (Figura 9.3); na natureza, grafita é encontrada na forma de flocos e algumas propriedades desse material fazem dele excepcional para a produção de peças isostáticas e para a aplicação no lingotamento contínuo de aços.

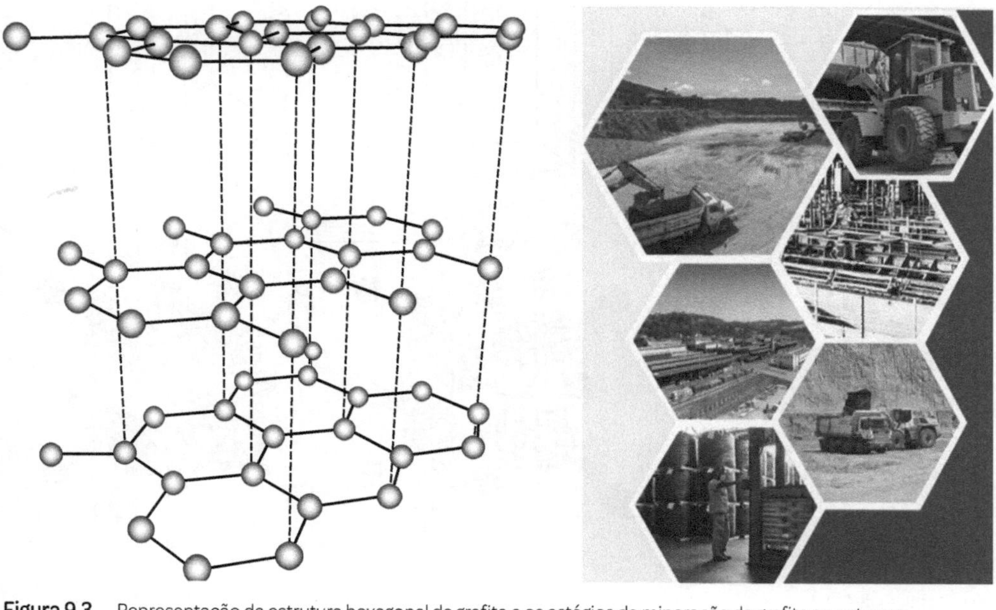

Figura 9.3 Representação da estrutura hexagonal da grafita e os estágios da mineração da grafita na natureza.
Fonte: Adaptada de (9).

A tensão superficial existente entre grafita e a maioria dos líquidos é tamanha que torna a grafita uma superfície não molhável. Esse fenômeno é válido para aço líquido e contribui sensivelmente para o aumento da resistência à corrosão das peças isostáticas. Isso ocorre porque há menos infiltração de aço líquido na matriz de refratários isostáticos, que contém grafita, quando se compara a outros refratários comuns.

Por ter baixo coeficiente de expansão térmica e alta condutividade térmica, a grafita aumenta a condutividade térmica do material enquanto diminui o gradiente de temperatura da peça, ou seja, ao ser adicionada ao *mix* isostático, a grafita aumenta a resistência a choque térmico.

Dióxido de zircônio, ZrO_2, também é amplamente utilizado na fabricação de *mix* para peças isostáticas, trata-se de um material fundamental para as peças em contato com fluxantes.

Zircônia, por si só, merece um curso próprio, e há extenso material disponível tratando dos usos desse incrível mineral na indústria; além da siderurgia, produtos contendo dióxido de zircônio com variados graus de pureza são usados na indústria aeroespacial e química.

Dióxido de zircônio é um dos materiais mais estudados na indústria cerâmica. Ele apresenta três diferentes fases cristalinas a diferentes temperaturas, cada mudança de fase representa também uma mudança de volume (Figura 9.4).

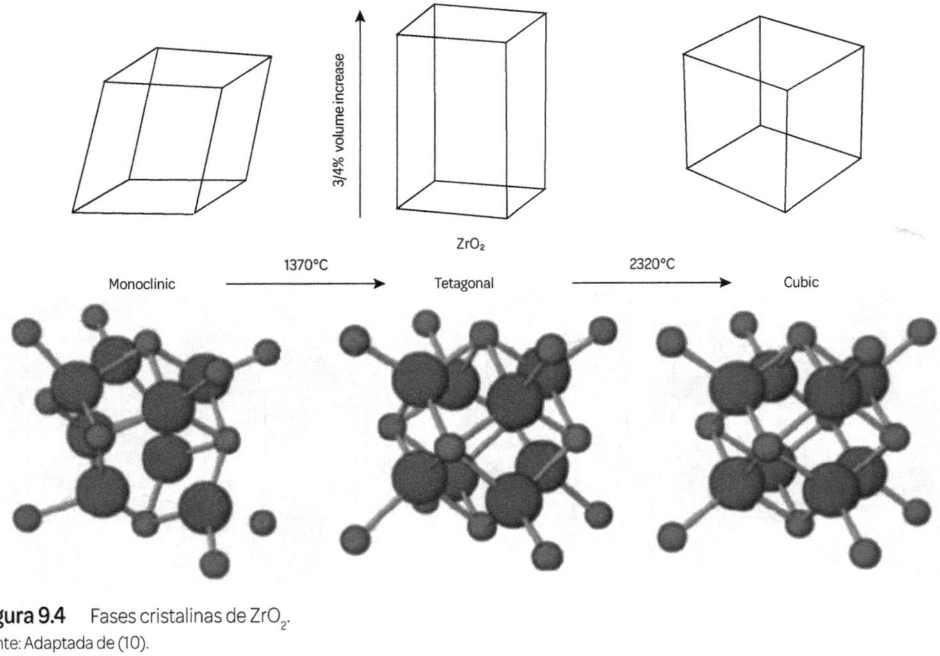

Figura 9.4 Fases cristalinas de ZrO_2.
Fonte: Adaptada de (10).

As mudanças de volume que acontecem com a mudança de temperatura geram trincas porque, numa peça isostática, os *mix*es de grafita-ZrO_2 estão associados a *mix*es de grafita-Al_2O_3; por isso, o aquecimento de produtos que contêm *mix*es grafita-ZrO_2 deve ser muito bem-controlado.

Os grãos de zircônia são estabilizados (Figura 9.5) com outros óxidos para atenuar sua mudança de volume. Os óxidos utilizados para estabilizar um grão de zircônia variam de acordo com a aplicação final, são eles HfO_2, CaO ou MgO.

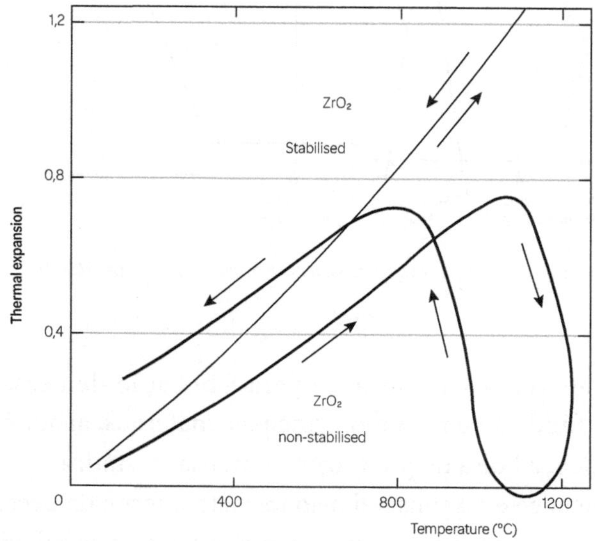

Figura 9.5 Expansão térmica do dióxido de zircônio em função da sua estabilização.
Fonte: Adaptada de (10).

Outros óxidos importantes na produção de peças isostáticas são o óxido de alumínio (Al_2O_3) e o óxido de magnésio (MgO).

Os *mixes* grafita - Al_2O_3 ocupam o maior volume das peças isostáticas, toda a função estrutural da peça é carregada por esse tipo de *mix* e, dentro da cadeia de *mixes* isostáticos, é o que tem maior resistência mecânica, sendo fundamental para tampões e também desempenha, quando da adição de alguns aditivos, a função de anti-*clogging*.

Os *mixes* de grafita-MgO são específicos para aplicações em que há adição de Ca-Si na metalurgia secundária, apesar de serem, em termos de volume, os *mixes* menos utilizado nas peças isostáticas; esse tipo de *mix* tem lugar cativo em aplicações-chave da indústria siderúrgica.

A etapa de prensagem é a mais importante no processo de fabricação de uma peça isostática que se efetiva segundo duas correntes de fabricação: SSCIP (*Single Step Cold Isostatic Pressing*), prensagem isostática em passo único; ou MSCIP (*Multi Step Cold Isostatic Pressing*), prensagem isostática em múltiplos passos, esse último está esquematizado na Figura 9.6. Ambos os processos ocorrem a frio.

A escolha da técnica de prensagem se faz em função da granulometria do material, do tipo de matéria prima, do tipo e da severidade de aplicação na siderurgia, propriedades físicas desejadas no produto final.

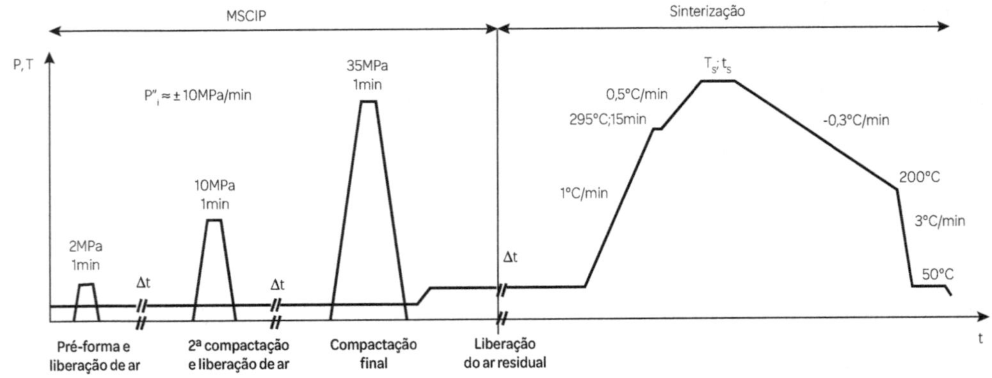

Figura 9.6 Esquema da técnica de prensagem isostática em múltiplos passos (MSCIP), juntamente com a rota de sinterização (cura).
Fonte: Adaptada de (4).

O processo de prensagem isostática para fabricação de peças para a indústria siderúrgica e de fundição tem como principais materiais, além, é claro, dos *mix*es, o mandril metálico, a bolsa de prensagem a prensa isostática.

O mandril metálico é responsável pelo formato interno da peça, incluídas as portas de saída de fluxo de aço no caso de tubos submersos e de válvulas submersas.

A bolsa de prensagem é fabricada com material flexível como poliuretano e borracha, a bolsa é a parte a ser pressionada pelo fluido da prensa e também é a responsável pelo formato exterior das peças isostáticas.

O mandril de prensa e a bolsa de prensagem formam o conjunto de prensagem. No conjunto de prensagem, os diversos *mix*es que formam uma peça são adicionados e nivelados para serem prensados e formar, assim, a peça isostática.

A prensa isostática consiste num vaso de pressão que é vedado alojando, em seu interior, o conjunto de prensagem; o interior é inundado com um fluido que pressiona a bolsa de prensagem, forçando a conformação do *mix* em seu interior. A Figura 9.7 apresenta o esquema de carregamento de material aqui descrito.

Após a prensagem, as peças isostáticas seguem para as demais etapas do processo de produção, sendo as mais importantes a sinterização (ou cura); a queima; e a aplicação de verniz. Os processos de fabricação aqui descritos são exclusivos dos fabricantes de refratários isostáticos.

As peças isostáticas estão submetidas a esforços distintos de acordo com sua aplicação no lingotamento contínuo, a correta caracterização e o exato entendimento de como esses esforços afetam a performance da peça durante o uso são de suma importância para o sucesso da operação, atendendo as desafiadoras condições de fabricação de aço pelo processo de lingotamento contínuo. O correto balanço das propriedades mecânicas, propriedades químicas e propriedades térmicas (Figura 9.8), aliado ao correto design da peça, é o diferenciador entre sucesso e fracasso na aplicação.

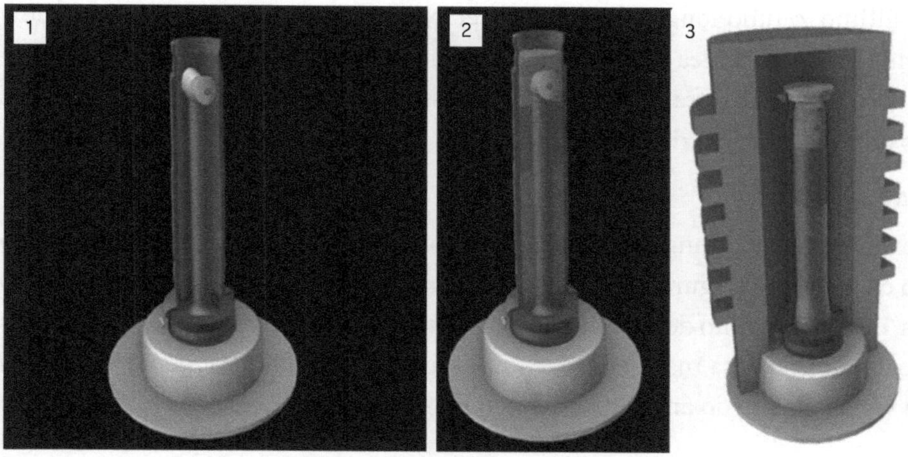

Figura 9.7 1) Conjunto de prensagem; 2) conjunto de prensagem carregado com *mixes*, as diferentes cores representando os diversos *mixes* encontrados em uma peça; 3) conjunto de prensagem carregado na posição de prensagem.
Fonte: Acervo da Vesuvius.

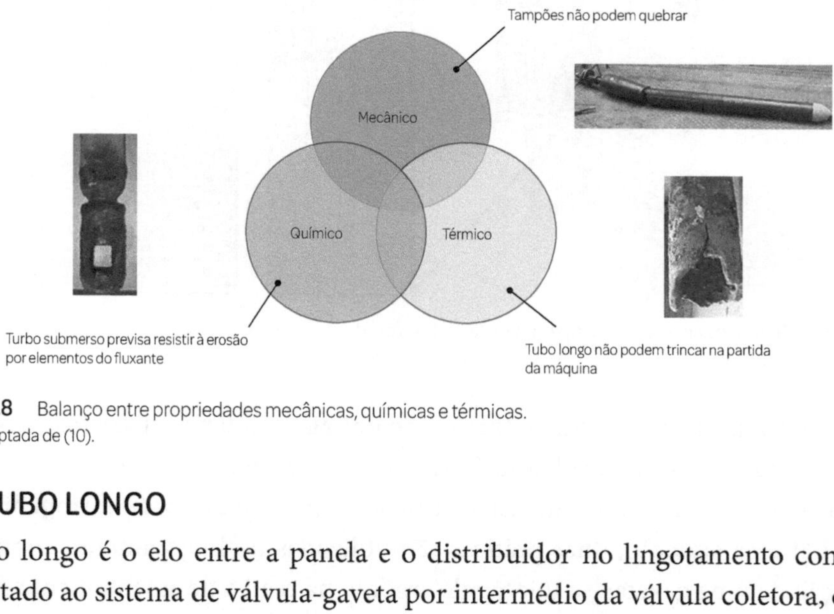

Figura 9.8 Balanço entre propriedades mecânicas, químicas e térmicas.
Fonte: Adaptada de (10).

9.2 TUBO LONGO

O tubo longo é o elo entre a panela e o distribuidor no lingotamento contínuo. Conectado ao sistema de válvula-gaveta por intermédio da válvula coletora, o tubo longo faz o transporte do aço.

A primeira função do tubo longo é proteger o aço dos efeitos da reoxidação, pois o aço líquido é muito sensível à presença de ar atmosférico, *pick up* de nitrogênio é um controle muito importante para os aciaristas e, na maioria das vezes, está atrelado à utilização do tubo longo.

A queda livre de aço gera uma onda de fagulhas que pode danificar equipamentos ou atingir pessoas. O tubo longo serve para conter essas fagulhas de aço e preservar os equipamentos e as pessoas trabalhando nas regiões adjacentes ao distribuidor.

Por último, o tubo longo controla e direciona o fluxo de aço, garantindo que o este atinja primeiro a área de segurança do distribuidor, onde o inibidor de turbulência ou o material refratário de elevada resistência mecânica estão preparados para absorver o impacto do jato de aço.

9.2.1 Aplicação

A conexão entre tubo longo e a válvula coletora é de extrema importância para o sucesso da operação (Figura 9.9), uma má conexão gera entrada de ar atmosférico no sistema, desalinhamento do tubo longo e quebras na região do encaixe. Para evitar os riscos oriundos de uma má conexão, é importante conhecer o desenho de ambas as peças e seguir a regra do ângulo tubo longo igual a ângulo válvula coletora + 1°.

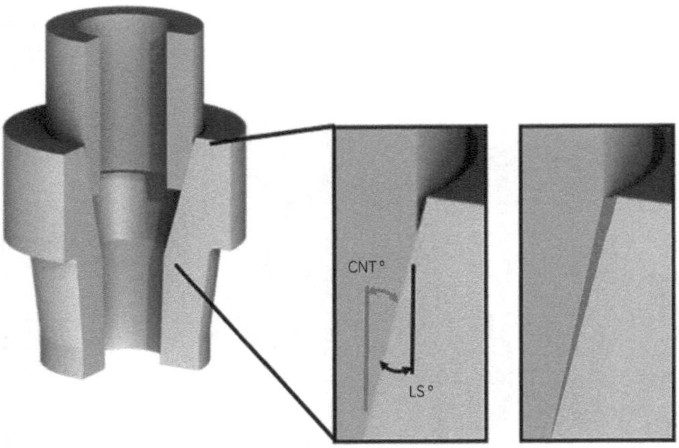

Figura 9.9 Detalhe da conexão entre tubo longo e válvula coletora.
Fonte: Adaptada de (10).

Por se tratar de uma junta entre dois materiais refratários distintos, a conexão entre tubo longo e válvula coletora é um ponto potencial de entrada de ar atmosférico no sistema, causando, inclusive, a incidência de *pick up* de nitrogênio. Para contornar essa situação, duas práticas são utilizadas no lingotamento contínuo: a utilização de uma gaxeta; e a injeção de argônio na região de assentamento do tubo longo. As duas práticas são complementares e a maioria dos fabricantes de aço com elevados requisitos de qualidade opta por utilizá-las em conjunto.

A gaxeta pode ser fabricada com fibra cerâmica moldada a vácuo ou com material refratário grafitado (Figura 9.10), as duas opções são facilmente encontradas no mercado e cada uma apresenta uma vantagem. A gaxeta de fibra cerâmica tem poros que podem ser uma porta de entrada para ar atmosférico no sistema, mas o material não é inflamável em operação. Já a gaxeta de material refratário grafitado não tem poros, entretanto sua formulação leva grafita que entra em combustão momentos após a entrada em operação e a chama resultante é um dificultador para a conexão. Fica a cargo das equipes de lingotamento contínuo decidir qual opção é a mais adequada a suas necessidades.

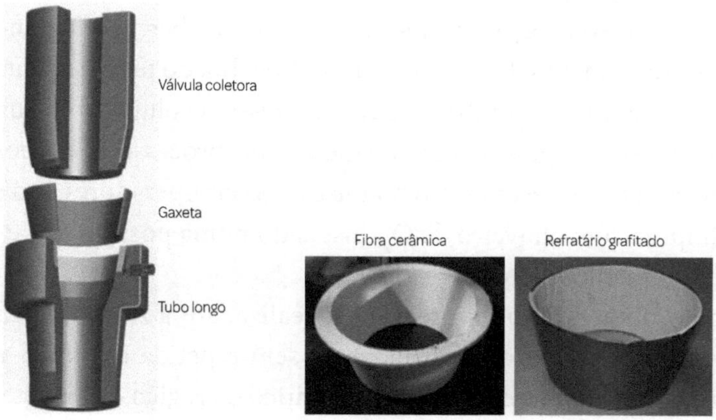

Figura 9.10 Conjunto válvula coletora – Gaxeta – Tubo Longo.
Fonte: Adaptada de (4).

A utilização de argônio para fazer a inertização da junta entre tubo longo e válvula coletora é amplamente disseminada, as vazões de argônio utilizadas variam de acordo com o tamanho da panela, comprimento do tubo longo, se a abertura do tubo é mergulhada ou não e do tipo de manipulador empregado. Um ponto importante e de difícil controle é a contrapressão na região de entrada de argônio (Figura 9.11), essa variável é a única forma de conhecer, ao longo de cada corrida, qual a eficiência da conexão e a sua capacidade de manter o fluxo de aço livre de entrada de ar atmosférico. Para esse controle, é necessário instalar um painel de controle de vazão e contrapressão na entrada de argônio e seus resultados devem ser interpretados pelos operadores responsáveis pelo lingotamento.

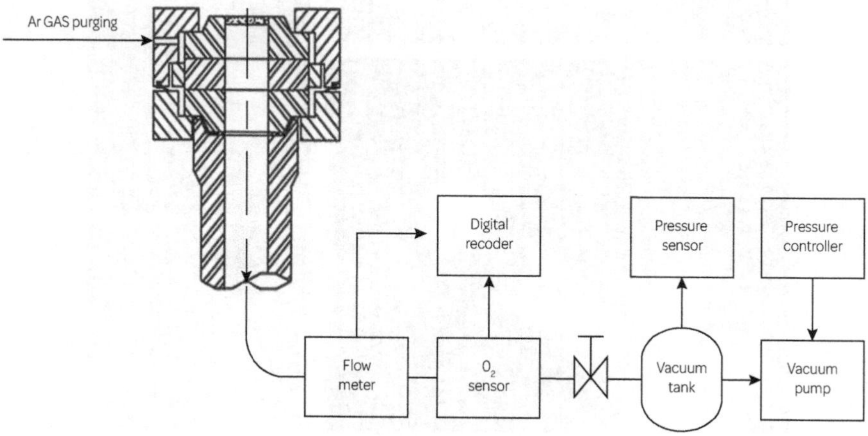

Figura 9.11 Esquema experimental para medição de teor de O_2 no sistema de válvula-gaveta.
Fonte: Adaptada de (5).

O tubo longo é utilizado em múltiplas corridas durante o lingotamento contínuo, entre o término de uma corrida e o início de outra. É necessária uma limpeza no interior do tubo para retirar a camada de aço solidificada formada, pois esta pode causar o bloqueio do fluxo de aço, criando um refluxo na abertura da panela; também pode haver desprendimento desse aço, levando à quebra do tubo de dentro para fora.

O processo de limpeza do tubo (Figura 9.12) vem evoluindo nos últimos anos. Por questões de segurança e melhor qualidade no processo, a limpeza realizada manualmente com tubos de oxigênio manuseados por operadores está sendo substituída por limpeza com chuveiro de O_2, instalado numa posição fixa e manuseado inteiramente por manipuladores.

Outro ponto onde a limpeza precisa ser realizada é a região de encaixe entre tubo longo e válvula coletora. Essa operação será repetida em todas as trocas de panela e, por essa razão, a seleção do *mix* isostático da região de assentamento deve levar em conta a performance desejada do tubo; quanto maior a performance desejada, mais resistente a múltiplos ciclos deve ser o material dessa região.

O *mix* da região do assento deve resistir à abrasão gerada pelo contato com o refratário da válvula coletora e também deve resistir ao ataque químico de oxigênio devido à limpeza do tubo.

Figura 9.12 Limpeza manual de tubo longo com tubo de oxigênio e limpeza por meio de chuveiro em posição fixa.
Fonte: Acervo da Vesuvius.

O tubo longo é uma peça grande, e sua posição de operação abaixo da panela e acima do distribuidor torna necessário o emprego de manipuladores para sua movimentação; além do mais, a movimentação da panela ao longo de um sequencial torna necessária a agilidade em sua manipulação. Não há muito tempo para que todas as operações com o tubo longo sejam realizadas devido à constante necessidade de se manter o nível de aço do distribuidor na posição mais cheia possível; por essa razão, os manipuladores de tubo longo estão em constante desenvolvimento (Figura 9.13). A modernização dos manipuladores também visa a proteção das pessoas trabalhando na plataforma de lingotamento, diminuindo a sua exposição ao ambiente e aumentando a ergonomia da tarefa a ser executada. Os manipuladores de contrapeso demandam um grande esforço dos operadores, é uma tarefa bastante física trabalhar com esse aparato e as pessoas envolvidas na atividade são exigidas e expostas a altas temperaturas. Nos manipuladores hidráulicos e pneumáticos, não há esforço físico, mas os operadores ainda estão expostos ao calor radiante oriundo da panela, distribuidor e do próprio tubo longo. Na operação robotizada, a operação é automática e toda a interação necessária é realizada por intermédio de um painel em ambiente climatizado com total segurança para os profissionais envolvidos nessa atividade.

Figura 9.13 Tipos de manipulador de tubo longo existentes.
Fonte: Acervo da Vesuvius.

Em operação, o controle da imersão do tubo longo no banho é importante para a qualidade do aço sendo lingotado, uma baixa imersão vai fazer com que a escória do topo do distribuidor emulsione e essa emulsão será carregada pelo fluxo pelo distribuidor, podendo ser o causador de defeitos, além de criar problemas operacionais como desgaste acelerado de componentes refratários e *clogging*.

A imersão ideal de um tubo longo varia entre 200 e 350mm (Figura 9.14) e isso depende da vazão de aço da panela para o distribuidor, sendo necessário estudar caso a caso. Nessa faixa, não haverá perturbação na superfície do distribuidor, sem efeitos de emulsificação ou necessidade constante de renovar o material de cobertura aplicado no distribuidor.

Imersões superiores a 400mm podem significar que a base do tubo está muito próxima ao fundo do distribuidor, havendo, inclusive, a possibilidade de colisão do tubo com a parede do distribuidor durante sua movimentação.

Imersões inferiores a 100mm vão trazer complicações de qualidade para o aço sendo produzido e devem ser, a todo custo, evitadas; nessa condição o consumo de pó de cobertura de distribuidor vai aumentar além do aumento de eventos de inclusões não metálicas. O *mix* da base do tubo também tende a se deteriorar mais rapidamente com imersões inferiores a 100mm.

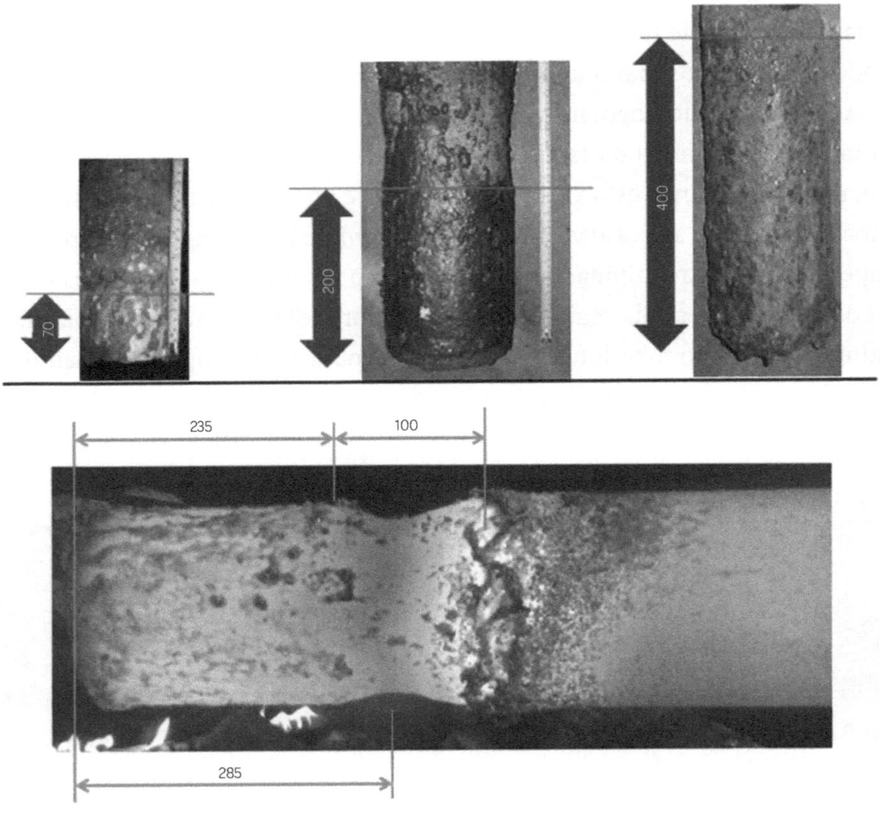

Figura 9.14 Altura mínima submergida para diversos tubos longos.
Fonte: Acervo da Vesuvius.

9.3 TAMPÃO

O tampão controla o fluxo de aço entre o distribuidor e o molde, modifica o fluxo de aço no canal do distribuidor e protege o canal da aderência de inclusões não metálicas.

Ele é o responsável pelo controle de fluxo entre o distribuidor e o molde, trabalha com ¾ do corpo completamente submergido no aço do distribuidor, movimentando-se no sentido vertical e permitindo a vazão de aço desejada para manter a velocidade da máquina de lingotamento contínuo. O tampão é montado num sistema de acionamento mediante um inserto, metálico ou cerâmico, localizado no interior do seu corpo, com uma haste metálica presa a um braço conectado ao acionador (Figura 9.15).

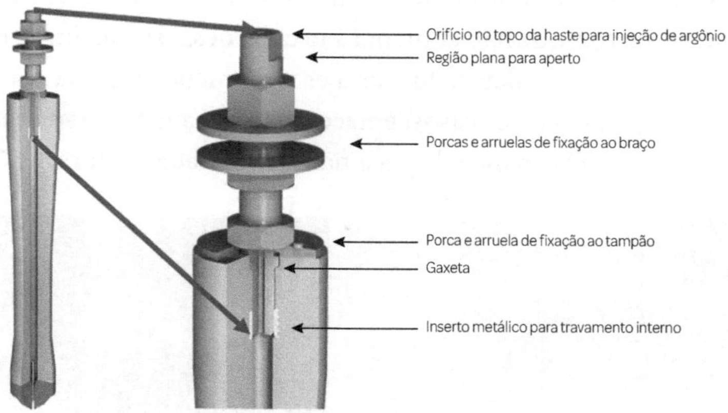

Figura 9.15 Detalhes dos componentes metálicos utilizados para montagem do tampão.
Fonte: Acervo da Vesuvius.

A montagem do tampão no distribuidor é realizada por até duas operadores, trabalhando em conjunto para garantir a correta centralização. Dispositivos de carga como ponte rolante ou talha elétrica são usados devido ao tamanho da peça. Ajuste fino de centralização é realizado por intermédio de movimentação nas arruelas côncavas e convexas montadas na haste metálica. A incorreta centralização (Figura 9.16) pode levar a evento de perdas na partida por vazamento de aço, não vedação ao final do sequencial e, até mesmo, quebras de tampão por criação de esforços laterais ao corpo do tampão.

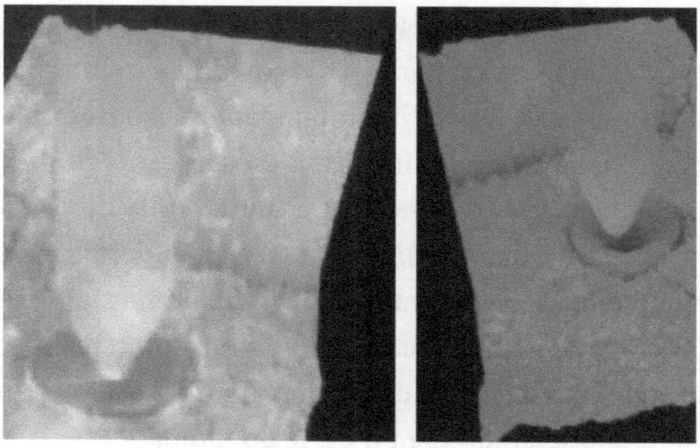

Tampão centralizado   Tampão fora do centro

Figura 9.16 Comparação entre tampão montado centralizado e tampão fora de centro durante o preaquecimento.
Fonte: Acervo da Vesuvius.

O tampão é uma peça que não oferece possibilidade de troca no decorrer da sequência, portanto é importante conhecer os tipos de desgaste sofrido pelo mesmo para que não seja necessário interromper uma sequência por desgaste prematuro do tampão. Na região da linha de escória, os *mixes* de Al_2O_3-grafita resistem bem aos pós de cobertura normalmente utilizados; no Brasil, o material mais comum é a palha de arroz, que não aumenta a taxa de desgaste de um tampão. Alguns materiais sintéticos com poder de tornar a escória menos viscosa atacam mais intensamente o tampão e, nesses casos, é necessário um manejo especial do nível de desgaste para que a performance da peça não seja afetada (Figura 9.17).

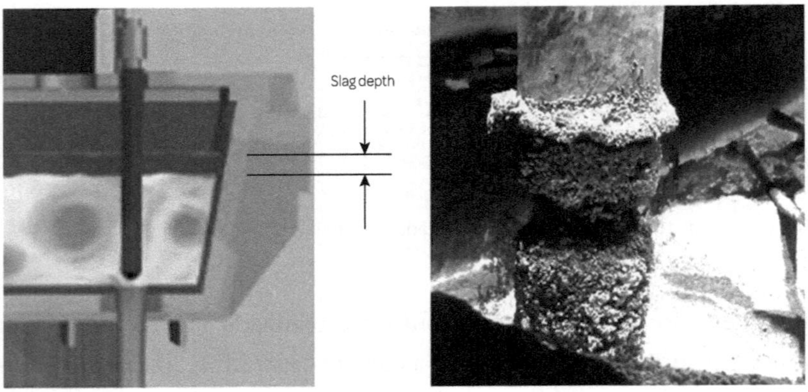

Figura 9.17 Desgaste de tampão na linha de escória.
Fonte: Acervo da Vesuvius.

Para analisar a taxa de desgaste do tampão, algumas técnicas são bem populares tanto para análises em condições controladas em laboratório como também para amostras recolhidas após o uso em condições reais de operação (Figura 9.18). Entre as análises, as mais populares são a gravimetria, a medição física do desgaste e as análises utilizando o microscópio eletrônico de varredura.

Abrasão e a erosão no nariz do tampão são tópicos bem interessantes. Existe um desgaste natural por abrasão no nariz do tampão, mas o desgaste que é nocivo à performance ocorre por reações químicas, a erosão causada por um *mix* maldimensionado para a aplicação é irreversível e causa perda de performance (Figura 9.19). Existem opções variadas de *mix*es para a região do nariz do tampão como: alto teor de grafita; baixo teor de grafita; óxido de alumínio; óxido de magnésio; espinélio de Al_2O_3-MgO. Cada aplicação requer um tipo específico de material no nariz e, por esse motivo, há que se criar uma sinergia entre o tipo de aço sendo produzido e o material escolhido para o nariz do tampão.

Com relação a geometria do nariz do tampão, duas variáveis são levadas em consideração para sua escolha e seu dimensionamento (Figura 9.20): a primeira é o tipo de máquina de lingotamento, numa máquina de tarugos ou blocos, a vazão necessária por veio é pequena e o tampão precisa ter um nariz cônico, suscetível a um ajuste fino no controle de fluxo; a segunda é o tipo de ação esperada pelo nariz do tampão como controlador de fluxo. Um tampão tradicional hemisférico cumpre seu papel de controlador de fluxo com maestria, com a única função de abrir e

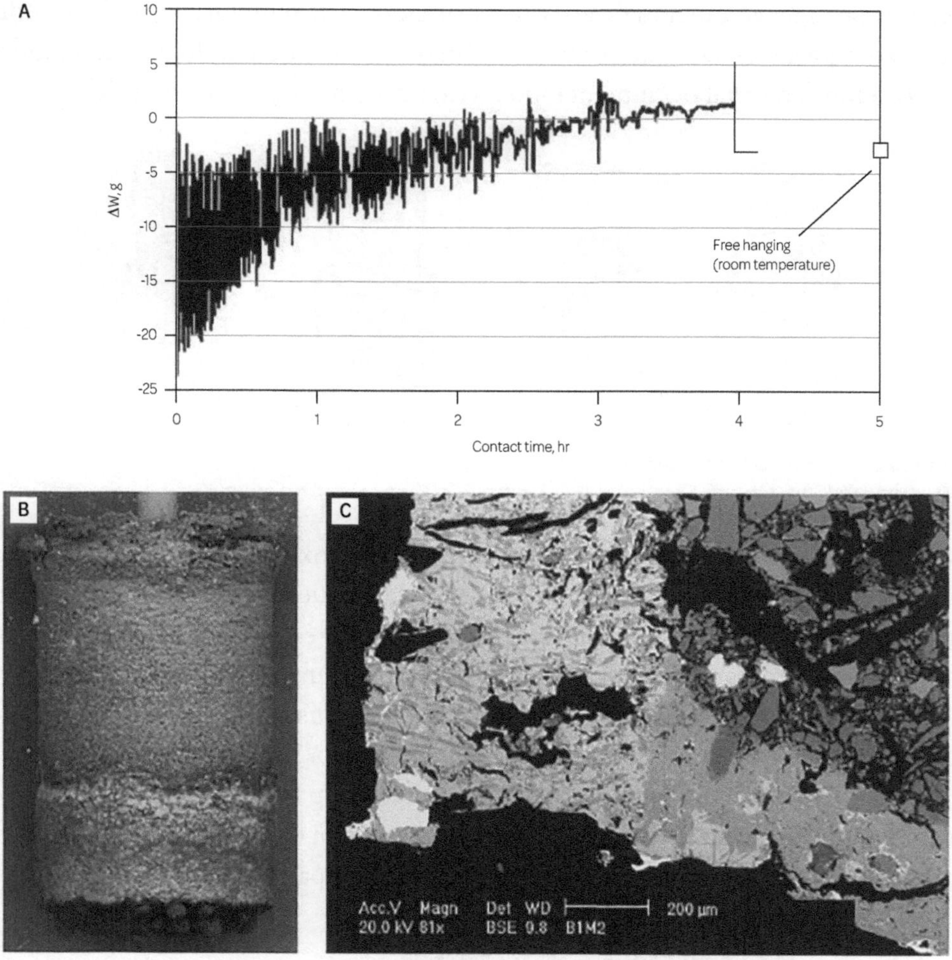

Figura 9.18 A) curva gravimétrica *in situ*; B) amostra após teste; C) imagem do MEV da face quente de uma amostra utilizada por 4 horas a 1570°C.
Fonte: Adaptada de (15).

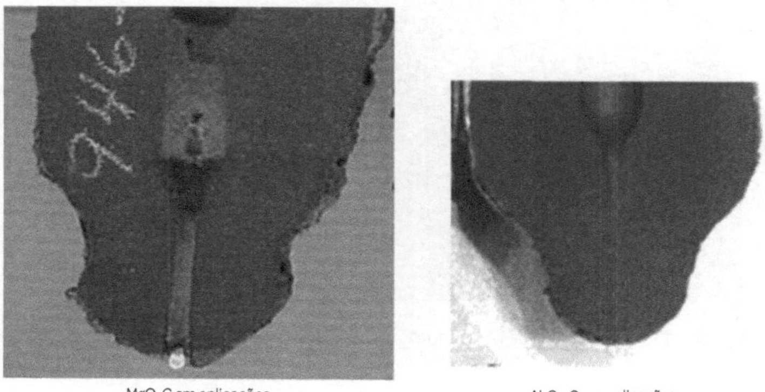

MgO-C em aplicações **sem** adição de cálcio

Al_2O_3-C em aplicações **com** cálcio

Figura 9.19 Efeitos de uso incorreto de tampão para determinado tipo de aço.
Fonte: Acervo da Vesuvius.

fechar o canal de vazamento de aço do distribuidor para o molde. Tampões multirraios são capazes de, além de controlar o fluxo de aço, modificá-lo direcionando-o para o centro do canal ou aumentando a velocidade na região de controle.

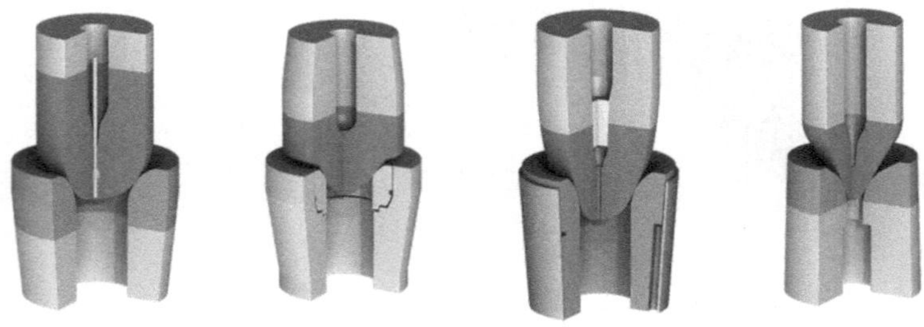

Figura 9.20 Tipos existentes de nariz de tampão.
Fonte: Acervo da Vesuvius.

No lingotamento contínuo de placas, em que o desoxidante mais usado é o alumínio, e há alguns tratamentos no refino secundário que fazem uso da aluminotermia para atingir a temperatura, a formação de *clogging* é corriqueira cujo tipo mais comum são aluminatos de cálcio, sólidos a temperatura de lingotamento (Figura 9.21). *Clogging* é responsável por muitas perdas na indústria siderúrgica, o tampão atua como uma das tantas ferramentas para eliminá-lo. Existem evidências de que o excesso de *clogging* aderido ao tampão é suficiente para desalinhá-lo durante o lingotamento, gerando a situação de não vedação ao fim da sequência e, até mesmo, em casos mais extremos, resultando na quebra de tampão em uso.

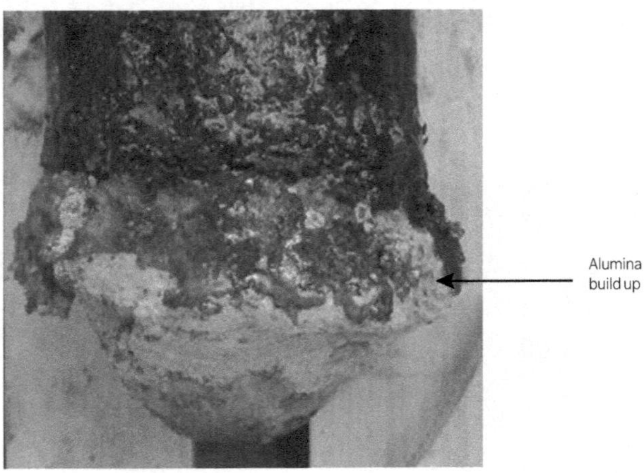

Figura 9.21 *Clogging* aderido ao tampão após 170 minutos de lingotamento em aço acalmado ao alumínio.
Fonte: Acervo de (1).

Uma das opções bastante comuns é conhecida como "batida de tampão", ao perceber que o nível de *clogging* está aumentando, o operador do lingotamento força o fechamento do tampão com o intuito de desprender o *clogging* aderido ao próprio tampão e ou aderido ao canal da válvula que faz a ligação entre distribuidor e molde.

Outra opção é a utilização de argônio no nariz do tampão como forma de evitar a deposição de *clogging* no nariz. A injeção de argônio pode ser feita por um furo central no nariz do tampão e, mais recentemente, passaram a existir tecnologias para que a injeção de argônio seja feita por multifuros distribuídos pelo nariz do tampão (Figura 9.22).

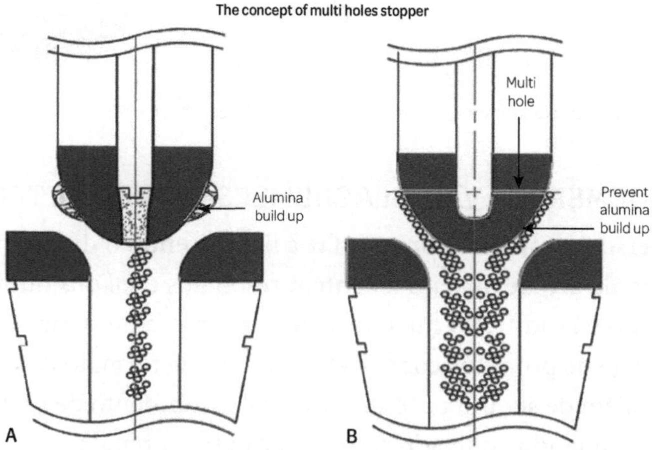

Figura 9.22 Tipos de tampão: A) tampão tradicional; B) tampão multifuros.
Fonte: Adaptada de (1).

9.4 VÁLVULA INTERNA DO DISTRIBUIDOR

A válvula interna do distribuidor é o refratário utilizado atrelado ao sistema de troca rápida, tradicionalmente esse refratário é produzido utilizando-se concreto. Nos últimos anos, as válvulas internas de distribuidor produzidas com material isostático vêm ganhando popularidade. Sua concepção mais simples e a facilidade de montagem são fatores determinantes para a escolha de uma válvula interna fabricada com isostático; além disso, suas paredes permeáveis são uma vantagem para evitar a aderência de *clogging* ao canal de passagem de aço. O topo da peça é fabricado com *mix*es que resistem ao ataque químico e base da peça com *mix*es de alta resistência à abrasão para permitir que o tubo de troca rápida seja substituído em mais de uma oportunidade, se necessário. O formato da base de uma válvula interna é tal que se encaixa perfeitamente no sistema de troca rápida (Figura 9.23), de modo a permitir a montagem do sistema com apenas um operador. A conexão de argônio é feita com sistema de encaixe com gaxetas à prova de vazamento já montadas diretamente no refratário, sem a necessidade de ajustes em tubulação de cobre, diferentemente do que se observa em válvulas tradicionais.

Figura 9.23 Montagem de válvula interna isostática no sistema de troca rápida SEM3085.
Fonte: Acervo da Vesuvius.

9.5 TUBO SUBMERSO - VÁLVULA SUBMERSA - TUBO DE TROCA RÁPIDA

O tubo submerso ou válvula submersa faz a ligação entre o distribuidor e o molde, protege o fluxo de aço de oxidação, contém respingos e *splashs* durante a operação do lingotamento e modifica o fluxo de aço de acordo com o formato de sua porta de saída. O range de produtos cobre todas os tipos de formato de molde existentes (Figura 9.24), além de ser um produto essencial no aumento de sequenciais para as usinas de placas quando equipado com a função troca rápida.

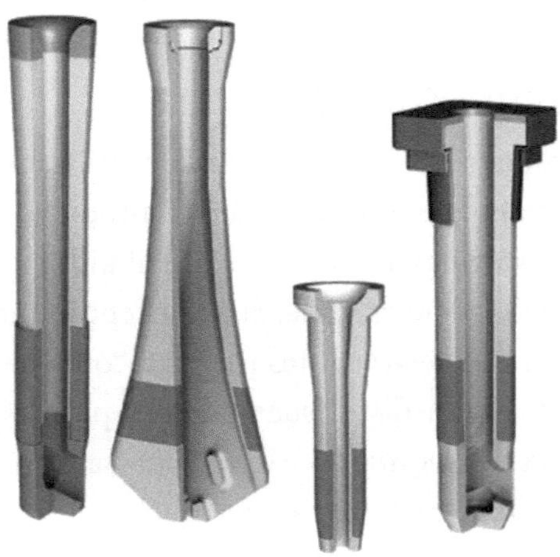

Figura 9.24 Diferentes tipos de tubo e de válvulas submersos para siderurgia.
Fonte: Acervo da Vesuvius.

A diferença entre tubo submerso e válvula submersa é a capacidade de fazer ou não o controle de fluxo.

A válvula submersa (Figura 9.25), SEN (*Sub Entry Nozzle*), conta com a função de controle de fluxo, seu uso está invariavelmente ligado ao uso de tampão, e essa peça faz controle de fluxo entre distribuidor e molde. Ela precisa de um refratário que resista a impacto mecânico na região de contato com o tampão dentro do distribuidor e uma luva de ZrO_2 com excelente durabilidade e perfeitamente adaptada ao tamanho do sequencial uma vez que trocas durante o lingotamento não são possíveis.

Figura 9.25 Válvula submersa, SEN.
Fonte: Acervo da Vesuvius.

O tubo submerso (Figura 9.26), SES (*Sub Entry Shroud*), localiza-se inteiro externamente ao distribuidor. Não tem nenhum refratário com elevada resistência à abrasão, pois não faz controle de fluxo. Essa peça tem luva de ZrO_2 para trabalhar na região do menisco, entretanto existe a possibilidade de trocas ao longo do sequencial.

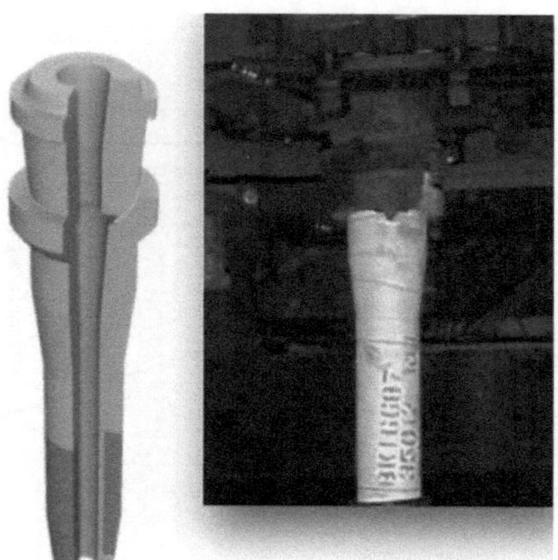

Figura 9.26 Tubo submerso, SES.
Fonte: Acervo da Vesuvius.

O tubo submerso de troca rápida (Figura 9.27), MTSP (*Monoblock Tundish Shroud Plate*), é o estado da arte em termos de qualidade, segurança e produtividade. Essa peça pode mudar completamente o perfil de produção e o ritmo do lingotamento contínuo. As trocas de tubo, que podem, inclusive, ser completamente robotizadas, aumentam a sequencialidade da aciaria com total segurança e mantêm os mais altos níveis de qualidade.

Figura 9.27 Tubo submerso de troca rápida, MTSP.
Fonte: Acervo da Vesuvius.

Antes do uso, as peças precisam ser aquecidas seguindo-se a orientação do fornecedor (Figura 9.28). A ZrO_2 presente na peça é bastante sensível a mudanças bruscas de temperatura; além disso, essa é uma peça bastante sensível à oxidação e o seu esmalte de proteção contra oxidação pode se danificar em função de um mau aquecimento.

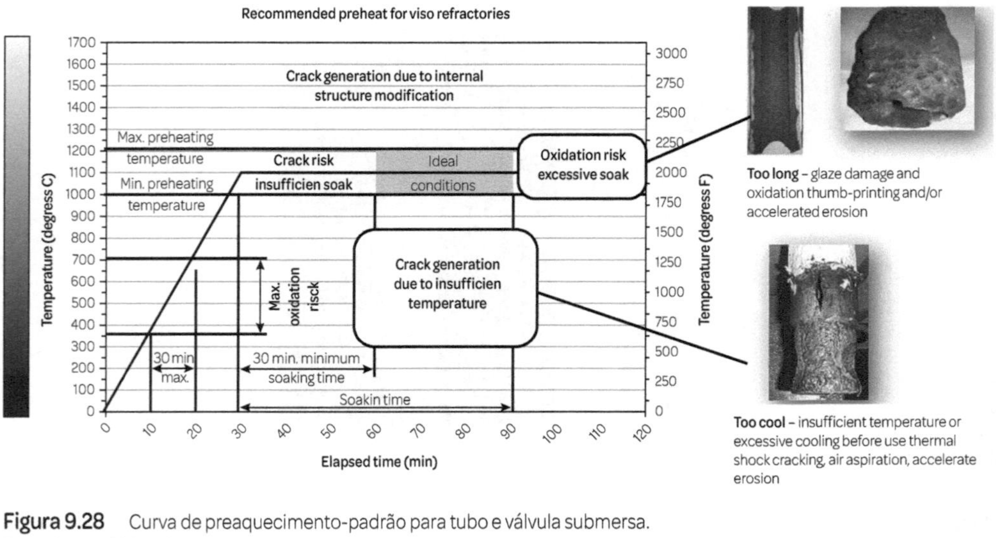

Figura 9.28 Curva de preaquecimento-padrão para tubo e válvula submersa.
Fonte: Acervo da Vesuvius.

Existem vários métodos de preaquecimento disponíveis e cada lingotamento deve escolher o que melhor se enquadre nas características da planta, como disponibilidade de gás, tempo decorrido entre o fim do aquecimento e a partida da máquina e tamanho da peça a ser aquecida. A Tabela 9.1 descreve os pontos positivos e negativos dos métodos de preaquecimento existentes.

Existe uma busca constante de peças que não necessitam de preaquecimento por uma questão de abaixar o custo do processo e baixar as emissões de CO_2. Peças de emergência que não precisam de preaquecimento existem no mercado e, agora, refratários que contém ZrO_2 têm sido fabricados com aditivos especiais que combinam a não obrigatoriedade de preaquecimento com a alta performance (Figura 9.29).

Tabela 9.1 Métodos de preaquecimento, prós e contras.

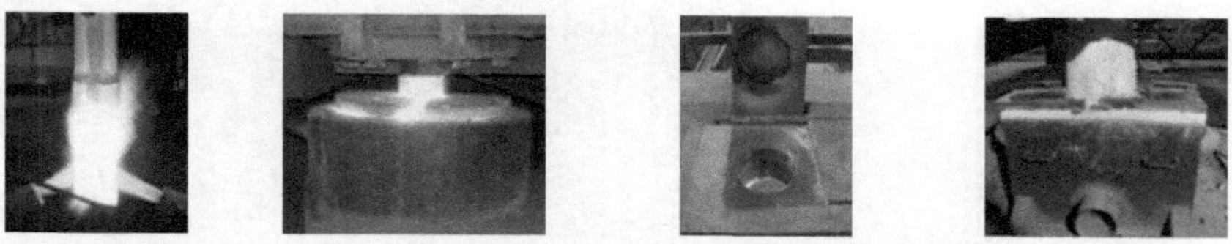

	Tocha exposta	Tocha enclausurada	Forno	Venturi
Positivo	Simples e barato	Temperatura consistente	Melhor controle	Barato, aproveita o calor do aquecimento de distribuidor
Negativo	Pouco controle	Caro e com consumíveis	Somente para aquecimento fora da posição de trabalho	Risco de falha por baixa temperatura

Fonte: Acervo da Vesuvius.

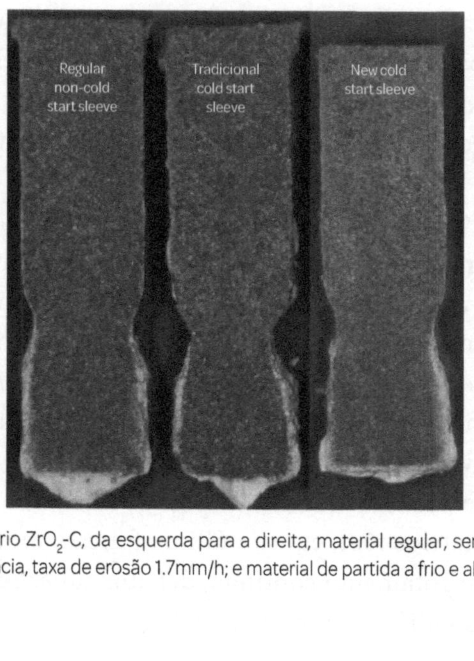

Figura 9.29 Corte de refratário ZrO_2-C, da esquerda para a direita, material regular, sem partida a frio, taxa de erosão 1,3mm/h; material para emergência, taxa de erosão 1.7mm/h; e material de partida a frio e alta performance, taxa de erosão 1,3mm/h.
Fonte: Adaptada de (16).

A taxa de erosão das válvulas e tubos submersos é uma variável importante no controle de processo do lingotamento contínuo, em conjunto com o método de distribuição da zona do menisco ao longo do comprimento da luva de ZrO_2-C; esses são os fatores mais importantes para determinar a vida da peça. A Figura 9.30 mostra um exemplo de como a luva de ZrO_2 pode ser manejada assim como alguns exemplos de manejo pobre.

Figura 9.30 À esquerda, um perfeito manejo da luva de ZrO_2; à direita, a linha tracejada representa os limites da luva, e as setas indicam o menisco trabalhando fora da luva de ZrO_2.
Fonte: Acervo da Vesuvius.

A análise da zona de desgaste em uma luva de ZrO_2 é uma tarefa que requer conhecimento sobre o processo como um todo; a região do menisco do molde é quimicamente ativa com fluxante, refratário, aço e atmosfera em constante reação. Para uma boa análise *post mortem* dessa região, são necessários conhecimento e entendimento de todos os elementos ali presentes e como estes interagirão uns com os outros nas zonas de interface. As diversas zonas existentes (Figura 9.31) e as fases formadas são específicas para o tipo de aço, tipo de fluxante e tipo de refratário utilizados.

Além do teor de ZrO_2, a porosidade aparente é outro fator importante para o processo de erosão de refratários (Figura 9.32). O volume de elementos secundários de reoxidação que penetram na matriz de refratários é diretamente proporcional à porosidade; ou seja, quanto maior a porosidade, maior a penetração de elementos de reoxidação e, em consequência, mais erosão é observada. Um *mix* isostático perfeito seria aquele com a mínima porosidade. A correta escolha da matéria-prima, um controle de processo estável e a etapa de queima controlada são fatores fundamentais para se otimizar a porosidade aparente de uma peça isostática.

Os refratários isostáticos têm, em sua última função, modificar o fluxo de aço dentro do molde no lingotamento contínuo, defeitos superficiais são criados nessa última etapa antes da solidificação como a esfoliação superficial e o aprisionamento

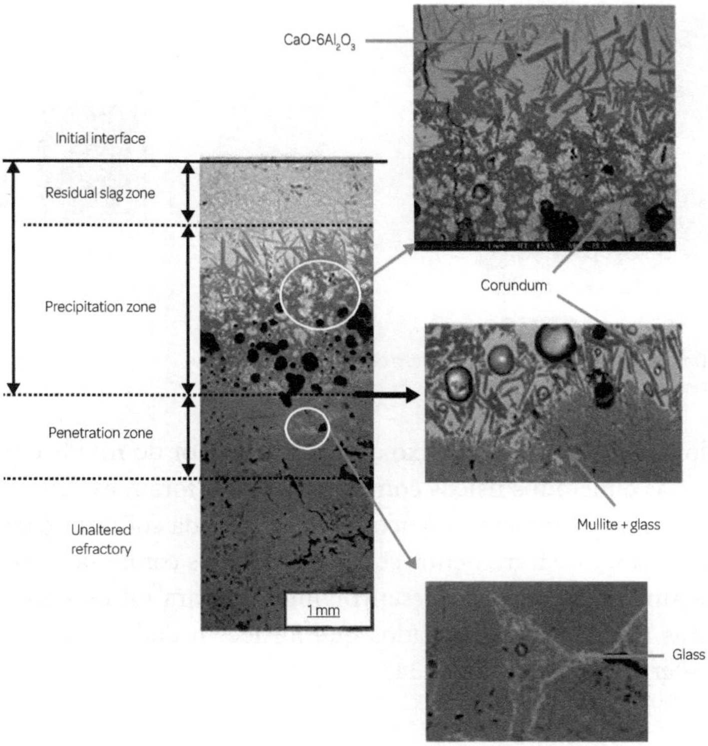

Figura 9.31 Microestrutura de refratário erodido.
Fonte: Adaptada de (11).

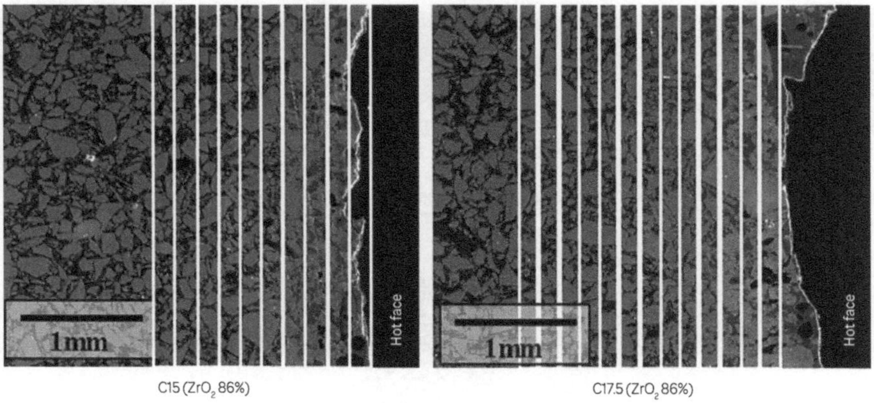

Figura 9.32 Influência da porosidade aparente em dois refratários com a mesma composição química.
Fonte: Adaptada de (14).

de inclusões não metálicas (Figura 9.33). A porta de saída de um tubo ou válvula submersa apresenta variadas opções de formato com foco na modificação e na estabilização do fluxo do aço quando este entrar no molde. As variações do formato são projetadas levando-se em consideração o dimensional do molde, tipo de aço e se há agitador eletromagnético em uso.

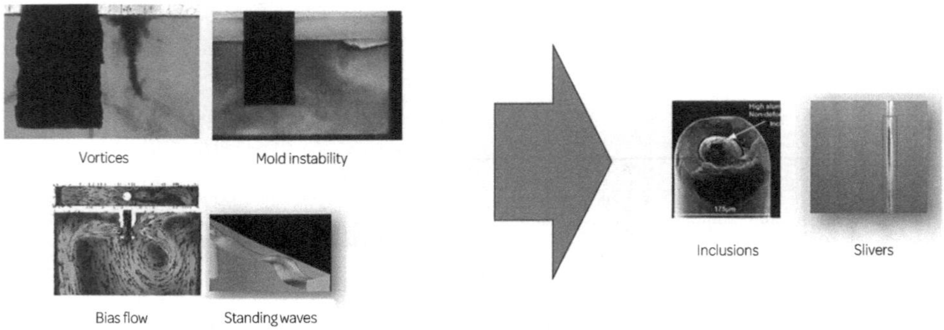

Figura 9.33 Defeitos superficiais associados a fluxo de aço irregular no molde.
Fonte: Acervo da Vesuvius.

O estudo da distribuição do fluxo de aço no interior do molde é tema de elaboradas pesquisas e métodos físicos como o *nail board* foram as primeiras tentativas de entender o comportamento do aço líquido antes da solidificação; hoje em dia, existem outros tipos de ferramenta, sendo os modelos computacionais os mais populares. Há ainda uma série de desenvolvimentos para estudos físicos utilizando equipamentos eletrônicos sofisticados que fornecem dados reais que podem ser tratados e interpretados (Figura 9.34).

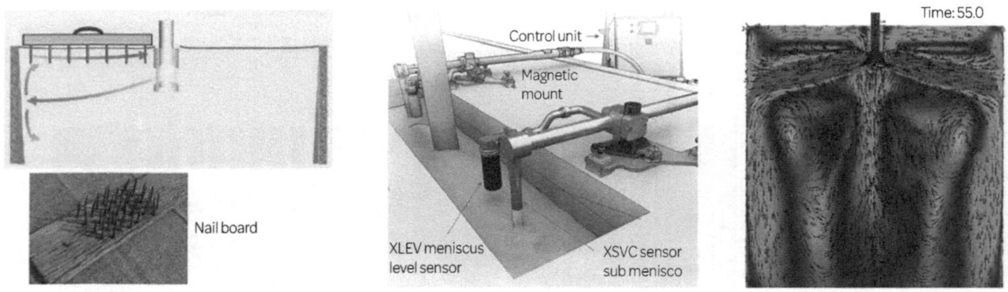

Figura 9.34 Métodos de análise do comportamento submenisco em lingotamento contínuo.
Fonte: Acervo da Vesuvius.

Acesse as imagens coloridas do capítulo.

REFERÊNCIAS

(1) CHOI, S.; LEE, I.; CHOI, D.; CHOI, K.; LEE, S.; SUNWOO, S. Application of multi-holes stopper for mold level stability. *In*: The Unified International Technical Conference of Refractories – UNITECR, p. 443-447. Victoria, 2013.

(2) DA COSTA REIS, W.L.; SILVA, S.N.; VARELA, J.A.; LONGO, E. Corrosion of the immersion nozzle during steel continuous casting. *In*: Iterceram, 1998, p. 88-96. 1998.

(3) DONGSHENG, X.; CRAIG, G.; TRAN, T. The wear of tundish stopper refractories by inclusion slags. *ISIJ Internation*, 2005, p. 175-182.

(4) GAMBONI, O. C.; BOSE FILHO, W. W.; SCHMITT, N.; CANTO, R. B. *Influência do processo de prensagem isostática em múltiplos passos nas propriedades mecânicas do PTFE sinterizado. In*: Congresso Brasileiro de Engenharia e Ciência dos Materiais - CBECiMat, p. 6723-6730. Escola de Engenharia de São Carlos da Universidade de São Paulo - EESC-USP. Cuiabá: 2014.

(5) HUGER, M.; GLANDUS, J. C.; GAULT, C.; PERUZZI, S.; POIRIER, J.; VAUDEZ, S.; GUILLO, P. Thermomechanical modeling of alumina-graphite ladle shrouds used in continuous casting. *In:* The European Ceramic Society Conference, p. 8-12. ECerS Conference. Brighton, 1999.

(6) LEE, H.-G.; KIM, Y.-H.; LEE, DO-MUN CHOI SANG-AHM; NA, Y.-H.; SUNWOO, S. Air Tight Tundish Sliding Gate System. *In:* The Unified International Technical Conference of Refractories -UNITECR. Kyoto, 2011, p. 438-441.

(7) LIN, W.; NAKAMURA, M.; OGATA, M. *Development of Ladle Shroud and SEN with heat-insulating carbon-free inside liner. In*: The Unified International Technical Conference of Refractories - UNITECR. Kyoto, 2011, p. 669-672.

(8) MAKOTO, N.; KIWADA, T.; NOMURA, O.; ICHIKAWA, K. Reactivity of submerged entry nozzle to molten steel. Taikabutsu, 1994, p. 195-202.

(9) MOCHIDA, I. Roles of carbons in composite refractories for better properties. *Taikabutsu Overseas*, 1987, p. 108-117.

(10) NOLD, P.; FREY, K. *Preparation of masses for isostatic pressed products for steel casting. In*: 9th India International Refractory Congress - IREFCON, p. 200-206. Nova Deli, 2012.

(11) POIRIER, J.; QAFSSAOUI, F.; ILDEFONSE, J. P.; BOUCHETOU, M. L. Analysis and interpretation of refractory microstructures in studies of corrosion mechanisms by liquid oxides. *Journal of the European Ceramic Society*, 2008, p. 1557-1568.

(12) REZAIE, A.; NOLLI, P.; DUPEL1, P.; RAY, K.; DYNIA1, J.; GEIST, G.; KENNEDY, C. *Cold start submerged entry shroud for long life application in continuous casting. In:* International Metallurgy Trade Fair - METEC 2016. METEC. Electronic Procedures. Dusseldorf, 2016.

(13) VERMEULEN, Y.; COLETTI, B.; BLANPAIN, B.; WOLLANTS, P.; VLEUGELS, J. Material evaluation to prevent nozzle clogging during continuous casting of al killed steels. *ISIJ International*, 2002, p. 1234-1240.

(14) YOSHITSUGU, D.; MOARIKAWA, K.; YOHIMORI, J.; KAYAMA, T. Improvement of durability of zirconia-graphite materials by nanotechnology. *Taikabutsu*, 2005, p. 124-132.

(15) XIE, S., M. ZHANG, M. BRANSON, R.T. CEDERWALL, A.D. DEL GENIO, Z.A. EITZEN, S.J. GHAN, S.F. IACOBELLIS, K.L. JOHNSON, M. KHAIROUTDINOV, S.A. KLEIN, S.K. KRUEGER, W. LIN, U. LOHMANN, M.A. MILLER, D.A. RANDALL,

R.C.J. SOMERVILLE, Y.C. SUD, G.K. WALKER, A. WOLF, X. WU, K.-M. XU, J.J. YIO, G. ZHANG, and J. ZHANG, 2005: Simulations of midlatitude frontal clouds by single-column and cloud-resolving models during the Atmospheric Radiation Measurement March 2000 cloud intensive operational period. J. Geophys. Res., 110, D15S03, doi:10.1029/2004JD005119.

(16) REZAIE, A. *et al.* Cold start submerged entry shroud for long life application in continuous casting. Iron and Steel Technology Conference Proceedings, v. 2, p. 1673-1680, 2016.

Capítulo 10
REFRATÁRIOS PARA FORNOS DE REAQUECIMENTO

Alexander Rabello Ollmann

10.1 INTRODUÇÃO

Este capítulo apresenta os materiais refratários utilizados em fornos de reaquecimento disponíveis em linhas de laminação a quente de usinas siderúrgicas integradas, *mini-mills* ou, até mesmo, aquelas unidades que contam somente com a laminação.

Na Figura 10.1, podemos identificar um fluxo de produção de uma usina siderúrgica, que pode ser tanto uma usina integrada como uma usina *mini-mill*, gerando produtos metálicos conformados em distintas geometrias (placas, chapas grossas, blocos, tarugos e lingotes oriundos de lingotamento convencional). Dependendo do produto fabricado pela usina siderúrgica (chapas, bobinas, perfis, barras, vergalhões, tubos etc.), esses produtos metálicos deverão ser aquecidos até que se consiga, basicamente, reduzir sua espessura original (placa para chapa ou bobina) ou, até mesmo, transformar a sua geometria (tarugo para perfil, barra, vergalhão ou tubo etc.).

Define-se um forno de reaquecimento como um equipamento revestido com materiais refratários ou fibrosos, resistentes a elevadas temperaturas (de 1100 a 1450°C), com o objetivo de aquecer uma carga sólida metálica (placa, tarugo, bloco) a fim de torná-la plástica o suficiente para ser transformada mecanicamente. O aquecimento da carga é possível em função de inúmeros queimadores instalados no forno (teto, paredes laterais superiores e inferiores, paredes frontais superiores e inferiores) de modo que o calor gerado pelos queimadores vá prioritariamente

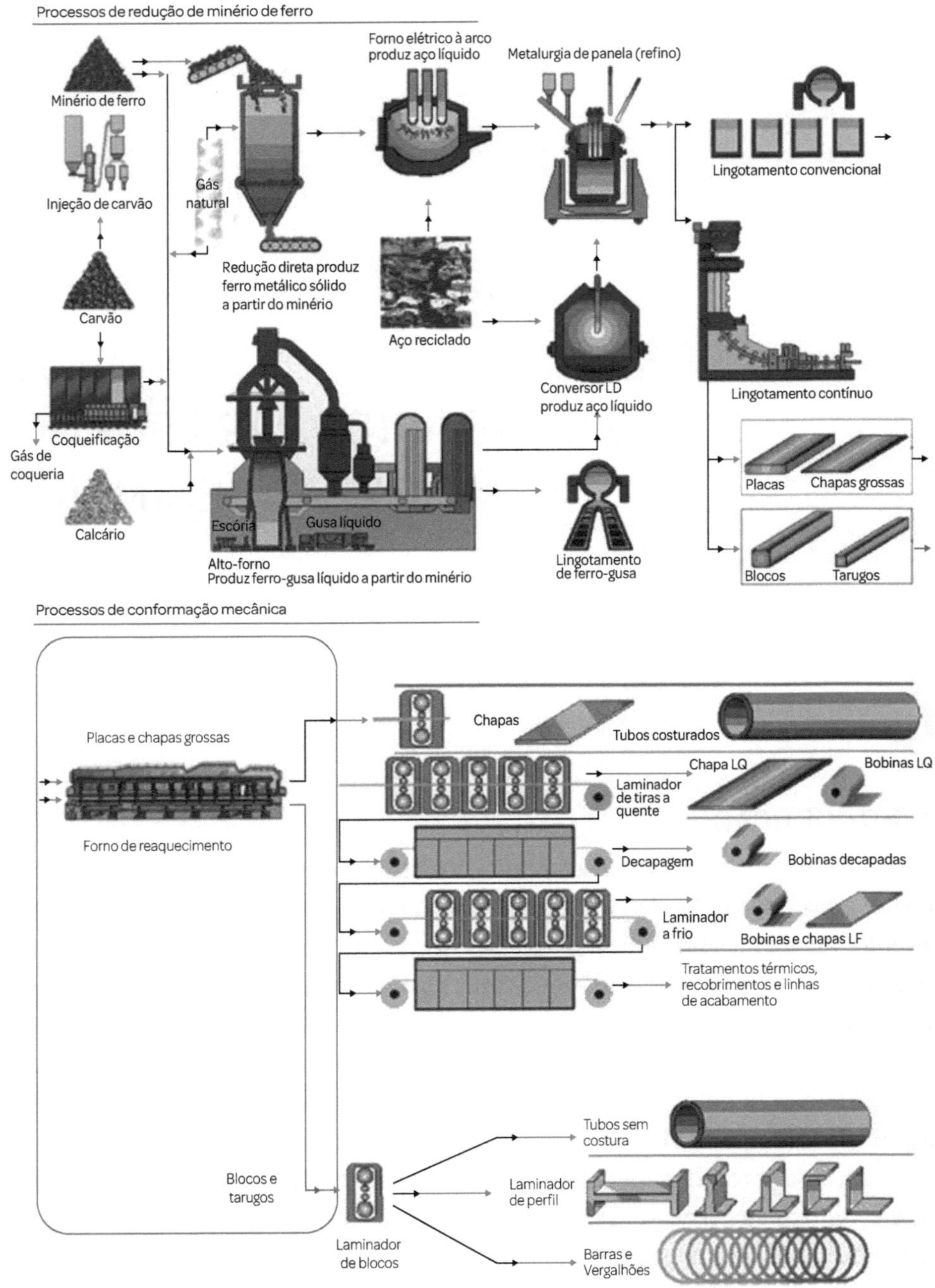

Figura 10.1 Principais rotas de produção de ferro primário, placas e tarugos.
Fonte: Adaptada de (2).

para a carga e não seja perdido através das aberturas do forno (portas, janelas de inspeção etc.) ou, até mesmo, através do revestimento refratário. Portanto, um papel de fundamental importância do refratário em fornos de reaquecimento é o de conter o calor dentro do equipamento para que ele possa aquecer a carga sólida, evitando perdas, prejuízo financeiro e otimizando o processo.

As principais áreas de um forno de reaquecimento podem ser vistas na Figura 10.2, como também os periféricos que estão associados ao forno que, por sua vez, deve conter basicamente os itens mencionados a seguir:

- sistema para suportar (soleira ou vigas) e transportar a carga sólida;
- queimadores para elevar/manter/reduzir a temperatura interna;
- sistema para coletar os gases gerados no processo;
- sistema para carregar e descarregar o equipamento.

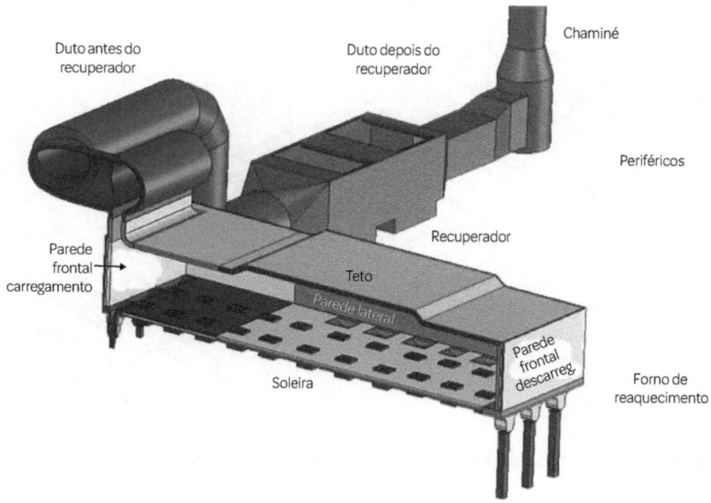

Figura 10.2 Regiões de um forno de reaquecimento e seus periféricos.
Fonte: Acervo da RHI Magnesita.

10.2 TIPOS DE FORNOS

Basicamente, define-se um forno de reaquecimento pelo tipo de transporte da carga sólida metálica como:

- *pusher* ou empurrador (Figuras 10.3 e 10.4);
- *walking-hearth* ou soleira caminhante;
- *walking-beam* ou viga caminhante;
- misto de *walking-hearth* e *walking-beam*;
- *rotary-hearth* ou soleira rotativa.

Outras considerações também poderão ser levadas em conta quanto à definição dos fornos, por exemplo:

- Carregamento e descarregamento: frontais ou laterais.
- Queimadores (gás natural, COG [*Coke Oven Gas*], BFG [*Blast Furnace Gas*], óleo, misturas): longitudinais, laterais, frontais, diferentes velocidades e regenerativos.
- Recuperadores: metálicos ou cerâmicos.

10.2.1 *Pusher*

A carga metálica (placas, blocos ou tarugos) é carregada na entrada do forno, de maneira justaposta, ou seja, uma peça metálica está ao lado da outra, em contato, e, por meio de um sistema de movimentação mecânico horizontal (longitudinal ao forno), a carga é transportada ao longo do forno, que a aquece, e ela é retirada à saída do forno para ser colocada na linha de laminação da unidade industrial.

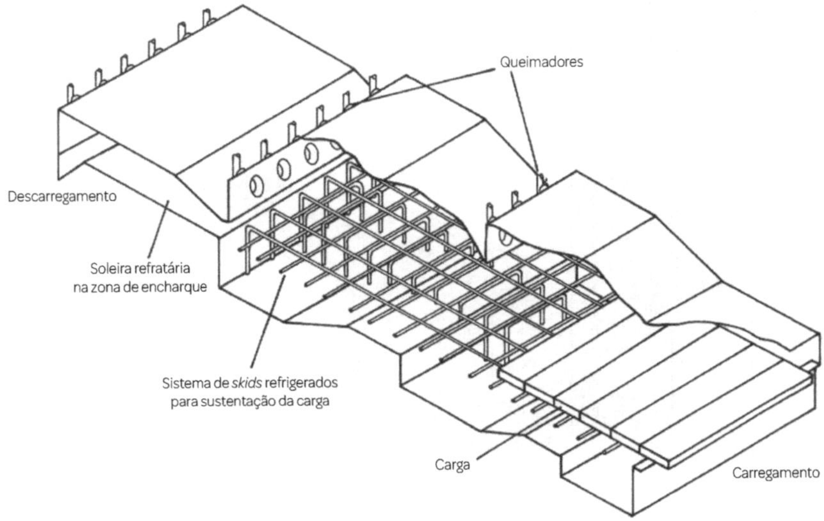

Figura 10.3 Desenho esquemático de um forno de reaquecimento empurrador.
Fonte: Adaptada de (6).

Figura 10.4 Forno de reaquecimento empurrador.
Fonte: Acervo da Reframax Engenharia.

10.2.2 *Walking-hearth*

A carga metálica (geralmente blocos ou tarugos) é carregada na entrada do forno, de maneira não justaposta, ou seja, existe um espaço entre as peças metálicas, e, por meio de um sistema de movimentação mecânico horizontal (avanço e recuo) e vertical (superior e inferior), a carga é transportada ao longo do forno, por meio de soleiras móveis, permitindo o seu aquecimento e ela é retirada à saída do forno para ser colocada na linha de laminação da unidade industrial (Figuras 10.5 e 10.6). Como nem todas as soleiras se movimentam para transportar a carga, existem também soleiras fixas, que suportam a carga quando as soleiras móveis a deixam sobre as fixas. Em fornos *walking-hearth*, o número de soleiras fixas é sempre o de soleiras móveis mais 1 (um), isto é, caso o forno tenha quatro soleiras móveis, seguramente terá cinco fixas, por exemplo.

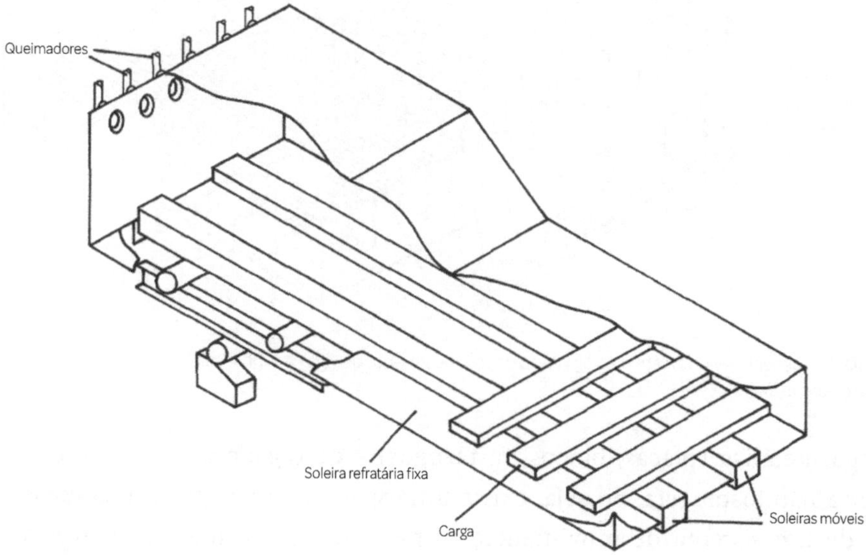

Figura 10.5 Desenho esquemático de um forno de reaquecimento de soleira caminhante.
Fonte: Adaptada de (6).

Figura 10.6 Forno de reaquecimento de soleira caminhante.
Fonte: Acervo da Reframax Engenharia.

10.2.3 *Walking-beam*

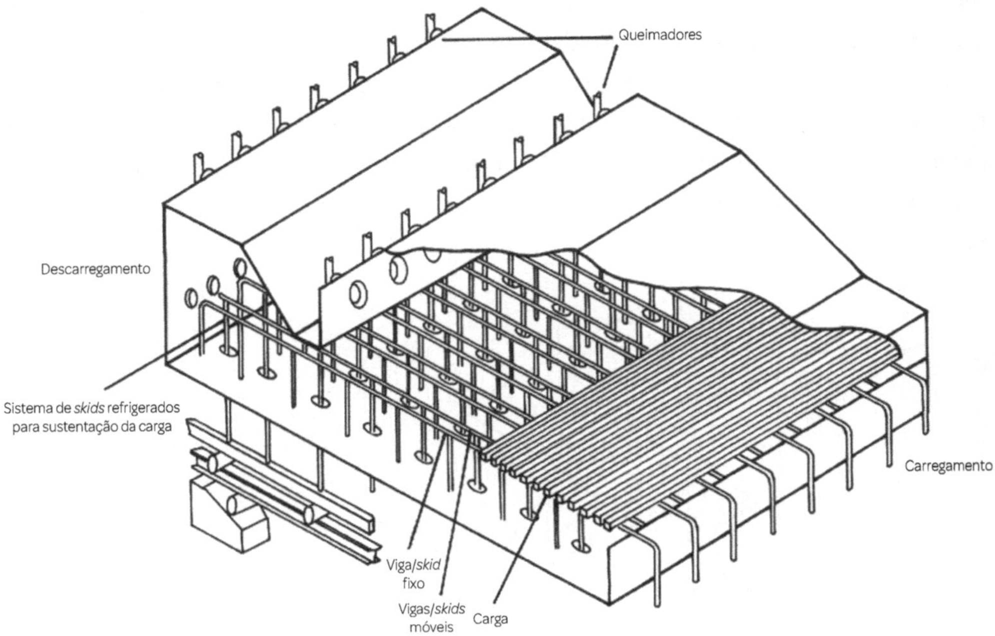

Figura 10.7 Desenho esquemático de um forno de reaquecimento de viga caminhante.
Fonte: Adaptada de (6).

A carga metálica (placas, blocos ou tarugos) é carregada à entrada do forno, de maneira não justaposta, ou seja, existe um espaço entre as peças metálicas, e, por meio de um sistema de movimentação mecânico horizontal (avanço e recuo) e vertical (superior e inferior), a carga é transportada ao longo do forno, por intermédio de *skids* móveis, permitindo o seu aquecimento, e ela é retirada à saída do forno para ser colocada na linha de laminação da unidade industrial. O princípio de movimentação da carga metálica é similar ao da movimentação em um forno *walking-hearth*, sendo que, neste, a soleira é que se movimenta e, no *walking-beam*, o que se movimenta é um sistema de tubos metálicos refrigerados a água (pode ser com vapor também), denominados *skids*, revestidos com refratários. Como nem todos os *skids* se movimentam para transportar a carga, existem também *skids* fixos que suportam a carga quando os *skids* móveis a deixam sobre os fixos. Vale comentar que um *skid* é composto de um conjunto de longarina (tubo horizontal) com postes (tubos verticais) que estão montados na estrutura metálica inferior do forno (postes fixos) ou no sistema de movimentação longitudinal da carga metálica (postes móveis).

Figura 10.8 Forno de reaquecimento de viga caminhante.
Fonte: Acervo da Reframax Engenharia.

10.2.4 Misto de *walking-hearth* e *walking-beam*

Para esse tipo de forno (Figura 10.9), que não é muito usual, mas que existe no mercado, o princípio de movimentação da carga metálica é similar ao da movimentação em um forno *walking-hearth* ou *walking-beam*, sendo que, em uma parte do forno, a soleira é construída como *walking-hearth* e a outra parte é construída como *walking-beam*.

Figura 10.9 Forno de reaquecimento misto de soleira e viga caminhante.
Fonte: Acervo da Reframax Engenharia.

10.2.5 *Rotary-hearth*

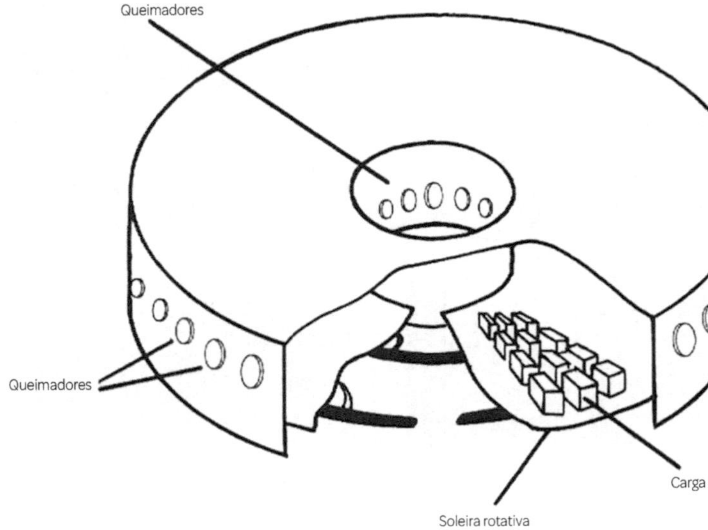

Figura 10.10 Desenho esquemático de um forno de reaquecimento de soleira rotativa.
Fonte: Adaptada de (6).

A carga metálica (geralmente de tarugos redondos) é carregada na entrada do forno, de maneira não justaposta, ou seja, existe um espaço entre as peças metálicas, e, por meio da movimentação circular da soleira, a carga é transportada ao longo do forno, permitindo o seu aquecimento e ela é retirada à saída do forno para ser colocada na linha de laminação da unidade industrial. Esse tipo de forno (Figuras 10.10 e 10.11) é muito usual em usinas siderúrgicas que produzem tubos de aço para atendimento a distintos mercados.

Figura 10.11 Forno de reaquecimento de soleira rotativa.
Fonte: Acervo da Reframax Engenharia.

Em geral, um forno de reaquecimento pode ser dividido fundamentalmente em três zonas: preaquecimento; aquecimento; e encharque. Existem fornos que ainda têm uma zona denominada "recuperativa", logo nos primeiros metros da entrada do forno, e fornos que dividem a zona de aquecimento em aquecimento 1 e aquecimento 2. Algumas características de cada uma das zonas são descritas a seguir (9).

- Zona de preaquecimento:
  - temperaturas da ordem de 800 a 1000°C;
  - solicitação mais comum: choque térmico devido à abertura e ao fechamento das portas.
- Zona de aquecimento:
  - zona de aumento da temperatura da carga para 1200 a 1300°C;
  - solicitação mais comum: choque térmico decorrente de operação inadequada durante as etapas de aquecimento da carga já que a carga está toda exposta aos queimadores aí presentes.
- Zona de encharque:
  - zona de homogeneização de temperaturas;
  - operação em regime contínuo. Se as especificações e a instalação dos materiais estiverem corretas, é uma região sem muitos problemas.

10.3 ESPECIFICAÇÃO DO FORNO

As empresas de engenharia de fornos levam em consideração vários aspectos para definir um projeto de equipamento que atenda às demandas do cliente final (11):

- carga (tamanhos e formatos);
- temperatura de enfornamento e desenfornamento;
- uniformidade de temperatura da carga no desenfornamento;
- uniformidade de temperatura da carga durante aquecimento;
- taxa de aquecimento da carga;
- produtividade;
- flexibilidade de operação;
- uso e custo da energia;
- qualidade do produto final.

Quanto ao revestimento do forno no que se refere ao material, ao projeto e à espessura, as principais demandas são:

- temperatura máxima interna em cada zona;
- temperatura máxima externa em cada zona;
- estado do equipamento: novo, em reforma ou sob intervenção durante operação;
- disponibilidade para manutenção;
- custo dos materiais;
- custo de aplicação.

Temperaturas máximas e mínimas especificadas são o que definirá, geralmente, a espessura de revestimento e os tipos de materiais, conforme pode ser visto nas Tabelas 10.1 e 10.2.

Tabela 10.1 Temperaturas em fornos de reaquecimento.

<table>
<tr><th>Zona</th><th colspan="2">Temperatura máxima interna (°C)</th><th colspan="2">Temperatura da carga (°C)</th></tr>
<tr><td>Chaminé</td><td colspan="2">450</td><td colspan="2">-</td></tr>
<tr><td>Duto depois do recuperador</td><td colspan="2">450</td><td colspan="2">-</td></tr>
<tr><td>Duto antes do recuperador</td><td colspan="2">800</td><td colspan="2">-</td></tr>
<tr><td>Recuperativa</td><td colspan="2">800</td><td colspan="2">20 a 600</td></tr>
<tr><td>Preaquecimento</td><td colspan="2">1200</td><td colspan="2">20 a 850</td></tr>
<tr><td>Aquecimento</td><td colspan="2">1250</td><td colspan="2">700 a 1150</td></tr>
<tr><td>Encharque</td><td colspan="2">1250</td><td colspan="2">1150</td></tr>
<tr><th rowspan="2">Localização</th><th colspan="4">Temperaturas externas (°C)</th></tr>
<tr><th>Dutos, Chaminé</th><th>Recuperativa</th><th>Preaquecimento</th><th>Aquecimento, Encharque</th></tr>
<tr><td></td><td>70</td><td></td><td></td><td></td></tr>
<tr><td>Teto</td><td></td><td>80</td><td>90</td><td>120</td></tr>
<tr><td>Parede frontal enfornamento</td><td></td><td>70</td><td>70</td><td>-</td></tr>
<tr><td>Paredes laterais</td><td></td><td>70</td><td>70</td><td>90</td></tr>
<tr><td>Parede frontal desenfornamento</td><td></td><td>-</td><td>-</td><td>90</td></tr>
<tr><td>Soleira</td><td></td><td>80</td><td>80</td><td>100</td></tr>
</table>

Fonte: Adaptada de (11).

Tabela 10.2 Espessuras de revestimento refratário em fornos de reaquecimento.

Localização	Dimensões (mm)	Ancoragem	Temperatura face quente °C
Chaminé	100 a 150	Metálica	até 700
Canal de fumos depois do recuperador	125 a 150	Metálica	até 800
Recuperador	345 a 460	Metálica	até 900
Canal de fumos antes do recuperador	200 a 250	Metálica	até 1100
Parede frontal do enfornamento	300 a 420	Cerâmica	até 1100
Porta de enfornamento	200 a 250	Metálica	até 1100
Paredes laterais	340 a 460	Cerâmica	até 1350
Parede frontal do enfornamento	340 a 500	Cerâmica	até 1350
Porta de desenfornamento	250 a 270	Metálica	até 1300
Teto	270 a 350	Cerâmica	até 1350
Soleira	410 a 610		até 1350

Fonte: Adaptada de (11).

10.4 PROJETO REFRATÁRIO

Com relação mais precisamente ao projeto do revestimento refratário a ser executado em um forno de reaquecimento, as seguintes variáveis devem ser consideradas em conjunto para seguir adiante na análise (11):

- Custo e disponibilidade dos materiais.
- Facilidade de aplicação.
- Custo de mão de obra.
- Equipamento novo: soluções padronizadas conforme fabricante, baixo custo e tempo de aplicação variável.
- Reforma/aplicação em operação: melhor ou igual ao revestimento atual, tempo de aplicação extremamente curto – disponibilidade do FR e laminador e menor custo que atenda aos itens acima.

10.4.1 Canais de fumaça e chaminé

Solicitação:

- gases de combustão em pressão negativa;
- particulados sólidos;
- temperaturas mais baixas (450 a 800°C).

Canais de fumaça:

- placas isolantes – revestimento isolante de backup;
- concretos isolantes e semi-isolantes – revestimento de trabalho;
- painéis de 1000mm × 1000mm com juntas frias.

Chaminé:

- concretos isolantes – revestimento de trabalho;
- até 70m de altura e 4m de diâmetro;
- estrutura travada internamente para içamento;
- segmentos na vertical.

10.4.2 Paredes

Solicitação:

- temperaturas diversas (900 a 1450°C);
- erosão dos gases de combustão;
- abrasão dos particulados sólidos;
- peso próprio;
- variação de temperatura elevada quando ocorrem paradas de manutenção da linha.

A Figura 10.12 indica, de maneira simples, quando se usa normalmente âncora metálica e quando se usa âncora cerâmica em revestimentos refratários de forma geral.

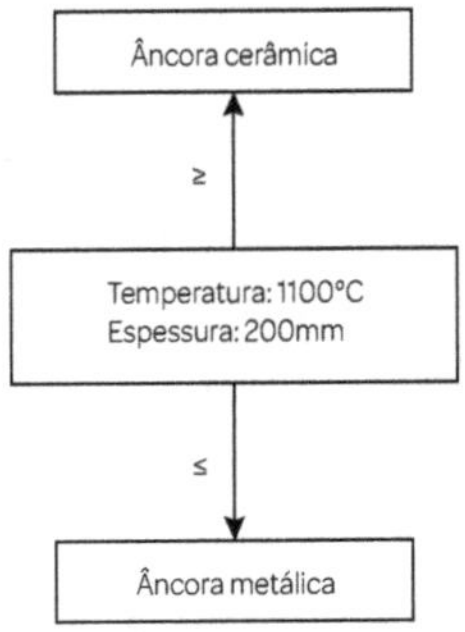

Figura 10.12 Espessura e temperatura de processo que orientam a definição de âncoras.
Fonte: Adaptada de (4).

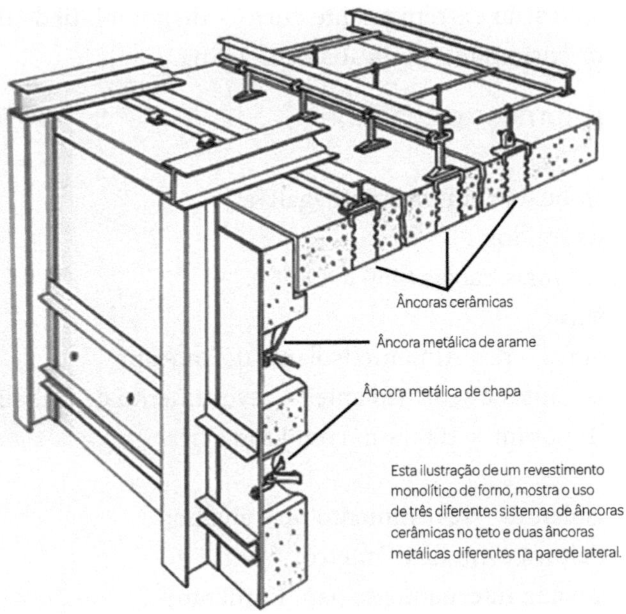

Figura 10.13 Exemplos de âncoras metálicas e cerâmicas em paredes e tetos de fornos.
Fonte: Adaptada de (7).

As Tabelas 10.3 e 10.4 indicam o espaçamento recomendado entre âncoras metálicas e âncoras cerâmicas, nas distintas áreas de um equipamento siderúrgico, quanto à espessura de revestimento refratário.

Tabela 10.3 Espaçamento (mm) entre âncoras metálicas com a espessura de revestimento.

Espessura do revestimento (mm)									
Local	50	75	100	125	150	175	200	225	> 250
Parede	150	150	225	225	300	300	300	300	300
Teto	150	150	225	225	225	300	300	300	300
Piso	225	225	225	350	350	350	350	350	600

Fonte: Adaptada de (1).

Tabela 10.4 Espaçamento (mm) entre âncoras cerâmicas com a espessura de revestimento.

	Espessura do revestimento (mm)									
Local	150	175	200	225	250	275	300	325	350	375
Teto	300	300	300	300	300	300	300	300	300	300
Parede	375	375	375	375	375	375	450	450	450	600

Fonte: Adaptada de (1).

Com relação ao uso de âncoras metálicas, valem também as seguintes considerações:

- Sua resistência mecânica é inversamente proporcional à temperatura (Tabela 10.5), não somente devido a superaquecimento, mas também a fadigas térmicas também.
- Estão sujeitas à corrosão metálica de alguns compostos provenientes da combustão nos queimadores.
- Apresentam menor refratariedade em comparação ao revestimento refratário, podendo apresentar uma longevidade menor.
- Seu comprimento pode compreender uma faixa de 2/3 a até 80% da espessura do revestimento monolítico que está sendo suportado (Figura 10.14).

Tabela 10.5 Temperaturas máximas de uso de âncoras metálicas e cerâmicas.

Temperatura máxima de uso (°C)	Materiais
450	Aço-carbono
650	AISI410, AISI405 (13Cr)
900	AISI304 (18Cr, 8Ni)
1000	AISI309S (22Cr, 12Ni)
1100	AISI310S (25Cr, 20Ni)
1400	Âncora cerâmica
1400 ou mais	Âncora cerâmica

Fonte: Adaptada de (11).

Outro tema muito importante a ser considerado na definição de um projeto de sustentação metálica para âncoras cerâmicas é sua flexibilidade durante a operação. Entende-se por flexibilidade a possibilidade que o sistema metálico/cerâmico terá para se "movimentar", tanto vertical como horizontalmente, em função das paradas operacionais do equipamento que normalmente ocorrem, ocasionando alterações de temperatura dentro do equipamento, sobretudo para intervenções de manutenção no equipamento ou na linha de laminação mesmo. Um grau de liberdade que permite essa "movimentação" é sempre bem-visto por parte dos responsáveis pela elaboração do projeto refratário, conforme exemplo apresentado na Figura 10.15.

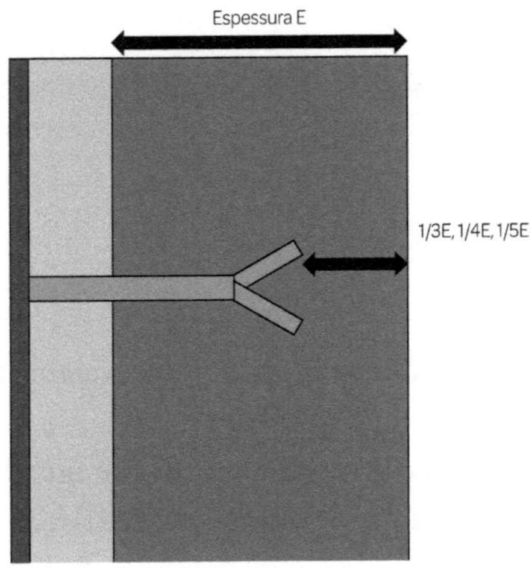

Figura 10.14 Comprimento da âncora metálica com a espessura de revestimento.
Fonte: Desenvolvida pela autoria do capítulo.

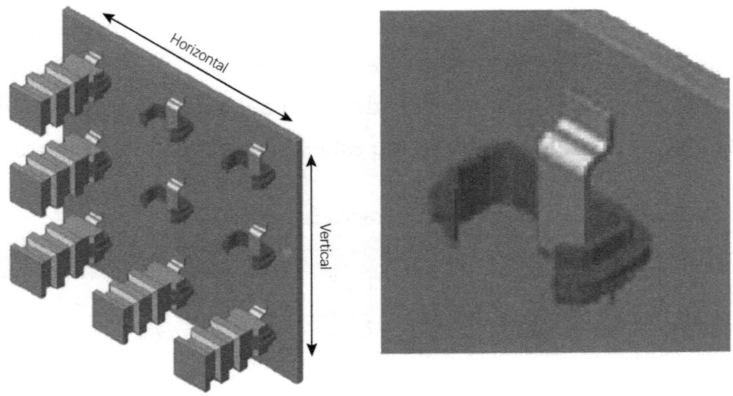

Figura 10.15 Exemplo de sistema de fixação metálico com âncora cerâmica.
Fonte: Adaptada de (1).

Geralmente, em paredes de fornos de reaquecimento, pode haver uma boa variedade de tipos de revestimento refratário ou, até mesmo, de materiais fibrosos. A começar pelo sistema de ancoragem do revestimento, podemos ter, nas regiões de temperaturas mais baixas, um sistema formado fundamentalmente por âncoras metálicas, sem a necessidade de uso de âncoras cerâmicas. Mas em geral, a maioria dos equipamentos já considera o uso de âncoras cerâmicas inclusive nas regiões de temperaturas mais baixas, considerando-se alguma possibilidade de estarem essas regiões, ao longo da operação, trabalhando com temperaturas mais altas do que o projeto/especificado.

Quanto aos tipos de materiais normalmente usados como revestimento de face quente (trabalho) em paredes de fornos de reaquecimento, existem os concretos, as massas plásticas, as peças pré-moldadas e os módulos de fibra cerâmica.

Quando são aplicados concretos, a definição seguinte será fundamentalmente quanto à maneira como eles serão instalados. Se vertidos, projetados pneumaticamente, projetados por *shotcrete* ou bombeados.

10.4.3 Teto

As solicitações a que o revestimento do teto é submetido são similares às das paredes, com exceção da sustentação do seu peso:

- temperaturas diversas (900 a 1450°C);
- erosão dos gases de combustão;
- abrasão dos particulados sólidos;
- peso sustentado;
- variação de temperatura elevada quando ocorrem paradas de manutenção da linha.

Os mesmos comentários quanto às paredes com relação à definição de âncoras metálicas, cerâmicas, espaçamento entre elas, comprimento, flexibilidade de movimentação etc. são válidos para o revestimento refratário do teto.

Também como nas paredes, pode haver uma boa variedade de tipos de revestimento refratário ou, até mesmo, de materiais fibrosos em tetos de fornos de reaquecimento: concretos; massas plásticas; peças pré-moldadas; e módulos de fibra cerâmica.

Quando são aplicados concretos, as duas maneiras mais comuns de fazê-lo é por vertimento ou bombeamento.

Como citado logo no início deste capítulo, um dos principais papéis do revestimento refratário em fornos de reaquecimento é o de conter o calor dentro do equipamento, com o objetivo que este aqueça a carga sólida que será laminada na sequência. Um ponto muito importante a se levar em consideração na construção do revestimento refratário do teto é o de não revestir/cobrir as extremidades das âncoras metálicas, que, por sua vez, suportam as âncoras cerâmicas. Como o gradiente térmico ao longo do revestimento refratário é diferente do revestimento na região da âncora cerâmica propriamente dita, conforme pode ser visto na Figura 10.16, caso a extremidade da âncora metálica seja coberta com algum material, não ocorrerá a dissipação de calor na âncora metálica, o que pode levá-la a uma deformação e, consequentemente, à perda de capacidade de sustentação da âncora cerâmica e do revestimento refratário. Deixar um espaço na extremidade da âncora metálica é fundamental para que se possibilite uma dissipação térmica na âncora e a âncora mantenha sua integridade. Essa preocupação com o projeto e a posterior instalação do refratário vale não somente para teto de forno de reaquecimento, mas também para o teto de qualquer equipamento industrial que trabalha com temperaturas elevadas e é revestido com refratários.

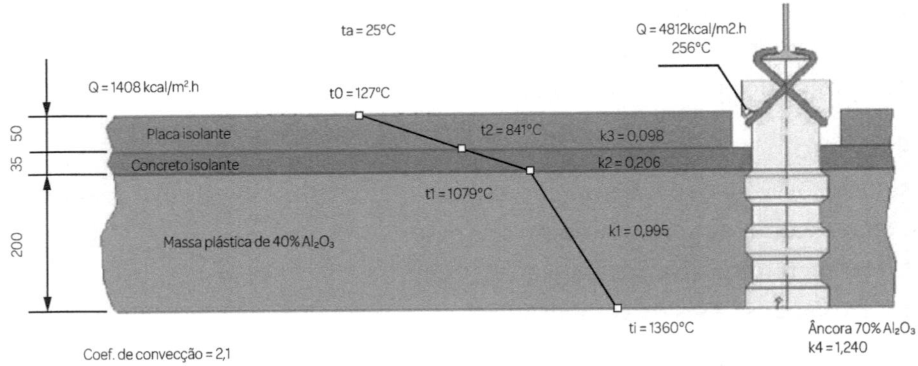

Figura 10.16 Distribuição de temperatura em teto de forno de reaquecimento.
Fonte: Adaptada de (11).

10.4.4 Soleira

As solicitações a que a soleira de um forno de reaquecimento é submetida são basicamente:

- Temperaturas diversas (900 a 1450°C).
- Abrasão da carga metálica (principalmente em fornos empurradores e pista de desenfornamento de fornos *walking-hearth*).
- Corrosão por carepa (óxido de ferro gerado durante o processo de aquecimento da carga), que pode reagir com alguma fonte de SiO_2 ou CaO dos materiais refratários.
- Peso da carga metálica.
- Variação de temperatura elevada quando ocorrem paradas de manutenção da linha.

Geralmente, as soleiras de fornos empurradores são as que apresentam as menores campanhas entre as soleiras de todos os fornos de reaquecimento, muito em função da elevada solicitação a que elas são submetidas, principalmente quanto à abrasão/ao atrito direto da carga metálica na face quente do material da soleira.

Com relação aos materiais, temos como revestimento de trabalho basicamente: concretos; peças pré-moldadas; blocos eletrofundidos; e tijolos refratários (mais em soleiras de fornos *walking-beam*).

10.4.5 *Skids*

As solicitações a que os *skids* (presentes em fornos *walking-beam* e que podem existir em alguns empurradores também na região de entrada do forno) são submetidos são basicamente:

- Temperaturas elevadas diante de queimadores das paredes laterais.
- Elevada solicitação térmica nas zonas de aquecimento e encharque devido à pequena espessura de revestimento, apesar de haver refrigeração interna.

- Abrasão por carepa, em fornos que geram bastante desse óxido, principalmente na zona de encharque.
- Perda de sustentação do revestimento refratário consequente ao superaquecimento da âncora metálica.
- Peso da carga metálica, que fica apoiada nos *skids buttons*, em cima de carepa acumulada na parte superior da longarina, forçando o revestimento refratário (efeito cunha).

Geralmente, os *skids* são revestidos com manta de fibra cerâmica junto ao tubo metálico (longarina ou poste), que pode ser na forma de flocos ou injetável, com um revestimento de trabalho composto de: concretos; peças pré-moldadas ou; moldados rígidos de fibra cerâmica.

Nas junções "T", regiões de encontro da longarina com os postes, além de concreto, também podem ser aplicadas massas plásticas por compactação ou socagem.

Como a espessura de revestimento nas longarinas e postes é reduzida (~50 a 60mm), as âncoras metálicas usadas para suportar esse revestimento, quando revestidas com concreto ou peças pré-moldadas, também são curtas (35 a 45mm), sendo preferencialmente em AISI 310S ou, em algumas situações de menor exposição térmica principalmente, em AISI 304L. Elas podem ser soldadas individualmente na tubulação, como também podem ser soldadas em cintas metálicas, que, por sua vez, serão soldadas na tubulação, reduzindo a quantidade de solda na tubulação, evitando danos maiores a esta.

10.5 PRODUTO REFRATÁRIO

Sabemos que, como definição de projeto de revestimento refratário, há o revestimento de trabalho (face quente, diretamente afetado pelas condições operacionais do equipamento) e o revestimento permanente ou de segurança (composto pelos materiais que ficam por trás do revestimento de trabalho).

Em fornos de reaquecimento, o revestimento permanente pode ser composto de vários materiais (tijolos ou concretos densos e isolantes, placas e mantas isolantes) e um dos principais papéis desse revestimento, se não o principal, é o de conter o calor gerado internamente no forno a fim de otimizar o aquecimento da carga metálica carregada.

Foco maior será dado, aqui, ao revestimento de trabalho utilizado nas diferentes regiões de um forno de reaquecimento e vemos, a seguir, um breve histórico de uso e desenvolvimento dos materiais refratários utilizados no revestimento de trabalho (11):

- **Primeiros fornos datados de 1850:** basicamente tijolos densos e isolantes.
- **Aproximadamente 1915:** aparecimento de massas plásticas, aumentando participação de monolíticos.

- **Aproximadamente 1930:** aparecimento dos primeiros concretos convencionais (vertimento + vibração e projeção).
- **Década de 1970:** aparecimento dos concretos baixo cimento.
- **Década de 1980:** aparecimento dos concretos ultrabaixo cimento.
- **Década de 1990:** aparecimento dos concretos fluência livre bombeáveis e projetáveis e *shotcreting*.
- **Soleira:** blocos eletrofundidos, peças pré-moldadas e concretos de alto desempenho.
- **Paredes e teto:** peças pré-moldadas com concreto ou massa ligada a fosfato e/ou mantas, módulos, placas e moldados de fibra cerâmica.

Na Figura 10.17, podemos visualizar, para os quatro principais tipos de fornos de reaquecimento e por cada uma das regiões (teto, paredes, soleira/*skids* e duto de fumos/chaminé), quais são, geralmente, os tipos de materiais refratários utilizados.

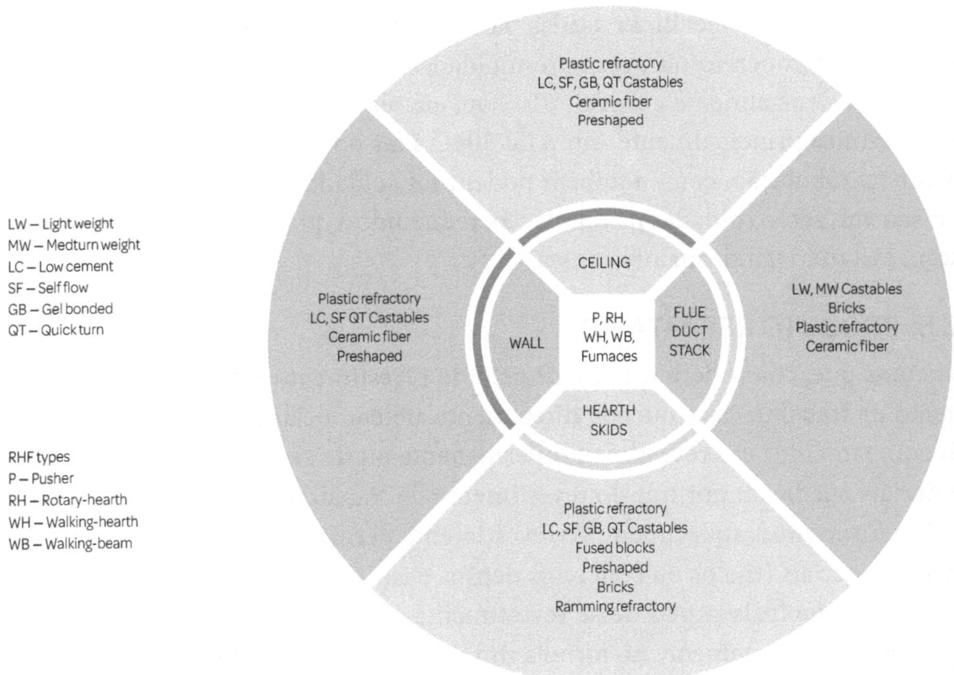

Figura 10.17 Principais materiais refratários utilizados como revestimento de trabalho em fornos de reaquecimento.
Fonte: Adaptada de (11).

A seguir, são descritas, em distintas Tabelas (10.6 a 10.12), características gerais de alguns materiais refratários muito utilizados em fornos de reaquecimento, o que vale como exemplo indicativo somente, pois a definição do material efetivamente mais indicado para aquela região do forno dependerá das condições de projeto e operacionais do equipamento.

Tabela 10.6 Características gerais de algumas massas plásticas.

Massas plásticas (teto, paredes e "t's" - encontro de longarina e poste)						
		Alta alumina LF 80%	Alta alumina 70%	Alta alumina LF 55%	Sílico-aluminosa LF 45%	Sílico-aluminosa 45%
Composição química (%)	Al_2O_3	80	72	53	44	43
	SiO_2	10	19	31	47	47
Densidade volumétrica (t/m³)		2,65 - 2,85	2,70 - 2,80	2,35 - 2,45	1,80 - 2,00	2,30 - 2,40
Módulo de ruptura (kg/cm²)	110°C	-	30	90	-	25
	350°C	70	-	-	60	-
	1000°C	70	35	110	80	30
	1300°C	120	60	200	110	45
	1500°C	110	55	150	110	50
Variação linear permanente (%)	110°C	-	-1,2	-0,2	-	-1,2
	350°C	-1,4	-	-	-1,0	-
	1000°C	-1,4	-1,3	-0,5	-1,2	-1,3
	1300°C	-1,3	-1,4	-0,1	-1,8	-1,3
	1500°C	-0,3	-0,4	+1,5	-2,0	-0,3
Coeficiente de expansão térmica (× 10^{-6}/°C)		9,0	7,1	10	6,5	5,7
Condutividade térmica (500°C, kcal/m.h.°C)		1,03	0,64	1,2	1,0	0,64

LF: Ligada a fosfato.

Fonte: Adaptada de (11).

Tabela 10.7 Características gerais de alguns concretos convencionais.

Concretos convencionais (teto, paredes e "t's" - de longarina e poste)						
		Sílico- -aluminoso 40%	Sílico- -aluminoso 45%	Alta alumina 50%	Alta alumina 60%	Alta alumina 70%
Composição química (%)	Al_2O_3	38	45	49	60	70
	SiO_2	46	40	42	33	25
	Fe_2O_3	1,3	2,3	0,9	1,0	0,9
	TiO_2	1,3	2,1	2,4	1,9	1,8
	CaO	12	9,8	6,0	3,4	2,4
	MgO	0,9	-	-	0,1	0,1
	Álcalis	0,3	0,3	0,2	0,2	0,2
Temperatura máxima de uso limite (°C)		1260	1370	1540	1650	1750
Densidade (t/m³)		1,55 - 1,70	2,00 - 2,20	1,95 - 2,20	2,00 - 2,1	2,30 - 2,50
Água recomendada (%) por peso	Vibração	24 - 27	9 - 11,5	10 - 11,5	10 - 12,5	9 - 10,5
Módulo de ruptura (MPa)	110°C	1,4 - 4,1	6,9 - 9,7	4,1 - 6,9	4,8 - 8,3	3,4 - 6,9
	815°C	0,7 - 2,1	2,8 - 5,5	1,4 - 3,4	1,4 - 2,8	2,1 - 4,1
	@limite	1,4 - 2,8	6,9 - 10,3	6,9 - 10,3	3,4 - 6,2	10,3 - 17,2
Resistência à compressão (MPa)	110°C	6,9 - 12,4	31,0 - 48,3	20,1 - 27,6	14,5 - 20,1	24,1 - 29,7
	815°C	4,8 - 10,3	24,1 - 41,4	11,8 - 20,1	10,3 - 17,2	20,1 - 27,6
	@limite	2,8 - 5,5	31,0 - 41,4	27,6 - 41,4	13,8 - 20,1	48,3 - 55,2
Variação linear permanente (%)	110°C	0,0 - -0,2	0,0 - -0,2	0,0 - -0,2	0,0 - -0,2	0,0 - -0,2
	815°C	-0,5 - -2,0	-0,1 - -0,4	-0,1 - -0,4	-0,1 - -0,4	-0,1 - -0,4
	@limite	-1,0 - -2,5	-0,4 - -1,0	-0,5 - +0,5	-0,5 - +0,5	0,0 - +1,5
Condutividade térmica (kcal/m.h.°C)	250°C	0,47	0,89	0,86	1,17	1,67
	550°C	0,50	0,95	0,91	1,12	1,60
	815°C	0,54	0,98	0,95	1,11	1,57
	1100°C	0,59	0,99	0,97	1,11	1,50

Fonte: Adaptada de (11).

Tabela 10.8 Características gerais de alguns concretos baixo cimento.

Concretos baixo cimento (teto, paredes e soleiras)				
		Sílico-aluminoso 45%	Alta alumina 65%	Alta alumina 90%
Composição química (%)	Al_2O_3 SiO_2 Fe_2O_3 TiO_2 CaO MgO Álcalis	46 47 1,1 1,2 1,9 0,1 0,8	66 28 1,1 2,2 1,6 0,1 0,5	93 5 0,1 - 1,5 - 0,4
Temperatura máxima de uso limite (°C)		1540	1650	1870
Densidade (t/m³)		2,20 - 2,35	2,45 - 2,60	2,90 - 3,10
Água recomendada (%) por peso	Vibração	5,5 - 6,2	5,5 - 6,2	4,5 - 5,2
Módulo de ruptura (MPa)	110°C 815°C	8,27 - 13,79 8,27 - 13,79	11,72 - 17,93 13,10 - 15,17	11,03 - 16,55 11,03 - 16,55
Resistência à compressão (MPa)	110°C 815°C @limite	55 - 69 62 - 79 62 - 124	66 - 79 69 - 97 90 - 117	69 - 90 79 - 103 97 - 124
Variação linear permanente (%)	110°C 815°C @limite	0,0 - -0,2 -0,1 - -0,3 -0,5 - -1,2	0,0 - -0,2 -0,1 - -0,3 -0,5 - +1,0	0,0 - -0,2 0,1 - -0,3 -0,5 - -1,5
Condutividade térmica (kcal/m.h.°C)	250°C 550°C 815°C 1100°C	1,63 1,67 1,72 1,74	2,21 2,09 2,03 1,95	4,08 3,32 2,88 2,67

Fonte: Adaptada de (11).

Tabela 10.9 Características gerais de alguns concretos ultrabaixo cimento.

Concretos ultrabaixo cimento (soleiras)			
		Concreto A88-CR	Concreto A91-MA
Composição química (%)	Al_2O_3 SiO_2 Fe_2O_3 Cr_2O_3 CaO MgO	91,8 3,4 0,1 3,8 0,6 -	91,5 0,4 0,1 - 1,3 6,6
Densidade (t/m³)	110°C 1400°C	3,19 3,19	3,13
Porosidade aparente (%)	110°C 1400°C	12,4 16,1	8,5 14,5
Resistência à compressão (MPa)	110°C 1400°C	26 80	50 180

Fonte: Adaptada de (10).

Tabela 10.10 Características gerais de algumas peças pré-moldadas.

Pré-moldados (teto e paredes)				
		Aluminoso 50%	**Alta alumina 70%**	**Alta alumina 80%**
Composição química (%)	Al_2O_3 SiO_2 Fe_2O_3	49,0 - 53,0 39,0 - 43,0 < 2,0	70,0 - 76,0 18,0 - 23,0 < 2,3	81,0 - 85,0 10,0 - 14,0 < 1,2
Máxima temperatura uso limite (°C)		1450	1600	1670
Densidade (t/m^3) @1250°C	Queimado Q. ligado	2,20 - 2,40 2,15 - 2,35	2,45 - 2,75 2,45 - 2,80	2,65 - 2,95 2,65 - 2,95
Resistência a compressão (MPa) @1250°C	Queimado Q. ligado	> 40 > 20	> 30 > 25	> 30 > 30
Variação linear permanente (%) @1250	Queimados Q. ligado	-0,5 - 0,0 -0,5 - 0,0	0,0 - +0,5 0,0 - +0,5	0,0 - +0,3 0,0 - +0,3
Condutividade térmica (kcal/m.h.°C)	400°C 600°C 1000°C	1,93 1,87 2,03	2,20 2,12 2,28	3,12 2,92 3,07

Q.: quimicamente.

Fonte: Adaptada de (10).

Tabela 10.11 Características gerais de alguns blocos eletrofundidos.

Blocos eletrofundidos (teto e paredes)		
	**Refractory properties**	
	Chemical analysis Al_2O_3 SiO_2 Fe_2O_3 ZrO_2	**Content %** 58,0 10,0 Max 0,3 Min 28,0
Product description: Fused zirconia-mullite refractory block, 30% ZrO_2 class, dense **Application:** • Steel furnaces • Glass furnaces • Reheating furnaces • Sintering furnaces	**Physical properties**	**Specification**
	Bulk density (g/cm^3)	Min 3,30
	Apparent porosity (%)	No open pores
	Cold crushing strength (MPa)	Min 200
	Other properties	**Typical values**
	Linear dimensional change at 1200°C Hardness (Mohs) Maximum temperature (°C)	0,9% 8 1700

Fonte: Adaptada de (5).

Tabela 10.12 Características gerais de alguns concretos sem cimento.

Concretos sem cimento (teto, paredes e soleira)				
		Sílico-aluminoso 50%	Alta alumina 65%	Alta alumina 80%
Composição química (%)	Al_2O_3 SiO_2 Fe_2O_3 TiO_2 CaO Álcalis	47,0 - 52,8 45,4 - 50,4 0,5 - 1,3 1,0 - 2,0 < 0,4 < 0,7	64,0 - 67,0 30,0 - 33,4 0,5 - 1,3 1,2 - 2,0 < 0,4 < 0,4	78,0 - 84,0 13,5 - 18,5 0,4 - 1,3 1,6 - 2,8 < 0,4 < 0,7
Máxima temperatura de uso (°C)		1540	1760	1760
Densidade (t/m³)		2,28 - 2,40	2,48 - 2,58	2,76 - 2,88
Módulo de ruptura (MPa)	110°C 815°C 1400°C	4,2 - 5,9 8,3 - 11,7 10,3 - 16,6	5,2 - 6,1 5,7 - 8,6 11,7 - 15,5	6,9 - 11,7 15,2 - 19,0 13,8 - 17,2
Resistência à compressão (MPa)	110°C 815°C 1400°C	22,3 - 34,5 60,7 - 68,4 64,1 - 83,4	20,0 - 39,8 39,7 - 42,7 55,0 - 66,9	27,6 - 44,8 65,5 - 96,6 62,1 - 82,8
Variação linear permanente (%)	110°C 815°C 1400°C	- -0,1 - +0,1 +0,2 - +0,7	- -0,1 - 0,0 -0,2 - +0,2	- -0,1 - 0,0 +0,1 - +0,6
Condutividade térmica kcal/m.h.°C	815°C	1,16 - 1,44	1,59 - 1,81	2,09 - 2,38

Fonte: Adaptada de (11).

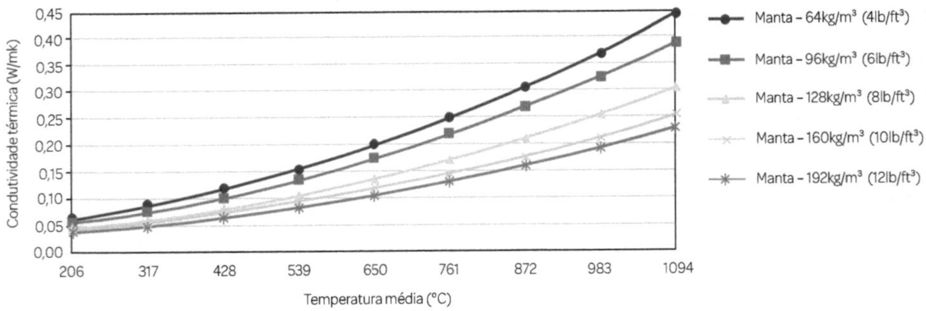

Manta de fibra cerâmica			Especificação
Composição	SiO_2	%	44 - 48
	Al_2O_3	%	52 - 54
	Fe_2O_3	%	0,1 - 0,2
Variação linear (reaquecimento)		%	2,0
		°C	1300
		h	24
Temperatura máxima de trabalho		°C	1260 - 1426

Figura 10.18 Características gerais de mantas de fibras cerâmicas.
Fonte: Adaptada de Alkegen.

- Densidade do sistema – 250 a 300kg/m³
- Alta resistência à abrasão e à erosão
- Aplicações em regiões com maior solicitação mecânica
- Aumento da vida útil do revestimento e baixa condutividade térmica
- Praticidade de aplicação
- Sistemáticas de reparos

Figura 10.19 Características gerais de placas rígidas de fibras cerâmicas.
Fonte: Adaptada de Alkegen.

Produtos moldados: produtos rígidos para aplicações em geral, fabricados com fibras cerâmicas policristalinas e ligantes especiais, pelo processo de moldagem a vácuo, permitindo a elaboração de peças de vários formatos, densidades, espessuras e durezas para temperaturas de até 1600°C.

Figura 10.20 Características gerais de produtos moldados de fibras cerâmicas.
Fonte: Adaptada de Alkegen.

10.6 CAMPANHAS DOS FORNOS POR REGIÃO

Para abordar o assunto de campanha ou performance das diferentes regiões em um forno de reaquecimento, é necessário, primeiramente, separar aquelas regiões que não têm contato direto com a carga metálica daquelas que, sim, têm contato direto com a carga metálica e que normalmente apresentarão um tempo de campanha menor que o do primeiro grupo.

Tabela 10.13 Campanhas aproximadas de regiões sem contato com a carga metálica.

Regiões sem contato com a carga	
Zona	**Tempo aproximado de campanha**
Chaminé	> 20 anos
Duto depois do recuperador	> 20 anos
Duto antes do recuperador	> 20 anos
Paredes laterais e teto sem queimadores	> 15 anos
Paredes e teto com queimadores	> 10 anos
Paredes frontais de enfornamento	> 10 anos
Paredes frontais de desenfornamento (*walking-beam*)	> 05 anos

Fonte: Adaptada de (11).

Tabela 10.14 Campanhas aproximadas de regiões com contato com a carga metálica.

Regiões com contato com a carga		
Tipo de forno	**Tempo aproximado de campanha**	**Tempo objetivado de campanha**
Empurrador com desenfornamento frontal	1 ~ 4 anos	> 5 anos
Empurrador com desenfornamento por *peel bar*	1 ~ 4 anos	> 5 anos
Empurrador com desenfornamento por rolos	1 ~ 3 anos	> 4 anos
Walking-hearth com desenfornamento frontal	1 ~ 2 anos	> 3 anos

(*continua*)

Tabela 10.14 Campanhas aproximadas de regiões com contato com a carga metálica. (*continuação*)

Regiões com contato com a carga		
Tipo de forno	Tempo aproximado de campanha	Tempo objetivado de campanha
Walking-hearth com desenfornamento por *peel bar*	1 - 4 anos	> 7 anos
Walking-hearth com desenfornamento por rolos	1 - 3 anos	> 5 anos
Walking-beam com desenfornamento por rolos	1 - 3 anos	> 5 anos
Walking-beam com desenfornamento frontal por extrator	1 - 2 anos	> 3 anos

Fonte: Adaptada de (11).

10.7 FATORES QUE AFETAM A PERFORMANCE

Os principais fatores que afetam a performance do revestimento refratário nas distintas regiões de um forno de reaquecimento são: projeto; material (especificação e fabricação); aplicação; e condições operacionais do forno.

Projeto, material e aplicação são perfeitamente controlados antes da operação do equipamento propriamente dita, tanto para um forno novo como para um forno que passou por uma reforma/intervenção durante uma parada programada. Geralmente, a maneira como o equipamento é operado influencia amplamente na performance final do equipamento.

A seguir, são descritas algumas condições operacionais de fornos de reaquecimento que, se sabe, influenciam muito diretamente na campanha do revestimento refratário (11):

- Ciclo operacional do forno.
- Resfriamentos induzidos por água (*skids*).
- Temperaturas acima de 1300°C (em casos acima do nominal).
- Chama direta (descontrole de chama).
- Vibrações do sistema decorrentes de passagem das placas, blocos ou tarugos pelo forno.
- Contato com o produto que passa pelo forno (atrito nos fornos empurradores, tombamento de tarugos em fornos *walking-hearth*).
- Excesso de carepa.
- Carepa ou escória líquida (em casos acima do nominal).

Alguns dos principais problemas que influenciam diretamente também na campanha dos fornos de reaquecimento, quando consideramos os tipos são:

- Desgaste de soleira nos fornos empurradores (Figura 10.21). Atenção especial a ser dada em soleira com blocos eletrofundidos com vazios que podem reduzir a campanha da soleira em função de um desgaste mais pronunciado, conforme indicado na Figura 10.22.

- Soleiras móveis quebrando bordas ou encostando nas soleiras fixas para fornos *walking-hearth*. Uma das razões é o efeito cunha ocasionado pela entrada de carepa em espaços entre os painéis de concreto longitudinais ou entre os painéis longitudinais e as bordas laterais.
- Desgaste na pista de desenfornamento em fornos *walking-hearth*, quando o desenfornamento é lateral com lança (*peel bar*). Podemos ver, na Figura 10.23, um perfil de desgaste considerando-se o mínimo contato que a lança deve ter de modo a possibilitar a retirada do tarugo de dentro do forno e direcioná-lo para a linha de laminação.
- Vazamentos em *skids* para fornos *walking-beam* ou empurradores (entrada do forno) ou, ainda, acúmulo excessivo de carepa nas zonas de aquecimento e encharque.
- Perda de mais de 10% do revestimento dos *skids* nos fornos *walking-beam* e empurradores.
- Infiltração em paredes via queimadores e janelas de inspeção.
- Danos em paredes frontais devido a interferências mecânicas (aberturas de rolos, dispositivos empurradores, *kick-offs* etc.) e movimentação principalmente de tarugos.
- Vazamentos principalmente em lintéis (caixas metálicas refrigeradas) de desenfornamento em fornos *walking-beam*.
- Temperatura aumentada da carcaça metálica ou entre soleiras (fornos *walking-hearth*) resultante da pressão interna bem acima do nominal.
- Desgaste diferenciado em soleiras laterais (fornos empurradores e *walking-hearth*) devido principalmente a empenos de tarugos.

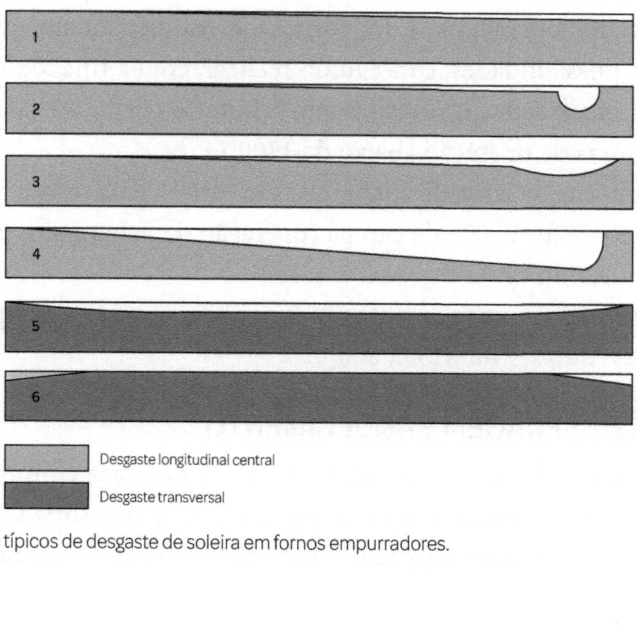

Figura 10.21 Perfis típicos de desgaste de soleira em fornos empurradores.
Fonte: Adaptada de (11).

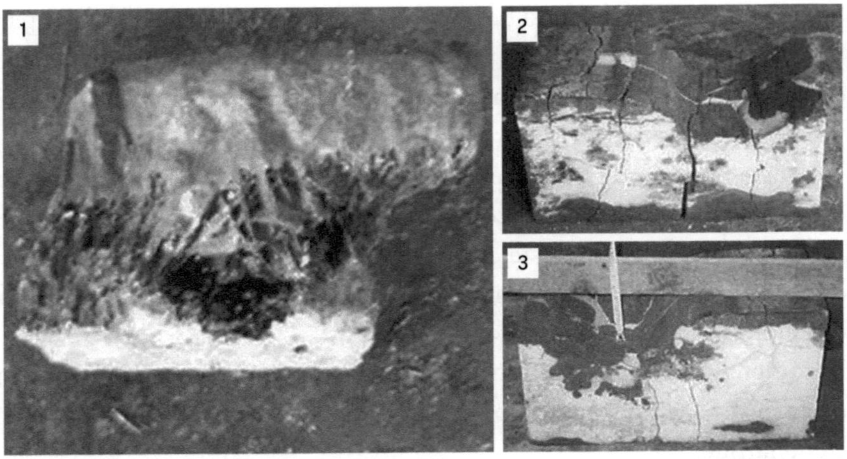

Figura 10.22 Desgaste em blocos eletrofundidos.
Fonte: Adaptada de (11).

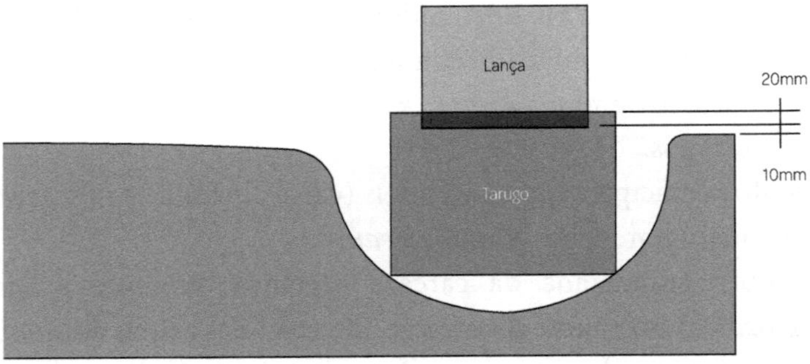

Figura 10.23 Desgaste em pista de desenfornamento, indicando o mínimo de contato lança/tarugo.
Fonte: Adaptada de (11).

Alguns cuidados operacionais em fornos de reaquecimento que os usuários têm, dentro das possibilidades, conseguido realizar, com a finalidade de ajudar na preservação da integridade do revestimento refratário (11):

- Temperaturas de operação abaixo de 1300°C.
- Pressão interna na zona de encharque em torno de 0,5mmca.
- Nível baixo de formação de carepa (operação de pelo menos 2 anos sem necessidade de limpeza).
- Forno operando continuamente e, em caso de paradas, a temperatura interna não devendo ser inferior a 800°C.

10.8 CURVAS DE SECAGEM E AQUECIMENTO

A água usada na instalação do concreto refratário deve ser eliminada durante o aquecimento de forma controlada para que não haja a pressurização do vapor, o que pode prejudicar as propriedades do material e o seu desempenho. A curva de secagem do revestimento deve ser, portanto, lenta o suficiente para não provocar danos a sua estrutura, mas rápida o suficiente para se ter ganhos de tempo na manutenção (8).

Inúmeros estudos têm sido feitos de forma a se compreenderem os mecanismos de remoção de água. Modelos de transferência de calor e umidade foram desenvolvidos para se estimar a curva de secagem mais rápida e segura para o revestimento. Entretanto, parâmetros a altas temperaturas, como coeficientes de transferência de calor e massa, permeabilidade e pressões internas, necessários para os modelos, são de difícil obtenção. Como consequência, a experiência do fabricante de refratários continua a ser usada como base para a determinação das curvas. A permeabilidade é uma medida indireta de quão fácil a água é liberada da estrutura durante o tratamento térmico. Estruturas de baixa permeabilidade tendem a aprisionar tanto a água livre como a água combinada das fases hidratadas do cimento. Quanto maior a temperatura de desidratação e menor a permeabilidade, maior é o risco de superaquecimento do vapor e de termoclase explosiva (3).

10.8.1 Fornos novos

Independentemente do material utilizado no revestimento de trabalho, uma certa quantidade de água está sempre presente e precisa ser removida de forma cuidadosa na partida do equipamento. Em linhas gerais e considerando-se os diversos materiais presentes, em média, há 5% de água presente nas diversas áreas do equipamento.

Admitindo-se que se usam em torno de 800 a 1.500t de refratários em um forno novo de acordo com sua capacidade (80 a 400t/h), podemos considerar uma remoção de 40 a 75t de água na partida do equipamento.

Além disso, durante a partida do equipamento, testes e ajustes a quente devem ser feitos, o que demanda tempo. Assim, as curvas de secagem iniciais podem variar de 6 a 10 dias ou mais, dependendo do caso.

10.8.2 Fornos em operação

A água presente é aquela resultante dos reparos parciais ou totais em determinadas regiões, o que representa uma quantidade pequena em relação à massa total do forno, porém concentrada. E essa quantidade depende do tipo de material aplicado, que pode ser, em média, 10% se massa plástica, 5% se concreto ou 2% a 3% se pré-moldados ou tijolos.

Nesses casos, as curvas de secagem e aquecimento são mais curtas e podem variar de 36 a 72 horas, dependendo do tipo de intervenção realizada no equipamento.

Tempos de reaquecimento em paradas curtas podem ser menores devido ao calor armazenado no revestimento, o que auxilia na retomada de temperaturas.

10.8.3 Aquecimento convectivo

Tipo de aquecimento amplamente utilizado após novas construções, como também depois de reparações intermediárias no revestimento refratário de fornos de reaquecimento. O método emprega técnicas e equipamentos especiais. Em operação, o queimador gera um movimento rápido de turbulência dos produtos da combustão e, dessa forma, alcança com eficiência todas as partes da estrutura refratária. Controles precisos de temperatura dos queimadores e de recirculação dos produtos de combustão asseguram que todas as partes da estrutura refratária recebam tratamento térmico uniforme durante o procedimento de secagem e aquecimento. Esse método minimiza choques térmicos em refratários queimados conformados e problemas de remoção de água em refratários monolíticos (3).

Conforme pode ser visto na Tabela 10.15, de maneira geral, o sistema de aquecimento convectivo apresenta uma série de vantagens quando comparado ao sistema convencional, que trabalha com queimadores convencionais (de processo), com limitações de controles de chama, vazões e temperaturas, principalmente em níveis de temperatura mais baixos, que são, para os refratários monolíticos (sobretudo concretos), níveis críticos para a saída de não somente água livre, mas também combinada (que formou hidratos).

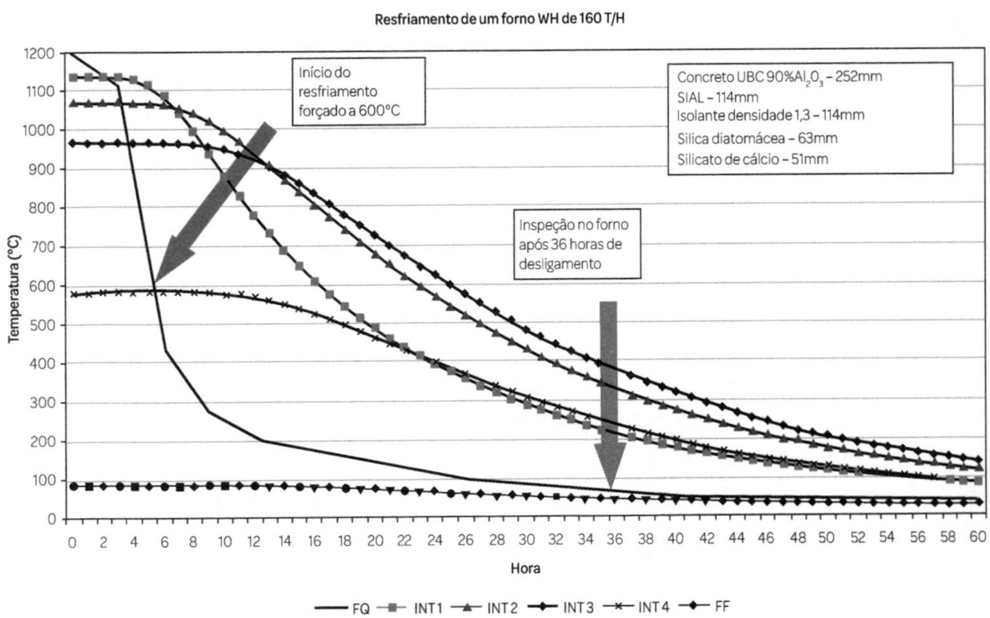

Figura 10.24 Comportamento térmico das diferentes camadas de um revestimento refratário durante um resfriamento de forno de reaquecimento.
FQ: face quente; INT: intermediárias; FF: face fria.
Fonte: Adaptada de (11).

Tabela 10.15 Características do sistema convencional de aquecimento e do sistema convectivo.

Sistema convencional	Sistema convectivo
Baixa velocidade do ar	Alta velocidade do ar
Pressão negativa no canal	Pressão positiva no canal
Má distribuição de temperaturas no refratário	Alta homogeneidade de temperaturas no refratário
Temperatura alta próxima à chama desde o início do aquecimento	Temperatura próxima ao queimador variável em função da curva de aquecimento
Umidade relativa do ar crescente devido à ausência de renovação da atmosfera	Renovação contínua do ar e umidade constante, facilitando a secagem do refratário
Baixo controle da taxa de aquecimento	Alto controle de taxa de aquecimento
Sem sistemas de segurança	Segurança propiciada por pressão positiva, sensor de chama e válvulas solenoides
Combustão incompleta	Combustão completa, com excesso de ar
Alto risco de dano e modificações indesejadas no material	Manutenção da composição e propriedades esperadas do refratário

Fonte: Adaptada de (3).

10.9 RESFRIAMENTO

As curvas de resfriamento são atributos das características de cada forno, condutibilidade dos materiais, capacidade dos ventiladores de tiragem e da chaminé, aberturas existentes no forno etc.

O fato é que sempre causaremos danos ao revestimento toda vez que o resfriarmos e a questão é como minimizar tais efeitos ou tirar proveito de uma situação inevitável.

A curva representada pela Figura 10.24 mostra uma condição típica de resfriamento forçado. Ela representa um resfriamento de um forno *walking-hearth* de 160t/h em que se observa que a temperatura ambiente cai rapidamente, pois a troca térmica é por radiação/convecção, enquanto no interior do revestimento o processo de troca térmica é por condução, mais lento e depende dos materiais e espessuras. Dessa mesma forma, essa curva se reflete de forma diferente para paredes e teto.

10.9.1 Ventiladores e ar-condicionado

Principalmente para as atividades de reparações intermediárias em fornos de reaquecimento, em que o equipamento se encontra operando e necessita parar para alguma intervenção (programada preferencialmente ou não), faz-se necessário o uso de ventiladores de elevada vazão para agilizar o processo de resfriamento do revestimento refratário ou, até mesmo, para manter a temperatura ambiente de tal maneira que a mão de obra executiva da reparação tenha condições salubres para poder desempenhar suas atividades.

Para também melhorar a condição ambiente para essa mão de obra, alguns equipamentos de ar-condicionado industrial (10, 20, 40TR's – toneladas de refrigeração, que são medidas de potência de refrigeração) podem ser utilizados. A Figura 10.25 mostra exemplos de ventilador industrial de alta vazão e de ar-condicionado normalmente utilizados nas reparações intermediárias de fornos de reaquecimento.

Figura 10.25 Ventilador industrial de elevada vazão e ar-condicionado.
Fonte: Acervo da Reframax Engenharia.

Acesse as imagens coloridas do capítulo.

REFERÊNCIAS

(1) COUTINHO E.S. Fundamentos de Projetos de Revestimentos Refratários, março, 2004.

(2) DOMINGUES, R.P.; WENDLING, F.; OTAVIANO, M.M.; FONSECA, M.C.; FONSECA, V.; LOPEZ, F.S.; MACHADO, A.R. Estudo fenomenológico da deposição de carbono no ferro-esponja produzido a partir de pelotas de minério de ferro. *In*: 58º Congresso Anual da ABM. Rio de Janeiro, novembro de 2002, p. 174-188.

(3) DUARTE, A.K.; FARIA, J.A.; NOVAES, J.A.P.; LEITE, M.B.B.; MUNHÃO, M.A.; SILVA, P.R. R.; PASSOS, R.L.; JÚNIOR, R.C. Uso de aquecimento convectivo em canais de corrida dos altos-fornos da CST. *In*: XXXV Seminário de Redução de Minério de Ferro e Matérias-Primas da ABM. Florianópolis, setembro, 2005.

(4) DUARTE, A.K.; PESSOA, D.S. Curso de desenho de refratários; Reframax Engenharia, Belo Horizonte, abril de 2014.

(5) DUARTE, A.K.; PESSOA, D.S. Curso de fundamentos em refratários na Reframax Engenharia, Belo Horizonte, outubro, 2015.

(6) DEPARTMENT OF ENVIRONMENT. Continuous Steel Reheating Furnace: specification, design and equipment; The Energy Technology Support Unit (ETSU) And British Steel Technical Swinden Laboratories; Oxfordshire and Rotherham, England,1994.

(7) HARBISON-WALKER. Modern Refractory Practice, Pittsburgh, USA, 1961.

(8) INNOCENTINI, M.D.M.; STUDART, A.R.; AKYIOSHI, M.M.; PAIVA, A.E.M.; PANDOLFELLI, V.C.; BITTENCOURT, L.R.M. The drying behavior of high alumina ultra-low cement refractory castables under different heating rates. Refractories Applications and News, v. 7, n. 5, p. 17-20, september-october 2002.

(9) PEREIRA, R. Refratários para Fornos de Reaquecimento III Encontro de Refrataristas e Usuários de Refratários. Associação Brasileira de Cerâmica, Santa Luzia, MG, 2003.

(10) PEREIRA, T.M.; RETTORE, R.P.; INOCENCIO, E.A.; RAMO, L.M.; Soluções Refratárias de Alto Desempenho para Soleiras de Fornos de Reaquecimento, 76º CONGRESSO ANUAL DA ABM - INTERNACIONAL, agosto, 2023.

(11) POMPEU, L.C. Curso de refratários para fornos de reaquecimento: revisão e atualização do curso - Módulos I A IV, maio de 2005.

Capítulo 11

REFRATÁRIOS NA LAMINAÇÃO A FRIO

Ricardo Israel do Couto

11.1 INTRODUÇÃO

A principal função de uma planta de laminação a frio é receber o material laminado a quente (bobina a quente) e reduzir sua espessura (Figura 11.1) para atendimento a demandas de mercados de aços planos, com aplicações na linha branca (eletrodomésticos), linha automobilística e construção civil. Após processamento, a espessura do aço pode variar entre 0,2 e 3mm.

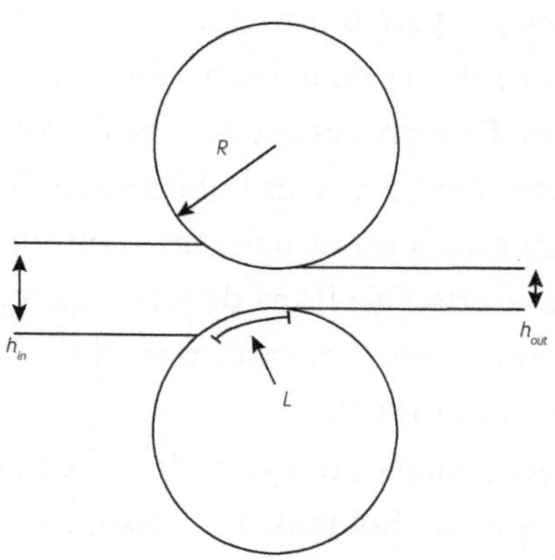

Figura 11.1 Esquema de uma chapa sendo laminada.
Fonte: Adaptada de (4).

A laminação a frio influencia significativamente a microestrutura e as propriedades mecânicas do aço (Figura 11.2). A deformação plástica imposta ao aço no laminador a frio traz também alterações ao tamanho e à forma dos grãos do material. Como consequência, ocorre o aumento do limite de resistência e de escoamento, além da perda da ductibilidade num fenômeno conhecido como "encruamento" (4).

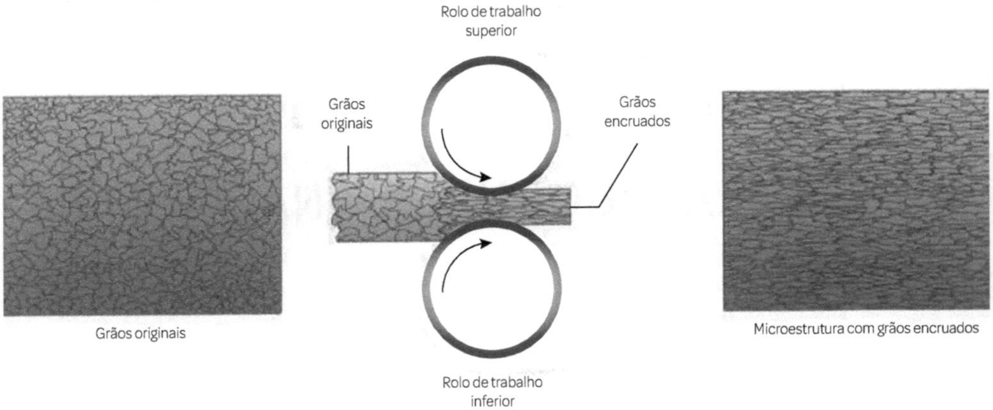

Figura 11.2 Alteração microestrutural promovida pelo processo de laminação a frio.
Fonte: Adaptada de (4).

A planta de laminação a frio (Figura 11.3) é composta pelos processos de decapagem cuja função principal consiste na remoção de óxidos, preparando o material para o processo de laminação; laminador a frio que reduz a espessura da bobina até atingir a especificada pelo cliente; rebobinamento composto por bobinadeiras que tem por finalidade rebobinar as bobinas consideradas *full hard*, isto é, sem recozimento (7).

Após o processo de laminação a frio, o aço passa por um processo de limpeza para eliminar resíduos gerados pelo atrito entre a chapa de aço e os cilindros de laminação antes de ser enviado para o processo de recozimento.

No recozimento, o aço é submetido a um tratamento térmico para recuperação de propriedades mecânicas. Esse processo pode ser feito de duas formas: em caixa; ou contínuo. No recozimento em caixa, as bobinas são dispostas em pilhas e passam por ciclos de aquecimento. Já no recozimento contínuo (Figura 11.4), o material é desbobinado e passa aberto pela linha de recozimento em forma de tira. Desse modo, é possível acelerar o aquecimento, fazendo com que o processo tenha duração de apenas alguns minutos (7).

Após o processo de recozimento, o aço pode ser comercializado sem revestimento em formato de chapas ou bobinas. Para isso, ele recebe uma aplicação de óleos protetivos que asseguram resistência à corrosão atmosférica até a aplicação final.

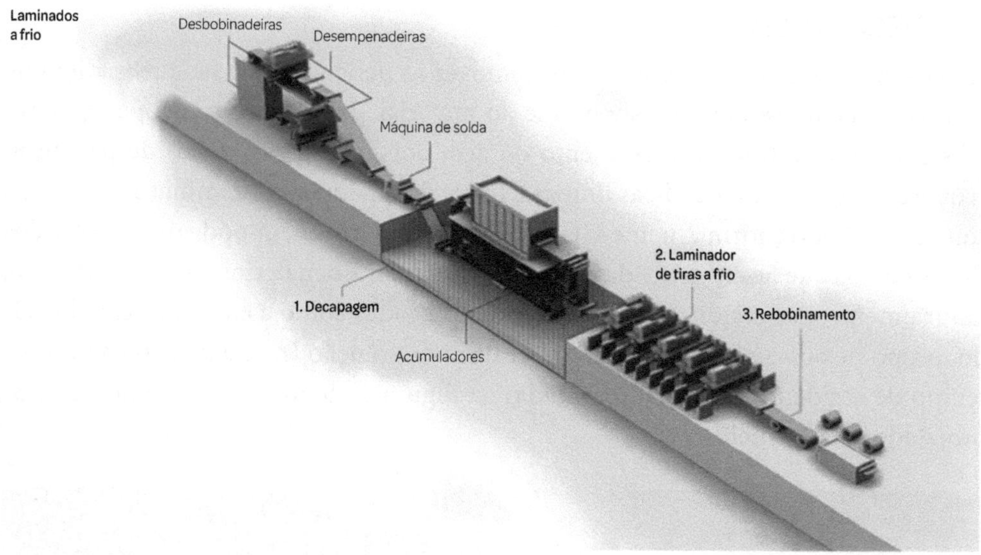

Figura 11.3 Processos envolvidos em uma planta de laminação a frio.
Fonte: Acervo de (8).

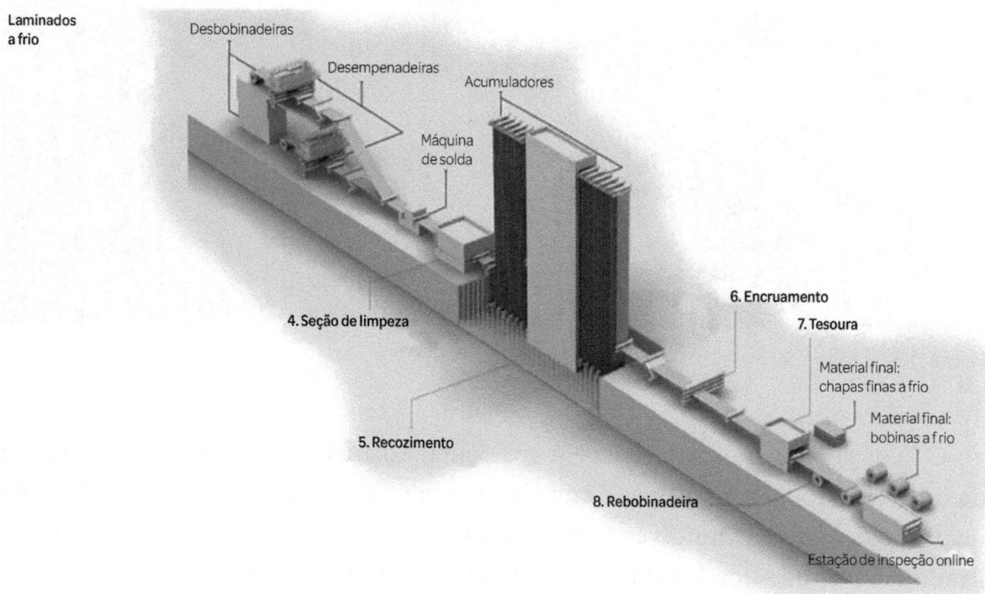

Figura 11.4 Continuação do processo de laminação a frio.
Fonte: Acervo de (8).

Além disso, as bobinas laminadas a frio podem ser direcionadas para um processo posterior de revestimento à base de zinco (galvanização). Esse revestimento visa promover uma alta resistência à corrosão atmosférica e pode ser feito pelo processo de eletrogalvanização ou por galvanização por imersão a quente. Neste capítulo, serão abordados os refratários aplicados apenas do processo de imersão a quente.

11.2 DECAPAGEM

A decapagem do aço tem por função remover as películas duras e quebradiças de óxidos de ferro presentes na superfície do material. Trata-se de uma operação necessária e anterior ao processamento do aço, pois os estágios finais de produção requerem superfícies metálicas limpas e livres de qualquer contaminação. Assim, a solução de ácido (normalmente HCl) utilizada na decapagem pode dissolver todos os elementos que fazem parte da estrutura particular do material, dependendo isso, naturalmente, das condições de trabalho empregadas como a concentração do ácido, o tipo de aço a ser tratado, a temperatura da solução (na faixa de 66 a 90°C) e tempo de residência (3). É apresentada, na Figura 11.5, uma linha de decapagem projetada pela Danieli.

Figura 11.5 Imagem de uma linha de decapagem.
Fonte: Acervo de (2).

O licor gerado após a decapagem apresenta, normalmente, teores de ferro total da ordem de 150g/L. Esse licor é enviado a uma planta de regeneração de ácido, na qual o ácido é reconstituído e retorna ao processo. Já o óxido de ferro pode ser utilizado em outros setores industriais como pigmento ou no alto-forno para produção de gusa, sob a forma de sínter. Na Figura 11.6, é apresentado um fluxo macro do processo de uma planta de regeneração de ácido.

11.2.1 Refratários na linha de decapagem

Para a realização do processo de decapagem, a tira de aço é imersa em um tanque de solução ácida. Esse tanque é composto por uma estrutura de aço revestida por uma camada de borracha (impermeável) e uma de tijolos refratários para proteção mecânica do revestimento de borracha (Figura 11.7). Utilizam-se também

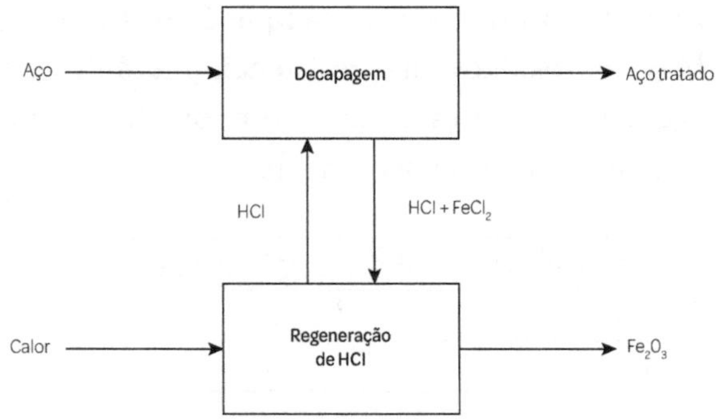

Figura 11.6 Fluxo típico do processo de regeneração de ácido.
Fonte: Adaptada de (3).

materiais como o granito para essa função. Projetos atuais de linhas de decapagem já utilizam tanques de polipropileno em substituição às estruturas de aço.

Figura 11.7 Imagem de um tanque de decapagem convencional.
Fonte: Adaptada de (9).

A Figura 11.8 apresenta uma seção típica de um tanque de decapagem convencional constituído por uma estrutura de chapas de aço.

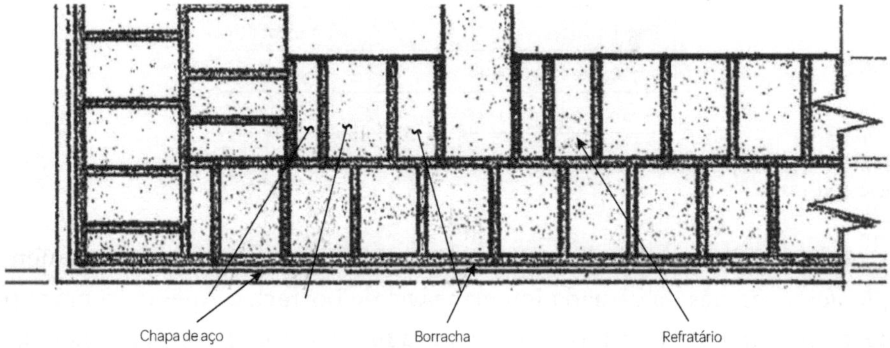

Figura 11.8 Seção típica de um tanque de decapagem convencional.
Fonte: Acervo da autoria do capítulo.

O revestimento refratário utilizado no tanque é constituído por tijolos sílico--aluminosos com baixa porosidade, alta resistência mecânica e alta resistência ao ataque ácido. Na Figura 11.9, é apresentada a composição química típica de um tijolo antiácido utilizado em linhas de decapagem.

Análise química	Típico
Al_2O_3(%)	35,0
SiO_2(%)	55,0
$Na_2O + K_2O$(%)	2,5
Fe_2O_3(%)	1,5
Ensaios físicos	**Típico**
Densidade aparente (g/cm^3)	> 2,3
Porosidade aparente (%)	< 8,0
Resistência à compressão (MPa)	> 60,0
Resistência à flexão (MPa)	> 15,0
Perda por ataque ácido-HCl (%)	< 0,5

Figura 11.9 Composição química típica de tijolo antiácido.
Fonte: Adaptada de (12).

Para instalação dos tijolos, normalmente utilizam-se argamassas de sílica ou sílico-aluminosas com pega química e alta resistência ao ataque ácido. Na Figura 11.10, é apresentada a composição química de uma argamassa utilizada em revestimentos refratários antiácidos.

Análise química	Típico
Al_2O_3(%)	0,6
SiO_2(%)	95
Fe_2O_3(%)	0,1
Na_2O(%)	4,0
Ensaios físicos	**Típico**
Força ligante a 110°C (MPa)	> 4,0
Perda por ataque ácido -H_2SO_4 (%)	< 1,0

Figura 11.10 Composição química típica de argamassa antiácida.
Fonte: Adaptada de (12).

O modo de falha principal do revestimento do tanque ocorre por vazamento de solução ácida através da camada impermeável de borracha. Apesar da baixa porosidade, o revestimento refratário não exerce a função de conter o ácido, apenas a de fazer a proteção mecânica da borracha.

Para reparo no revestimento, são necessárias a remoção e a recomposição do revestimento refratário (Figura 11.11).

Figura 11.11 Processo de reparo do revestimento de um tanque de solução ácida.
Fonte: Adaptada de (9).

11.3 RECOZIMENTO

O processo de recozimento tem o objetivo de restaurar as propriedades mecânicas do aço que foram modificadas durante a deformação na laminação a frio e desenvolver propriedades especiais para aplicações no setor automotivo, linha branca e construção civil. No recozimento contínuo (Figura 11.12), o processo é feito com o aço desbobinado, garantindo maior uniformidade nas propriedades. Já o recozimento em caixa é feito por meio do empilhamento de bobinas e do aquecimento em fornos cilíndricos estanques.

No recozimento em caixa (Figura 11.13), o ciclo envolve basicamente quatro etapas sequenciais: o empilhamento; a inserção do abafador; o enfornamento; e o resfriamento (4). Na Figura 11.14, é apresentada uma visão geral de uma linha de recozimento em caixa.

11.3.1 Refratários na linha de recozimento

Nas linhas de recozimento, seja no processo em caixa, seja no contínuo, os revestimentos refratários mais utilizados são os feitos com materiais isolantes, destacando-se as fibras cerâmicas.

Na Tabela 11.1, são apresentadas algumas propriedades dos principais tipos de materiais refratários em que se nota a baixa condutividade térmica do concreto isolante e das fibras cerâmicas.

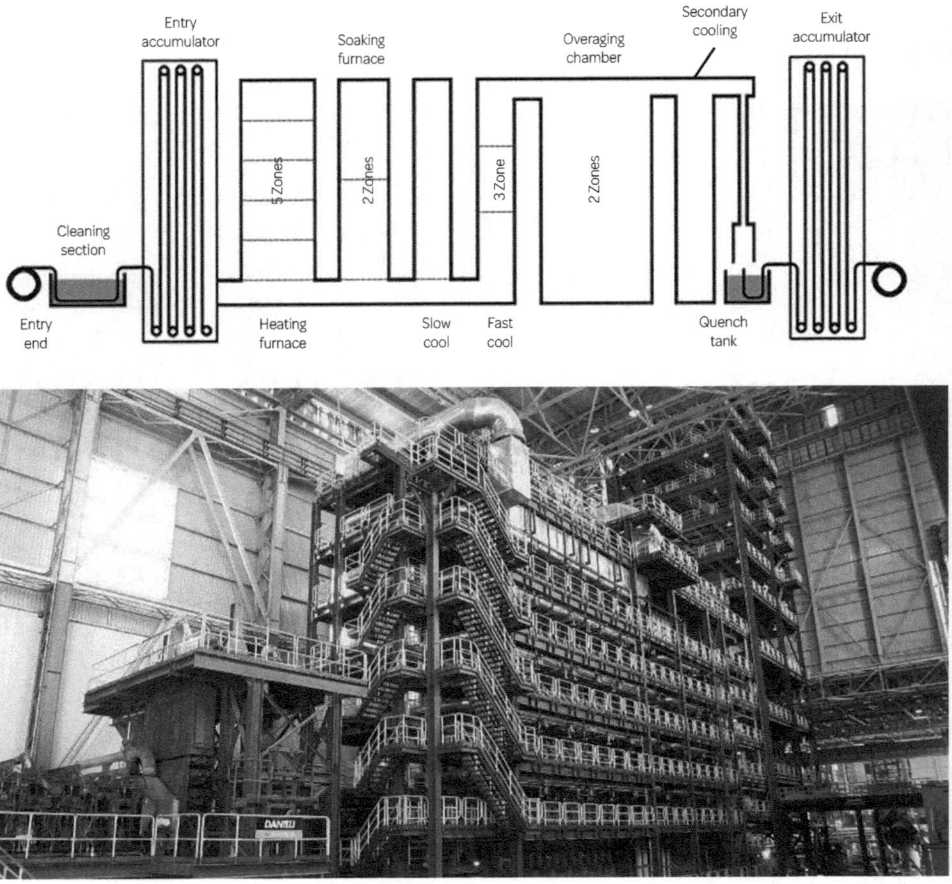

Figura 11.12 Imagem de uma linha de recozimento contínuo.
Fonte: Acervo de (2).

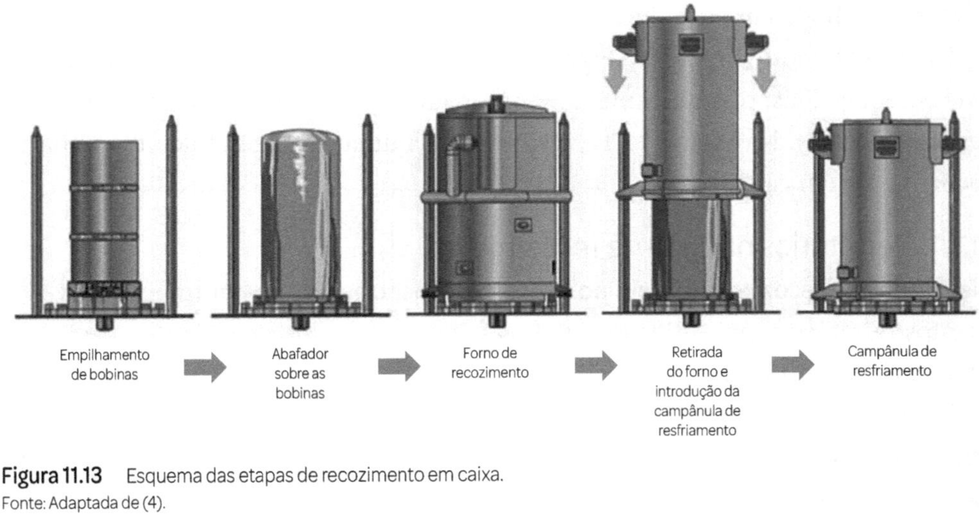

Figura 11.13 Esquema das etapas de recozimento em caixa.
Fonte: Adaptada de (4).

Figura 11.14 Visão geral de uma planta de recozimento em caixa.
Fonte: Adaptada de (10).

Tabela 11.1 Propriedades dos materiais refratários.

		Tijolo refratário	Concreto refratário	Concreto isolante	Fibra cerâmica
Composição química (%)	Al_2O_3	73	58	57	72
	SiO_2	23	37	35	28
Densidade		2,45	2,53	1,55	0,09 - 0,12
Condutividade térmica (W/mK)		3,35	2,43	0,67	0,18
Módulo de ruptura (MPa)		22,5	17,5	8,5	-
Resistência ao choque térmico		+	++	+++	++++

Fonte: Adaptada de (5).

As razões do emprego dos isolantes térmicos à base de fibras refratárias estão diretamente ligadas ao conjunto de propriedades químicas, físicas e especiais desses materiais. Entre essas propriedades, destacam-se: baixa condutividade térmica; baixa capacidade calorífica; alta resistência ao dano por choque térmico; baixa densidade; alta resiliência; e flexibilidade. Pelo fato de esses isolantes apresentarem baixa condutividade térmica, a perda de energia (calor) através do revestimento refratário é minimizada e, consequentemente, a eficiência energética do equipamento é potencializada (6).

Os principais tipos de fibra cerâmica utilizadas no setor siderúrgico estão representados na Tabela 11.2.

Tabela 11.2 Composição química das principais fibras cerâmicas utilizadas.

Tipo de fibra	Componente	Fração em massa (%)
AFCR (*alumino silicate wool*)	Al_2O_3 SiO_2 Outros óxidos	46 a 56 44 a 54 < 1
ZFCR (*alumino zirconium silicate wool*)	Al_2O_3 SiO_2 ZrO_2 Outros óxidos	< 37 > 48 < 20 < 1
AES (*alKaline earth silicate*)	(CaO + MgO) SiO_2 $Al_2O_3 + TiO_2 + ZrO_2$) Outros óxidos	18 a 43 50 a 82 < 6 < 1
PCW (*polycrystalline wool*)	Al_2O_3 SiO_2 Outros óxidos	72 a 97 3 a 28 < 0,1

Fonte: Adaptada de (6).

As fibras AFCR (alumino zirconium silicate) são do tipo vítreas compostas por alumina e sílica com temperatura de trabalho situada entre 1200 e 1300°C. As fibras ZFCR (alumino zinconium silicate wool) são do mesmo tipo, mas compostas por alumina, sílica e zircônia com temperatura de trabalho na faixa de 1400°C. Já as fibras AES (silicato alcalino terroso) são vítreas compostas por óxidos de cálcio e magnésio com temperatura de trabalho na ordem de 1000°C.

As fibras PCW (polyarystalline wool) são produzidas pelo método sol-gel e não apresentam fase vítrea em sua composição, o que dá a essas fibras certas vantagens quando comparadas às fibras vítreas, como baixa retração (Figura 11.15) em altas temperaturas e alta refratariedade. As fibras PCW podem ser utilizadas sob temperaturas da ordem de 1600°C.

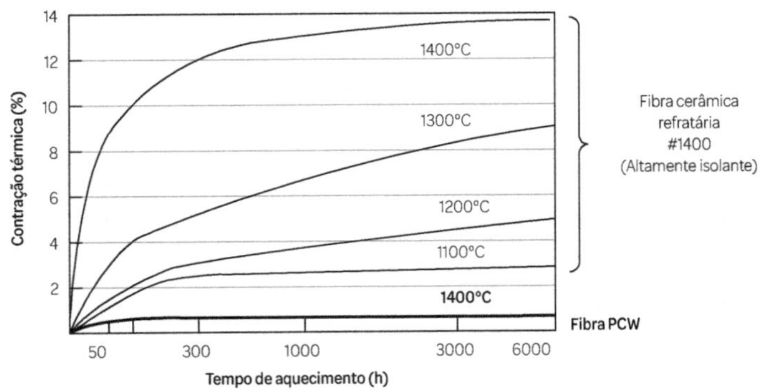

Figura 11.15 Contração térmica da fibra PCW comparada a outros tipos de fibra.
Fonte: Adaptada de (11).

Quanto às fibras policristalinas, por conta da sua estrutura cristalina, praticamente não há modificações microestruturais e morfológicas significativas a altas temperaturas que possam contribuir na redução de seus desempenhos físicos e térmicos. As fases geralmente encontradas nas fibras PCW em temperaturas próximas a 1500°C são mulita e coríndon, praticamente as mesmas identificadas no material *in natura* (6).

Nos fornos de recozimento em caixa, as fibras cerâmicas são instaladas em formato de módulos (Figura 11.16). Esses módulos são fixados junto à carcaça do forno por intermédio de ancoragens metálicas de aço inoxidável (Figura 11.17).

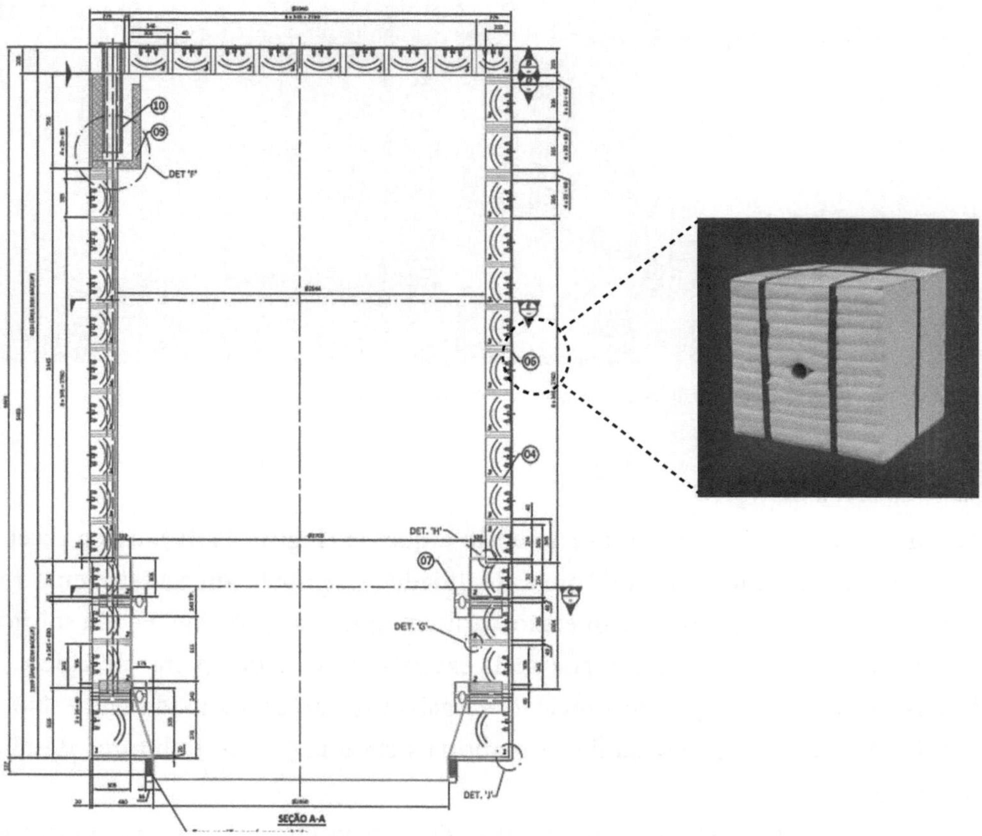

Figura 11.16 Projeto de forno de recozimento em caixa utilizando módulos de fibra cerâmica.
Fonte: Acervo da autoria do capítulo.

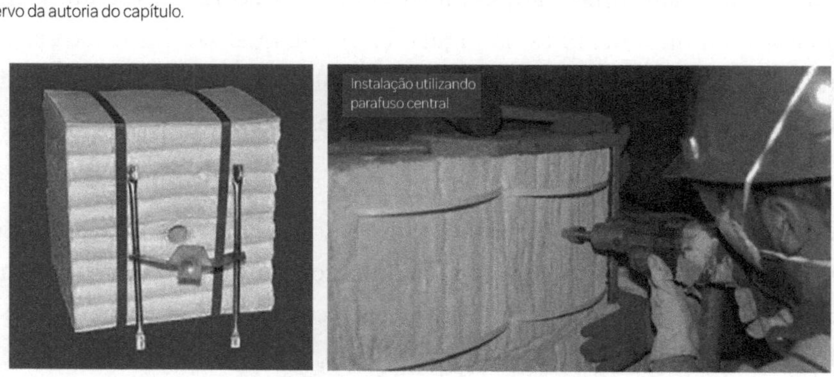

Figura 11.17 Fixação dos módulos de fibra cerâmica.
Fonte: Acervo da autoria do capítulo.

Nos fornos de recozimento contínuo, o revestimento refratário é constituído por camadas de manta de fibra cerâmica ou uma composição desta com tijolos isolantes e placas rígidas de fibra cerâmica. Para proteção mecânica da fibra cerâmica, é usual instalar uma camada constituída por chapas de aço inoxidável (Figura 11.18).

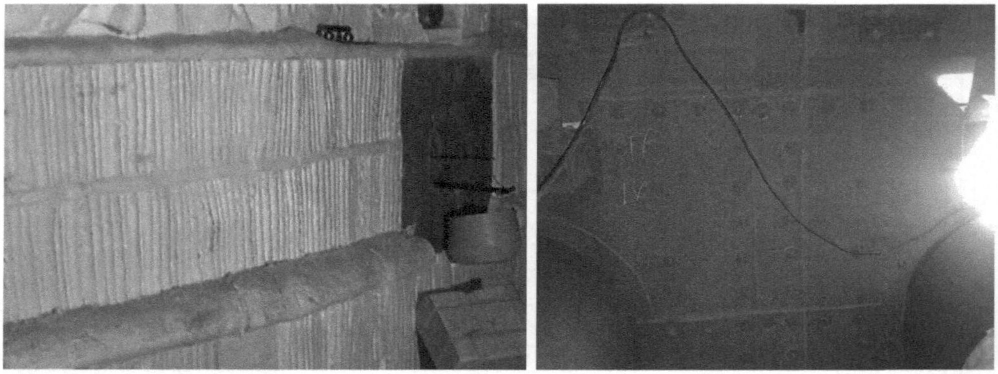

Figura 11.18 Revestimento refratário de um forno de recozimento contínuo.
Fonte: Acervo da autoria do capítulo.

11.4 GALVANIZAÇÃO

No processo de galvanização por imersão a quente (Figura 11.19), o aço recebe uma camada de zinco fundido com a finalidade de se obter um revestimento resistente à corrosão. Durante a imersão, formam-se camadas de liga Fe-Zn sobre a superfície do aço, sendo a camada mais externa constituída apenas de zinco. A temperatura de operação do processo de galvanização está situada entre 440 e 470°C. A temperatura do banho é mantida pela atuação de indutores de alta potência.

O revestimento contempla na imersão da bobina em uma solução contendo zinco que contém alumínio para conferir aderência ao revestimento. O pote de zinco é visto com mais detalhes na Figura 11.20, na qual são ilustrados seus componentes: 1) tira de aço; 2) rolo submerso; 3) rolo corretor; 4) rolo estabilizador; 5) controlador de revestimento e redutor de temperatura (1).

11.4.1 Refratários na linha de galvanização

Na linha de galvanização por imersão a quente, os principais equipamentos que utilizam refratários são os fornos de recozimento contínuo e o pote de zinco. Os refratários utilizados em fornos de recozimento contínuo foram abordados no tópico sobre recozimento. Na linha de galvanização, esses fornos também são chamados de *galvannealing*.

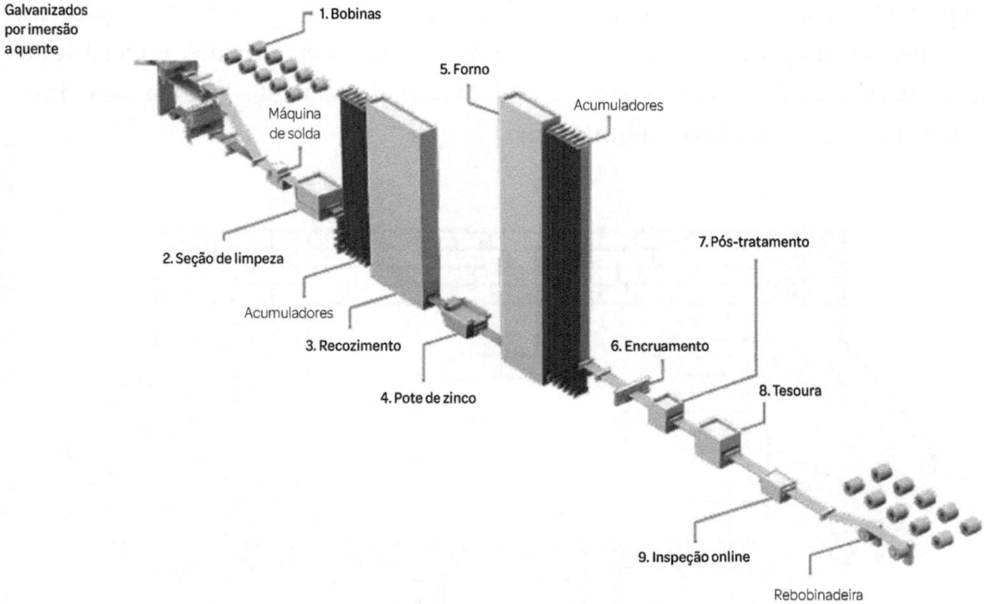

Figura 11.19 Processo de galvanização por imersão a quente.
Fonte: Acervo de (8).

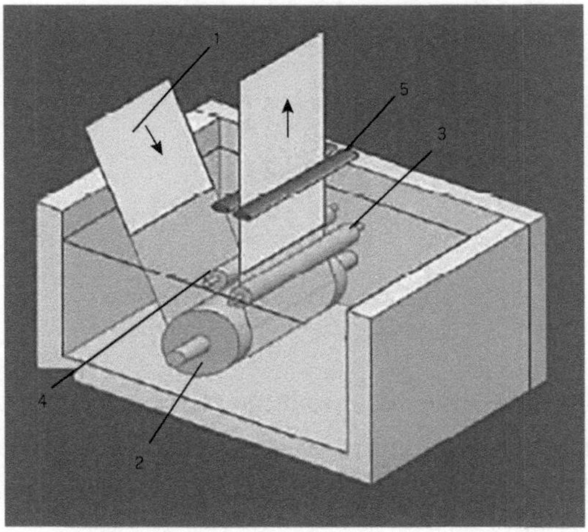

Figura 11.20 Componentes do pote de zinco.
Fonte: Acervo de (1).

O pote de zinco é um reservatório revestido com material refratário onde o zinco, em estado líquido, é mantido aquecido em temperaturas entre 440 e 470°C. O revestimento refratário do pote zinco é constituído por materiais moldados e monolíticos. Os tijolos refratários são utilizados para revestimento das paredes e do fundo do pote, já os concretos refratários são utilizados para revestimento da garganta (como é chamado o canal que liga o pote aos indutores) e dos indutores

(Figura 11.21). O revestimento do pote de zinco é definido, por empresas projetistas especializadas, durante a concepção do projeto. Normalmente, é constituído por uma camada de materiais isolantes (placas e tijolos isolantes) e uma camada de material de trabalho (tijolos aluminosos).

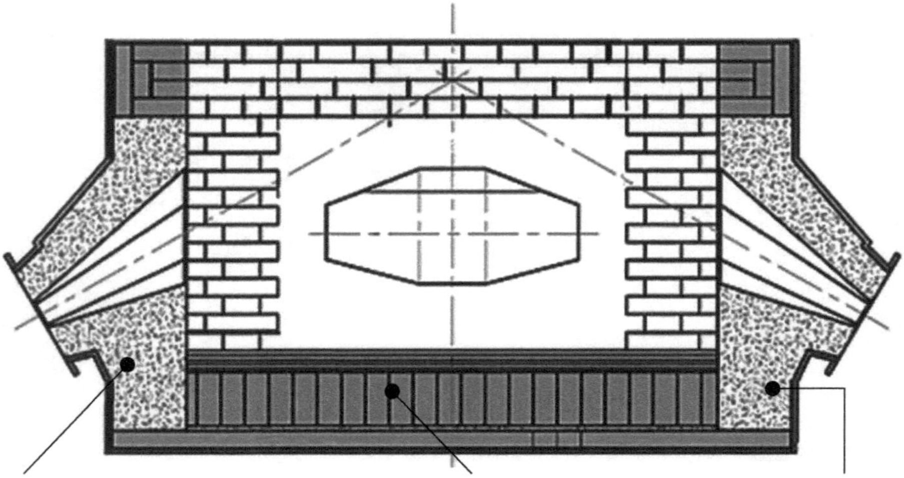

Figura 11.21 Revestimento refratário de um pote de zinco.
Fonte: Adaptada de (13).

Acesse as imagens coloridas do capítulo.

REFERÊNCIAS

(1) BORGES, M. A. B. Planejamento de produção diária de galvanizados por imersão. Monografia (Especialização em Otimização de Sistemas do Departamento de Ciência da Computação do Instituto de Ciências Exatas). Universidade Federal de Minas Gerais: s.n. Belo Horizonte, 2016.

(2) DANIELI. www.danieli.com. Acesso em: 30 mar. 2021.

(3) FERREIRA, A. S. Avaliação estatística dos parâmetros operacionais das unidades de regeneração de ácido clorídrico da Usiminas. Dissertação (Mestrado em Engenharia Metalúrgica e de Minas) – Universidade Federal de Minas Gerais: s.n. Belo Horizonte, 2009.

(4) MARINHO, M. N. Influência da temperatura e do tempo de recozimento nas propriedades mecânicas e microestrutura de um aço microligado ao nióbio para aplicação na indústria automotiva. Dissertação (Mestrado em Engenharia Metalúrgica e de Minas). Universidade Federal de Minas Gerais: s.n. Belo Horizonte, 2018.

(5) MATSUMOTO, T.; ITAKUSU, M.; IMAGAWA, H. Reinforcement of the support structure for ceramic fiber blocks in a reheat furnace. *In*: Proceedings of the 16th Biennial Worldwide Congress on Refractories, Proceedings of the Unified International Technical Conference on Refractories - UNITECR. Yokohama, Japan, 2019.

(6) SILVA, D. G. M.; VASCONCELOS, W. L. Isolante térmico fibroso: motivos de sua utilização como revestimentos de trabalho em equipamentos industriais que operam em altas temperaturas. Revisão da literatura - parte I. *Cerâmica*, 2017, v. 63.

(7) SILVA, E. P. DA. Otimização da configuração produtiva da planta de laminação a frio de aços planos. Monografia (Especialização em Otimização de Sistemas do Departamento de Ciência da Computação do Instituto de Ciências Exatas - grau/especialização em "área ou curso da monografia") - Universidade Federal de Minas Gerais: s.n. Belo Horizonte, 2016.

(8) USIMINAS. *Catálogo de especificação de produtos laminados a frio da Usiminas*, 2021. Disponível em: www.usiminas.com. Acesso em: 30 mar. 2021.

(9) BEUGIN GARAY. Catálogo de Produtos, 2023. Disponível em: www.beugin-garay.fr. Acesso em: 27 ago. 2023.

(10) TENOVA. Catálogo "High Performance Hydrogen®Bell-type Annealing Plants, 2023. Disponível em: www.tenova.com/sites/default/files/files/solutions/2023/LOI_Steel_Strip_HPH_EN_6.pdf. Acesso em: 27 ago. 2023.

(11) MITSUBISHI CHEMICAL CORPORATION. MAFTEC Brochure, 2023. Disponível em: www.m-chemical.co.jp. Acesso em: 27 ago. 2023.

(12) TOGNI REFRATÁRIOS. Catálogo de Materiais Refratários, 2023. Disponível em: www.togni.com.br. Acesso em: 27 ago. 2023.

(13) FELIX, G. S. Implementação de um sistema de controle automático em processo de galvanização por imersão a quente. Dissertação (Mestrado em Engenharia de Processos) - Universidade da Região de Joinville: s.n. Joinville, 2013.